"十三五"国家重点出版物出版规划项目
可靠性新技术丛书

基于模型的可靠性系统工程

Model Based Reliability Systems Engineering

任羿 王自力 杨德真 冯强 孙博 著

国防工业出版社
·北京·

图书在版编目(CIP)数据

基于模型的可靠性系统工程 / 任羿等著. —北京：国防工业出版社, 2021.2(2024.1 重印)
（可靠性新技术丛书）
ISBN 978-7-118-12215-2

Ⅰ. ①基… Ⅱ. ①任… Ⅲ. ①可靠性工程-研究 Ⅳ. ①TB114.39

中国版本图书馆 CIP 数据核字(2020)第 224935 号

※

国防工业出版社出版发行

（北京市海淀区紫竹院南路 23 号　邮政编码 100048）
北京虎彩文化传播有限公司印刷
新华书店经售

*

开本 710×1000　1/16　插页 4　印张 19¼　字数 337 千字
2024 年 1 月第 1 版第 4 次印刷　印数 3101—4000 册　定价 98.00 元

（本书如有印装错误，我社负责调换）

国防书店：(010)88540777　　书店传真：(010)88540776
发行业务：(010)88540717　　发行传真：(010)88540762

可靠性新技术丛书
编审委员会

主 任 委 员：康　锐

副主任委员：周东华　左明健　王少萍　林　京

委　　　员（按姓氏笔画排序）：

朱晓燕　任占勇　任立明　李　想

李大庆　李建军　李彦夫　杨立兴

宋笔锋　苗　强　胡昌华　姜　潮

陶春虎　姬广振　翟国富　魏发远

丛书序

可靠性理论与技术发源于20世纪50年代,在西方工业化先进国家得到了学术界、工业界广泛持续的关注,在理论、技术和实践上均取得了显著的成就。20世纪60年代,我国开始在学术界和电子、航天等工业领域关注可靠性理论研究和技术应用,但是由于众所周知的原因,这一时期进展并不顺利。直到20世纪80年代,国内才开始系统化地研究和应用可靠性理论与技术,但在发展初期,主要以引进吸收国外的成熟理论与技术进行转化应用为主,原创性的研究成果不多,这一局面直到20世纪90年代才开始逐渐转变。1995年以来,在航空航天及国防工业领域开始设立可靠性技术的国家级专项研究计划,标志着国内可靠性理论与技术研究的起步;2005年,以国家863计划为代表,开始在非军工领域设立可靠性技术专项研究计划;2010年以来,在国家自然科学基金的资助项目中,各领域的可靠性基础研究项目数量也大幅增加。同时,进入21世纪以来,在国内若干单位先后建立了国家级、省部级的可靠性技术重点实验室。上述工作全方位地推动了国内可靠性理论与技术研究工作。当然,随着中国制造业的快速发展,特别是《中国制造2025》的颁布,中国正从制造大国向制造强国的目标迈进,在这一进程中,中国工业界对可靠性理论与技术的迫切需求也越来越强烈。工业界的需求与学术界的研究相互促进,使得国内可靠性理论与技术自主成果层出不穷,极大地丰富和充实了已有的可靠性理论与技术体系。

在上述背景下,我们组织撰写了这套可靠性新技术丛书,以集中展示近5年国内可靠性技术领域最新的原创性研究和应用成果。在组织撰写丛书过程中,坚持了以下几个原则:

一是**坚持原创**。丛书选题的征集,要求每一本图书反映的成果都要依托国家级科研项目或重大工程实践,确保图书内容反映理论、技术和应用创新成果,力求做到每一本图书达到专著或编著水平。

二是**体系科学**。丛书框架的设计,按照可靠性系统工程管理、可靠性设计与试验、故障诊断预测与维修决策、可靠性物理与失效分析4个板块组织丛书的选题,基本上反映了可靠性技术作为一门新兴交叉学科的主要内容,也能在一定时期内保证本套丛书的开放性。

三是保证权威。丛书作者的遴选，汇聚了一支由国内可靠性技术领域长江学者特聘教授、千人计划专家、国家杰出青年基金获得者、973项目首席科学家、国家级奖获得者、大型企业质量总师、首席可靠性专家等领衔的高水平作者队伍，这些高层次专家的加盟奠定了丛书的权威性地位。

四是覆盖全面。丛书选题内容不仅覆盖了航空航天、国防军工行业，还涉及了轨道交通、装备制造、通信网络等非军工行业。

本套丛书成功入选"十三五"国家重点出版物出版规划项目，主要著作同时获得国家科学技术学术著作出版基金、国防科技图书出版基金以及其他专项基金等的资助。为了保证本套丛书的出版质量，国防工业出版社专门成立了由总编辑挂帅的丛书出版工作领导小组和由可靠性领域权威专家组成的丛书编审委员会，从选题征集、大纲审定、初稿协调、终稿审查等若干环节设置评审点，依托领域专家逐一对入选丛书的创新性、实用性、协调性进行审查把关。

我们相信，本套丛书的出版将推动我国可靠性理论与技术的学术研究跃上一个新台阶，引领我国工业界可靠性技术应用的新方向，并最终为"中国制造2025"目标的实现做出积极的贡献。

康锐

2018年5月20日

前言

可靠性、维修性、保障性是发挥高新装备效能、降低寿命周期费用的重要基础，是高新装备"能打仗,打胜仗"的重要保证。当前在我国装备研制中,虽然已经深刻意识到功能/性能特性与可靠性、维修性、保障性、测试性、安全性、环境适应性(六性)设计"两张皮"问题的危害性,思想层面上高度重视,管理层面上严格评审把关,但在技术层面上缺乏系统有效的方法。在实际工作中,产品设计师不易理解、掌握和应用繁复的六性设计方法,六性设计与功能/性能设计脱节,六性设计分析结果难以影响产品设计,一直是六性工程技术领域面临的难题。传统可靠性系统工程(RSE)方法,主要是从管理出发,对产品设计过程能够给出"软要求",但不能形成"硬约束"。为此本书提出基于模型的可靠性系统工程(model based reliability systems engineering, MBRSE),以统一的模型为基础,以模型化的故障"防""诊""治"控制为核心,协同应用各类六性技术方法,开展功能/性能与 RSE 综合设计,继承可靠性系统工程的管理方法,同时在技术实现上首次给出总体框架。本书内容以研究团队"十一五"和"十二五"期间取得的研究成果为主体,围绕 MBRSE 工程方法与工程过程,从以下方面展开论述：

(1) MBRSE 的工程需求背景和相关技术发展现状。总结国外六性技术产生和发展的过程,以及国内 20 年 RSE 的发展历程。针对从国外引进的六性技术不能完全适应中国国情的问题,北京航空航天大学杨为民教授提出 RSE 的概念和内涵,后续的研究者逐步形成了理论与技术框架,创立了独具中国特色的专业工程设计理论。通过调研和分析,将传统 RSE 实施面临的问题总结为三方面：一是缺少一体化的设计方法学,无法建立六性与专用质量特性统一的设计过程模型,只能依赖于定性、烦琐、难以同步贯彻实施的工作大纲；二是缺少贯穿产品研制全过程的通用统一设计理论方法,无法建立六性与专用质量特性统一的设计方法模型；三是缺乏先进的综合设计软件平台,六性软件工具难以融入产品设计数字化环境。为此本书进一步提出基于模型的可靠性系统工程——MBRSE。

(2) MBRSE 的基本原理、基础模型和技术框架。阐述基于 MBRSE 的主要研究范畴和理论意义,建立 MBRSE 的概念模型,包括 MBRSE 的原理模型和体系架构。以故障本体为核心,统一设计过程中产品的故障概念及其关系,给出 MBRSE 的模型统一和共享机理；以统一模型的正向演化过程为驱动,分别建立面向全新设计的元过程和面向继承设计的元过程,给出 MBRSE 的过程控制机理；基于需求域、功能域和物理域映射理论,面向 RSE,给出基于模型的六性设计域扩展和设计过程映射原理。给出 MBRSE 过程模型,包括统一过程框架、统一过程规划与重组方法和流程模型,并给出流程综合分析与评价方法。

(3) MBRSE 设计方法。以统一模型为中心建立 MBRSE 设计方法学。首先给出基于模型的多模态故障系统化识别方法,依据产品层次和统一演化过程,面向功能保持实现单元功能故障全域识别,功能-物理映射后进一步实现物理故障的全域识别,基于单元故障,进一步分析接口故障、传递故障和误差传播故障,实现系统故障的涌现性识别。然后结合六性设计的目标,给出基于模型的设计目标综合控制方法。其核心是根据系统识别出的故障,制定故障闭环消减策略,并反馈给六性定量指标的评价过程,确保六性定量指标的实现以及六性要求落实到具体产品设计过程。

(4) MBRSE 设计平台与工程应用案例。基于 MBRSE 理论模型,面向数字化设计平台建立综合设计数据模型、流程模型和工具集成模型,构建面向全系统、全过程的综合设计集成平台。以地面通用移动平台为案例,从需求分析开始,直到方案的确定,进行 MBRSE 方法、平台和软件工具的应用,验证原理的正确性和工程适用性。

本书内容共分为 9 章。首先介绍可靠性系统工程的发展阶段,然后给出 MBRSE 的基础理论、统一模型和全域演化方法,之后重点介绍基于模型的故障识别与控制方法、MBRSE 研制流程模型和 MBRSE 综合集成平台,并结合最新进展介绍可靠性系统工程数字孪生技术。

本书由任羿、王自力、杨德真、冯强、孙博撰写。博士生樊冬明、李志峰、杨西、夏权、吴泽豫和贾露露参与了书稿文字的校对和插图制作。康锐教授对本书的整体架构和写作思路给予多次指导,在此表示诚挚的感谢!

由于作者水平有限且 MBRSE 正处于发展阶段,书中难免出现不准确和不严密之处,敬请读者批评指正。

作者
2021 年 1 月

目录

第1章 可靠性系统工程发展阶段 ... 1
1.1 可靠性系统工程产生的背景 ... 1
- 1.1.1 国外 RMS 工程的发展历程 ... 1
- 1.1.2 国外 RMS 技术的发展趋势 ... 4
- 1.1.3 国内六性工程面临的挑战和跨越式发展的需求 ... 8

1.2 可靠性系统工程概念的提出 ... 11
- 1.2.1 系统工程 ... 11
- 1.2.2 可靠性系统工程的定义 ... 14
- 1.2.3 可靠性系统工程的哲学内涵 ... 17

1.3 可靠性系统工程的理论与技术框架形成 ... 18
- 1.3.1 可靠性系统工程的基础理论 ... 20
- 1.3.2 可靠性系统工程的技术框架 ... 22
- 1.3.3 可靠性系统工程的应用模式 ... 23

1.4 可靠性系统工程的模型化发展趋势与需求 ... 25
- 1.4.1 基于模型的系统工程(MBSE)的产生与发展 ... 25
- 1.4.2 六性设计模型化、仿真化与集成化发展历程 ... 27
- 1.4.3 可靠性系统工程面临的难题 ... 30
- 1.4.4 可靠性系统工程统一模型的技术需求 ... 31

第2章 基于模型的可靠性系统工程基础理论 ... 35
2.1 MBRSE 理论与方法的提出 ... 35
- 2.1.1 六性技术集成的总体技术思路 ... 35
- 2.1.2 MBRSE 的主要研究范畴和工程意义 ... 36

2.2 MBRSE 的概念与内涵 ... 37
- 2.2.1 MBRSE 的定义 ... 37
- 2.2.2 MBRSE 的要素与体系 ... 39

2.3 MBRSE 的信息共享机理 ... 42
- 2.3.1 产品生命周期对产品使用和故障的认知过程 ... 42
- 2.3.2 面向 MBRSE 的设计本体框架 ... 43
- 2.3.3 故障本体的建立 ... 46

2.4 MBRSE 的过程控制机理 ... 50

  2.4.1 面向新产品元设计的元过程 ·············· 50
  2.4.2 面向继承产品元设计的元过程 ·············· 51
  2.4.3 面向产品结构体设计的元过程 ·············· 52
  2.4.4 六性设计目标控制方法 ·············· 54
 2.5 MBRSE 的设计演化机理 ·············· 58
  2.5.1 基于公理的设计演进方法集合 ·············· 58
  2.5.2 面向 MBRSE 的设计域扩展 ·············· 60
  2.5.3 MBRSE 设计域的映射原理 ·············· 64

第3章 基于模型的可靠性系统工程统一模型及其全域演化决策方法 ······ 65
 3.1 功能实现和故障消减相统一的 MBRSE 模型演化过程 ······ 65
 3.2 基础产品模型的统一建模方法 ·············· 68
 3.3 统一模型演化综合决策 ·············· 72
  3.3.1 确定型模型 ·············· 73
  3.3.2 随机型模型 ·············· 80
  3.3.3 模糊型模型 ·············· 83
  3.3.4 混合型模型 ·············· 86

第4章 基于功能模型的系统故障识别与控制方法 ·············· 89
 4.1 面向功能保持的单元功能故障全域识别 ·············· 89
 4.2 基于功物映射的单元物理故障全域识别 ·············· 91
  4.2.1 基本功能物理单元的故障识别方法 ·············· 92
  4.2.2 健壮功能物理单元的故障识别方法 ·············· 94
 4.3 系统涌现性故障综合识别 ·············· 98
  4.3.1 接口故障 ·············· 99
  4.3.2 传递故障 ·············· 101
  4.3.3 误差传播故障 ·············· 108
 4.4 故障闭环消减过程控制 ·············· 111
  4.4.1 单元故障闭环消减过程控制 ·············· 111
  4.4.2 系统故障闭环消减过程控制 ·············· 114
 4.5 故障消减决策方法 ·············· 116
  4.5.1 考虑传递关系的故障链决策 ·············· 116
  4.5.2 考虑耦合关系的故障消减影响决策 ·············· 120

第5章 基于物理模型的故障识别与控制方法 ·············· 127
 5.1 故障物理模型基础 ·············· 127
  5.1.1 故障发生过程 ·············· 127
  5.1.2 故障物理模型 ·············· 128

5.1.3　物理故障可视化模型 …………………………………… 136
5.2　载荷-响应分析与故障识别 ………………………………………… 148
　　　5.2.1　基本思想和原理 ………………………………………… 148
　　　5.2.2　载荷-响应分析的有限元法 ……………………………… 149
　　　5.2.3　基于仿真分析的故障识别 ……………………………… 155
5.3　物理模型的时间效应分析与故障识别 ……………………………… 156
　　　5.3.1　产品的故障模式分析 …………………………………… 157
　　　5.3.2　时变可靠度模型 ………………………………………… 157
　　　5.3.3　外穿率计算公式 ………………………………………… 158
　　　5.3.4　极限状态函数 …………………………………………… 159
　　　5.3.5　基于退化过程的模型参数确定 ………………………… 160
5.4　基于故障物理模型的故障仿真分析与评价 ………………………… 161
　　　5.4.1　分析的基本过程 ………………………………………… 162
　　　5.4.2　故障预计 ………………………………………………… 162
　　　5.4.3　可靠性评估 ……………………………………………… 163
5.5　基于故障物理模型的优化设计与故障控制 ………………………… 163
　　　5.5.1　基于正交试验和灰色关联模型的参数敏感性分析 …… 164
　　　5.5.2　可靠性设计优化 ………………………………………… 166
　　　5.5.3　多学科可靠性设计优化 ………………………………… 169

第6章　基于模型的可靠性系统工程研制流程模型 …………………… 173
6.1　基于模型的系统工程过程与研制流程 ……………………………… 173
　　　6.1.1　系统工程过程演变 ……………………………………… 173
　　　6.1.2　系统研制流程 …………………………………………… 176
6.2　MBRSE模式下的功能性能与六性综合设计流程构建理念 ……… 178
　　　6.2.1　功能性能与六性综合设计流程 ………………………… 178
　　　6.2.2　MBRSE对综合设计流程的影响 ………………………… 182
　　　6.2.3　MBRSE流程的多视图描述方式 ………………………… 184
6.3　MBRSE流程构建的关键技术 ……………………………………… 187
　　　6.3.1　MBRSE流程的规划技术 ………………………………… 187
　　　6.3.2　MBRSE流程运行冲突的分析方法 ……………………… 189
　　　6.3.3　基于仿真的MBRSE流程运行能力评价 ………………… 191
　　　6.3.4　MBRSE流程评审和确认方法 …………………………… 193

第7章　基于模型的可靠性系统工程综合设计平台 …………………… 196
7.1　MBRSE综合设计集成平台的工程需求 …………………………… 196
　　　7.1.1　复杂系统研制的使能技术概述 ………………………… 196
　　　7.1.2　RSE综合设计的使能技术需求 ………………………… 197

7.2 MBRSE综合设计集成平台的基础模型 198
7.2.1 综合设计集成平台框架 198
7.2.2 综合设计集成平台功能组成 199
7.2.3 面向综合设计的产品数据模型扩展 202
7.2.4 基于PLM的流程构建方法 209
7.3 MBRSE综合设计工具集成 219
7.3.1 综合设计工具集成要求 219
7.3.2 综合设计工具集成模型 220

第8章 基于模型的可靠性系统工程应用案例 229
8.1 需求分析 229
8.1.1 目标要求 229
8.1.2 需求分解 232
8.2 初步设计 235
8.2.1 功能设计 235
8.2.2 结构设计 237
8.2.3 工作原理 240
8.3 基于功能模型的故障系统化识别与消减 240
8.3.1 故障系统化识别 240
8.3.2 典型故障传递链 252
8.3.3 典型故障闭环消减控制过程 252
8.4 单元故障识别与控制 256
8.4.1 对象描述 256
8.4.2 数字样机建模 257
8.4.3 载荷-响应分析 257
8.4.4 故障预计模型 259
8.4.5 可靠性仿真评估 261
8.4.6 优化设计与故障控制 261

第9章 基于模型的可靠性系统工程未来展望 262
9.1 MBRSE的技术发展趋势 262
9.2 面向可靠性的数字孪生技术 263
9.2.1 数字孪生的发展现状 263
9.2.2 可靠性系统工程数字孪生 269

参考文献 272

Contents

Chapter 1 Development phase of reliability system engineering ······ 1
  1.1 Background of reliability system engineering ······ 1
    1.1.1 The developing history of RMS engineering in other countries ······ 1
    1.1.2 The developing trend of RMS engineering ······ 4
    1.1.3 Challenges faced by hexability in China and demands for leap-forward development ······ 8
  1.2 The concept of reliability system engineering ······ 11
    1.2.1 Systems engineering ······ 11
    1.2.2 Thedefinition of reliability system engineering ······ 14
    1.2.3 Philosophy meaning of reliability system engineering ······ 17
  1.3 Formation of theory and technology framework of reliability system engineering ······ 18
    1.3.1 Fundamentals of reliability system engineering ······ 20
    1.3.2 Technical framework of reliability system engineering ······ 22
    1.3.3 Applyingpatterns of reliability system engineering ······ 23
  1.4 Modeling trend of reliability system engineering ······ 25
    1.4.1 Emergence and development of MBSE ······ 25
    1.4.2 Trend of modeling, virtualization and integration of hexability design ······ 27
    1.4.3 Difficulties in reliability system engineering ······ 30
    1.4.4 Technical requirements for unified model of reliability system engineering ······ 31

Chapter 2 Fundamentals of model based reliability system engineering (MBRSE) ······ 35
  2.1 Theory and method of MBRSE ······ 35
    2.1.1 Overall technical framework of RSE technology integration ······ 35
    2.1.2 Main research areas and engineering significance of MBRSE ······ 36
  2.2 The concept and connotation of MBRSE ······ 37
    2.2.1 Definition of MBRSE ······ 37

		2.2.2	Elements and architecture of MBRSE	39

2.3　Information sharing mechanism of MBRSE …………………………… 42
 2.3.1　The cognitive process of product life cycle to product use and
    failure ……………………………………………………………… 42
 2.3.2　Design ontology framework for MBRSE ……………………… 43
 2.3.3　Construction of fault Ontology ………………………………… 46
2.4　Control mechanism of MBRSE ………………………………………… 50
 2.4.1　Meta process for new product meta design …………………… 50
 2.4.2　Meta process oriented to inherited product design …………… 51
 2.4.3　Meta process for product structure design …………………… 52
 2.4.4　Control method of hexability design objectives ……………… 54
2.5　Design evolution mechanism of MBRSE ……………………………… 58
 2.5.1　Axiom based design evolution method set …………………… 58
 2.5.2　Design domain extension for MBRSE ………………………… 60
 2.5.3　Mapping principle of MBRSE design domain ………………… 64

Chapter 3　MBRSE unified model and global evolution decision method …… 65

3.1　The evolution process of MBRSE model integrating function realization
  and fault mitigation ……………………………………………………… 65
3.2　Modeling method of fundamental product model …………………… 68
3.3　Unified model evolutionary decision making ………………………… 72
 3.3.1　Deterministic model …………………………………………… 73
 3.3.2　Stochastic model ………………………………………………… 80
 3.3.3　Fuzzy model ……………………………………………………… 83
 3.3.4　Hybrid model …………………………………………………… 86

Chapter 4　System fault identification and control method based
     on functional model …………………………………………… 89

4.1　Function preserving oriented component function fault
  identification in total domain …………………………………………… 89
4.2　Component function fault identification based on function-
  physicsmapping ………………………………………………………… 91
 4.2.1　Fault identification method of basic physical component …… 92
 4.2.2　Fault identification method of robust physical component … 94
4.3　Emergent fault integrated identification ……………………………… 98
 4.3.1　Interface fault …………………………………………………… 99

		4.3.2 Transfer fault ·· 101

      4.3.3 Error propagation fault ·· 108
4.4 Fault closed-loop mitigation control ·································· 111
      4.4.1 Component fault closed-loop mitigation control ······················ 111
      4.4.2 Systemfault closed-loop mitigation control ·························· 114
4.5 Fault mitigation decision method ···································· 116
      4.5.1 Fault mitigation decision basedon transfer train ····················· 116
      4.5.2 Fault mitigation decision considering coupling relationship ············ 120

Chapter 5 Fault identification and control method based on physical model ··· 127

5.1 Introduction to POF ·· 127
      5.1.1 Physical process of fault ·· 127
      5.1.2 POF model ·· 128
      5.1.3 Visualization model of fault ····································· 136
5.2 Load response analysis and fault identification ························ 148
      5.2.1 Basic ideas and principles ······································ 148
      5.2.2 Finite element method for load response analysis ···················· 149
      5.2.3 Fault identification based on simulation ···························· 155
5.3 Time analysis and fault identification of POF model ···················· 156
      5.3.1 Failure mode analysis ·· 157
      5.3.2 Time-varying reliability model ··································· 157
      5.3.3 Calculation formula of penetrability ······························ 158
      5.3.4 Limit state function ·· 159
      5.3.5 Model parameters based on degradation process ····················· 160
5.4 Reliability simulation and evaluation based on POF ···················· 161
      5.4.1 Basic process ··· 162
      5.4.2 Fault prediction ··· 162
      5.4.3 Reliability simulation evaluation ································· 163
5.5 Optimization design and fault control based on POF ···················· 163
      5.5.1 Parameters sensitivity analysis based on orthogonal test and grey correlation model ·· 164
      5.5.2 Reliability design optimization (RBDO) ···························· 166
      5.5.3 Reliability multidisciplinary design optimization (RBMDO) ·········· 169

Chapter 6 MBRSE R&D process model 173
6.1 MBSE engineering process and designflow 173
- 6.1.1 Evolution of system engineering process 173
- 6.1.2 System design flow 176

6.2 Concept of integration of function and hexability design process under MBRSE mode 178
- 6.2.1 Integration design of function and hexability 178
- 6.2.2 Impact of MBRSE on integrated design process 182
- 6.2.3 Multi view description method of MBRSE process 184

6.3 Key technologies of MBRSE 187
- 6.3.1 Process planning technology of MBRSE 187
- 6.3.2 Analysis method for conflict of MBRSE process operation 189
- 6.3.3 Evaluation of MBRSE process operation capability based on simulation 191
- 6.3.4 MBRSE process review and validation methods 193

Chapter 7 Integrated design platform of MBRSE 196
7.1 Engineering requirements of MBRSE design platform 196
- 7.1.1 Overview of enabling technology for complex system development 196
- 7.1.2 Enabling technical requirements of RSE integrated design 197

7.2 Fundamental model of MBRSE integrated design platform 198
- 7.2.1 Integrated design platform framework 198
- 7.2.2 Functional composition of integrated design platform 199
- 7.2.3 Product data model extension for integrated design 202
- 7.2.4 PLM based hexability design process 209

7.3 Design tool integration of MBRSE 219
- 7.3.1 Design tool integration requirements 219
- 7.3.2 Design tool integration mode 220

Chapter 8 MBRSE engineering application case 229
8.1 Requirement analysis 229
- 8.1.1 Operation requirements 229
- 8.1.2 Requirements decomposition 232

8.2 Preliminary design 235
- 8.2.1 Functional design 235

  8.2.2 Physicaldesign ……………………………………………… 237
  8.2.3 Working principle …………………………………………… 240
 8.3 Systematic fault identification and mitigation based on functional
   model ……………………………………………………………… 240
  8.3.1 Fault systematic identification …………………………………… 240
  8.3.2 Typical fault transfer chain ……………………………………… 252
  8.3.3 Typical fault closed-loop mitigation control …………………… 252
 8.4 Componentfault identification and control ……………………………… 256
  8.4.1 Item description …………………………………………………… 256
  8.4.2 Digital prototype modelin ………………………………………… 257
  8.4.3 Load response analysis …………………………………………… 257
  8.4.4 Fault prediction model …………………………………………… 259
  8.4.5 Reliability simulation evaluation ………………………………… 261
  8.4.6 Optimization design and fault control …………………………… 261
Chapter 9 MBRSE future outlook ………………………………………… 262
 9.1 Technology development trend of MBRSE ……………………………… 262
 9.2 Digital twins technology for reliability …………………………………… 263
  9.2.1 State of art of digital twins ……………………………………… 263
  9.2.2 Reliability system engineering digital twin ……………………… 269
References ……………………………………………………………………… 272

图表目录

图 1-1　基于 MBSE 方法的系统工程过程(挖土机示例) ········· 6
图 1-2　法国 PRISME 研究所系统工程技术框架 MeDISIS ········· 7
图 1-3　基于 CPS 的工业 4.0 ········· 8
图 1-4　传统装备六性形成的过程 ········· 15
图 1-5　医学系统工程与可靠性系统工程 ········· 16
图 1-6　可靠性系统工程的大局观 ········· 18
图 1-7　专用质量特性(功能/性能)与通用质量特性(六性)的和谐统一 ········· 18
图 1-8　可靠性系统工程的理论与技术框架 ········· 19
图 1-9　可靠性系统工程的基础理论 ········· 21
图 1-10　故障防控技术体系和故障防控技术型谱 ········· 23
图 1-11　DBSE 和 MBSE ········· 26
图 1-12　基于 PHM 的 F-35 全球自主持续保障系统示意图 ········· 29
图 1-13　六性工作项目如乌云压顶 ········· 31
图 1-14　轻设计重试验 ········· 31
图 1-15　可靠性系统工程统一建模技术的发展 ········· 32
图 2-1　六性模型的有机集成 ········· 36
图 2-2　MBRSE 概念模型 ········· 38
图 2-3　MBRSE 模型、方法、工具和环境之间的关系 ········· 39
图 2-4　MBRSE 的统一模型体系 ········· 41
图 2-5　产品研制过程中对使用和故障的认知过程 ········· 43
图 2-6　功能性能与六性综合设计的本体框架 ········· 46
图 2-7　全局故障本体 ········· 47
图 2-8　功能域故障本体及映射 ········· 48
图 2-9　物理域故障本体及映射 ········· 49
图 2-10　面向新产品元设计的元过程 ········· 50
图 2-11　面向继承产品元设计的元过程 ········· 51
图 2-12　故障的耦合关系 ········· 52
图 2-13　产品元故障规律向产品结构体的综合 ········· 53
图 2-14　以评价为驱动的六性设计目标闭环控制方法 ········· 55

图 2-15	故障闭环消减过程	56
图 2-16	产品单元故障消减的开环控制过程	56
图 2-17	面向产品单元六性目标实现的混合控制模型	57
图 2-18	产品元演进与设计方法之间的关系	59
图 2-19	产品元的域划分	60
图 2-20	考虑六性设计要求的用户域	61
图 2-21	面向综合设计的功能域扩展	61
图 2-22	信号处理器一级功能分解结构	62
图 2-23	信号处理器二级功能分解结构	62
图 2-24	信号处理器的功能域扩展	63
图 2-25	故障模式消减向设计参数的映射	64
图 2-26	产品元在不同设计域之间的映射原理	64
图 3-1	统一模型演化的概念模型	66
图 3-2	可靠性与专用特性统一设计新模式	67
图 3-3	主单元及相关信息可视化表达	69
图 3-4	辅单元及相关信息可视化表达	69
图 3-5	顺序	69
图 3-6	并行模型	70
图 3-7	重复模型	70
图 3-8	选择模型	70
图 3-9	多输出模型	71
图 3-10	迭代模型	71
图 3-11	循环模型	71
图 3-12	系统模型	71
图 3-13	系统结构及边界可视化表达	72
图 3-14	电源模件功能模型(局部)	72
图 3-15	综合权衡框架	73
图 3-16	AHP 的多属性决策分析基本架构	74
图 3-17	典型的层次结构	75
图 3-18	飞机层次结构图示意	76
图 3-19	理想解法思路示例	78
图 3-20	混合型仿真思路	87
图 3-21	混合型权衡的仿真逻辑	88
图 4-1	功能故障识别过程	90

图 4-2	基本功能物理单元的故障识别过程	93
图 4-3	基本功能物理单元的故障识别过程示例	94
图 4-4	健壮功能物理单元的故障识别过程	95
图 4-5	健壮功能物理单元的故障识别过程示例	96
图 4-6	不同层次物理故障之间的传递关系	102
图 4-7	相同层次物理单元故障之间的传递关系	103
图 4-8	链节点图元	103
图 4-9	左轴角转换器的图形表示	104
图 4-10	相同层次故障传递链	104
图 4-11	不同层次故障传递链	105
图 4-12	信号处理模件的部件故障传递关系图	105
图 4-13	故障逻辑模型生成	106
图 4-14	信号处理器处理工作不正常事件生成的故障逻辑模型	107
图 4-15	误差传播过程示意	109
图 4-16	通用有源滤波器工作原理图	111
图 4-17	基于逻辑决断的单元故障闭环消减过程模型	112
图 4-18	系统故障消减状态判定逻辑	115
图 4-19	三层壳的网络示例	117
图 4-20	故障球体	117
图 4-21	信号处理器无向化故障传递关系网	117
图 4-22	信号处理器故障传递关系网的 k-壳	118
图 4-23	基于演绎法确定故障关联集示例	123
图 4-24	输入滤波电路短路故障消减关联模型	123
图 5-1	产品故障发生过程示意	128
图 5-2	故障机理模型的输入参数	129
图 5-3	电迁移现象及其机理过程	133
图 5-4	电迁移显微图片	133
图 5-5	常用腐蚀的外观图片	135
图 5-6	圆锥体示例	137
图 5-7	包住圆锥体的最小长方体线框	137
图 5-8	非最低层次的物理单元三维线框	137
图 5-9	严酷度类别的可视化图形	138
图 5-10	发生概率等级的可视化图形	139
图 5-11	信号处理器的三维物理模型	140

图 5-12	信号处理器单元级可视化模型	142
图 5-13	风险矩阵示意	143
图 5-14	信号处理器系统级可视化模型	145
图 5-15	信号处理器的层级关系网	146
图 5-16	信号处理器聚焦过滤前后对比图	147
图 5-17	信号处理器聚焦过滤前后三维故障模型	147
图 5-18	基于载荷-应力分析的薄弱环节识别基本原理	149
图 5-19	连续体离散化的示意图	150
图 5-20	有限元分析的一般过程	151
图 5-21	有限元建模的一般步骤	151
图 5-22	机械零件的静力分析结果	152
图 5-23	产品封装的动力分析结果	153
图 5-24	产品封装焊点的热应力分析结果	154
图 5-25	基于仿真分析的故障识别基本过程	155
图 5-26	随机过程作用下首次上穿过程	158
图 5-27	极限状态函数在验算点处线性化过程	159
图 5-28	退化过程模型选择	161
图 5-29	故障仿真分析的基本过程	162
图 5-30	近似模型生成过程	167
图 5-31	基于 LAF 策略的 CLA-CO 整体计算流程	171
图 6-1	系统开发模型	174
图 6-2	系统工程过程模型	175
图 6-3	基于 V 模型的 MBSE 开发过程模型	176
图 6-4	多视图流程模型的概念模型	177
图 6-5	电子产品示意性研制流程行为视图	177
图 6-6	产品研制过程重组模型	178
图 6-7	构建功能性能与六性综合设计流程的基本思想	179
图 6-8	综合设计流程的技术逻辑	180
图 6-9	工程研制阶段综合设计流程模型	181
图 6-10	MBRSE 并行设计流程框架	183
图 6-11	典型 MBRSE 工作项目与逻辑关系	184
图 6-12	基于 DSM 描述性能与六性综合设计流程的行为视图	185
图 6-13	基于活动功能表描述功能性能与六性综合设计流程的功能视图	186
图 6-14	流程运行的冲突	190

图 6-15	基于仿真的综合设计流程运行能力分析	191
图 6-16	流程评审指标的体系结构	193
图 7-1	复杂系统研制的使能技术	196
图 7-2	MBRSE 综合设计集成平台框架	199
图 7-3	MBRDP 功能组成	200
图 7-4	平台内部数据交互	201
图 7-5	综合设计多视图关系模型	202
图 7-6	六性工作项目—视图矩阵分析结果	203
图 7-7	参考本体与应用本体的关系	204
图 7-8	基于本体的综合设计多视图模型	205
图 7-9	结构与功能的映射机制	206
图 7-10	基于 PLM 的多视图框架实现方法	207
图 7-11	多视图模型本体框架的类结构	208
图 7-12	基于 TeamCenter 的多视图数据模型示意	208
图 7-13	功能性能与六性综合设计工作流管理系统的实施层次	209
图 7-14	基于 LCM 模块的分布式工作流机的流程集成方案	210
图 7-15	基于 LCM 模块的分布式工作流机的流程集成实施示意	211
图 7-16	基于 PDM 的 LCM 创建综合设计过程示意	212
图 7-17	演示验证项目用户组	214
图 7-18	演示验证项目角色	215
图 7-19	角色分配示意	215
图 7-20	消息访问规则示例	216
图 7-21	飞控系统初样阶段流程示意	217
图 7-22	作业流程创建过程	217
图 7-23	集成平台流程示意	219
图 7-24	工具与产品元之间的关系	220
图 7-25	软件工具的集成原理	220
图 7-26	工具与 PLM 中六性数据模型的交换	221
图 7-27	基于 PLM 的六性工具集成过程	222
图 7-28	面向 PLM 集成的通用六性接口组件架构	223
图 7-29	客户端调用接口组件的典型过程	223
图 7-30	六性数据模型实体类及关系	224
图 7-31	基于 TC 的六性工具集成典型部署过程	225
图 7-32	各层次项目的解决方案示意图	226

图 7-33	PDMAdapter 服务	226
图 7-34	业务实体类及相关的接口	226
图 7-35	实体业务类接口关系图	227
图 7-36	WinUISynthesis 项目类图	227
图 7-37	WebUISynthesis 项目类图	228
图 7-38	可靠性预计工具集成及其运行方式	228
图 8-1	移动平台总体划分	234
图 8-2	移动通用平台功能原理	235
图 8-3	信号处理模块(含电源管理)功能流程	236
图 8-4	通信模块(含图传)功能流程	236
图 8-5	运动模块(含越障)功能流程	237
图 8-6	移动平台功构映射	238
图 8-7	移动平台模块划分	239
图 8-8	总体工作原理设计	241
图 8-9	控制箱(含电源管理单元)工作原理设计	242
图 8-10	机械结构设计图	243
图 8-11	车体结构图	243
图 8-12	悬挂系统模型图	243
图 8-13	后备电源(P-004-004)故障影响传递链	253
图 8-14	后备电源(P-004-004)故障闭环消减过程	254
图 8-15	控制箱(含电源管理单元)工作原理设计(改进后)	255
图 8-16	应变测试仪及其板卡外观	256
图 8-17	案例样品 CAD 模型	257
图 8-18	案例样品 CFD 模型和热分析结果	257
图 8-19	案例样品 FEA 模型	258
图 8-20	案例样品模态分析结果(前六阶)	259
图 8-21	案例样品故障预计模型	259
图 8-22	应变测试板卡的潜在故障点	260
图 8-23	应变测试板卡故障预计分析结果	260
图 9-1	数字孪生机体概念图	264
图 9-2	数字孪生概念和技术发展时间线	265
图 9-3	传统寿命预测和数字孪生寿命预测的功能示意图	267
图 9-4	数字孪生五维概念模型	268
图 9-5	DT-PHM 方法框架和工作流程	268

图 9-6　可靠性系统工程数字孪生与其他空间的交互关系 …………………… 270
图 9-7　可靠性系统工程数字孪生与性能数字孪生概念区分 ………………… 271

表 1-1　3 种组织形式的比较 ……………………………………………………… 23
表 2-1　国军标和美标中的六性工作项目 ………………………………………… 58
表 4-1　提供功能故障分析表 ……………………………………………………… 90
表 4-2　信号处理器物理单元故障分析表(局部) ………………………………… 97
表 4-3　电容 C1 可靠性相关设计参数 …………………………………………… 98
表 4-4　T-I 一致性协调性分析表 ………………………………………………… 100
表 4-5　物理单元 F-I 一致性协调性分析表 ……………………………………… 100
表 4-6　物理单元 L-I 一致性协调性分析表 ……………………………………… 100
表 4-7　接口故障分析表 …………………………………………………………… 101
表 4-8　典型的逻辑门 ……………………………………………………………… 108
表 4-9　信号处理器数据表 ………………………………………………………… 119
表 4-10　故障链发生概率(部分) ………………………………………………… 120
表 4-11　复杂产品常用可靠性合同参数 ………………………………………… 124
表 5-1　信号处理器的可视化数据表 ……………………………………………… 141
表 5-2　信号处理器故障数据表 …………………………………………………… 144
表 5-3　RSM 模型、ANN 模型、Kriging 模型的综合比较 ……………………… 167
表 5-4　主要现代智能优化算法 …………………………………………………… 169
表 6-1　流程评审指标 ……………………………………………………………… 194
表 7-1　角色分配结果 ……………………………………………………………… 214
表 7-2　作业流程说明 ……………………………………………………………… 217
表 7-3　任务流说明 ………………………………………………………………… 218
表 7-4　并行流程说明 ……………………………………………………………… 218
表 7-5　工作流说明 ………………………………………………………………… 218
表 8-1　移动平台关键技术指标清单 ……………………………………………… 229
表 8-2　控制箱部分组件的功能故障模式 ………………………………………… 244
表 8-3　移动平台严酷度类别定义 ………………………………………………… 245
表 8-4　控制箱部分组件功能故障分析结果 ……………………………………… 246
表 8-5　案例样品结构组成 ………………………………………………………… 256
表 8-6　案例样品谐振频率及位置 ………………………………………………… 258
表 8-7　应变测试板卡主要故障信息矩阵 ………………………………………… 260
表 8-8　可靠性仿真评估结果 ……………………………………………………… 261

第1章

可靠性系统工程发展阶段

1.1 可靠性系统工程产生的背景

1.1.1 国外RMS工程的发展历程

可靠性、维修性、保障性、测试性、安全性和环境适应性(本书简称六性或RMS,也可直接用可靠性代表六性,本书中涉及的RMS和可靠性都泛指六性)是面向产品使用过程而要求产品应具备的特性。从古代的一架粗糙简单的马车,到现代的一座精密复杂的核电站,使用者都希望产品在各种条件下都能"皮实"地工作,不出故障或少出故障,至少不能出现致命性故障,即使出了故障也能够快速准确定位到故障,故障部分容易维修或更换,维修能够及时得到专业的人员和工具的支持等。用户对产品这些特性的朴素期望,并不是天然形成的,需要在产品的设计中实现,即六性设计。

在传统手工业时代,产品设计主要依赖工匠的实践,经过长期的积累而形成设计经验。在工业社会的早期,产品相对简单,六性问题可以仅凭工程师的经验解决,因此并未开展专门的设计活动。六性作为工程设计学科是在第二次世界大战期间逐渐形成和发展的。第二次世界大战中,军用装备研制时间短、结构复杂、技术成熟度低,在使用中暴露了大量的六性设计问题。如纳粹德国的V-2火箭研制时间只有两年,但火箭的零部件多达2.2万个,并首次采用了液体火箭发动机、惯性导航、自动飞行控制等新技术,飞行高度达到了100km,飞行速度达4.8马赫。由于系统复杂度大幅度提高、新技术大量采用、工作条件前所未有,因此可靠性成为V-2火箭研制的关键技术难题。为了评估V-2火箭的可靠性,V-2火箭的研制者之一R. Lusser首次提出了概率乘法法则,将火箭系统看作一个串联模型,系统的可靠性为各零部件可靠性的乘积。虽然意识到可靠性的重要性,但由于缺乏有效的技术方法和管理手段,V-2火箭的可靠性问题一直没有得到很好的解决,其实际作战效能远远低于预期。此外,在第二次世界大战中,以雷达为代表的军用电子产品开始兴起,大大提高了武器装备的性能,但美国60%的机载电子设备运到远东后不能使用,50%的电子设备在贮存期间失效,这极大制约了其作战效能的发挥。

针对第二次世界大战中各类装备使用过程中暴露的六性问题,现代可靠性工程技术于20世纪50年代率先在美国产生,并逐步拓展了维修性、保障性、测试性、安全性和环境适应性等专门特性工程。70多年来世界各国十分重视六性的基础理论研究和工程应用方法研究,六性技术取得了长足的发展和明显的应用成效,形成了由要求确定、设计与分析、验证与评价三部分组成的技术体系,并由单一技术向综合技术和集成技术发展。其技术发展历经了以下5个阶段:

1. 特定问题解决阶段(20世纪40—60年代)

针对第二次世界大战中电子产品高故障率的问题,1943年,美国成立了电子管研究委员会专门研究电子管的可靠性问题;1951年,美国航空电子工程委员会(ARINC)制定了最早的可靠性改进计划,并于1952年发表了ARINC报告,定义了可靠性术语,首次明确了故障前时间(TTF)的随机特性;1952年,美国国防部成立了电子设备可靠性咨询组(AGREE);1955年,AGREE开始实施从设计、试验、生产到交付、储存和使用的全面的可靠性发展计划,并于1957年发表了《军用电子设备可靠性》的研究报告,即AGREE报告,该报告从9个方面阐述了军用电子设备可靠性设计、试验及管理的程序及方法,确定了美国可靠性工程的发展方向。AGREE报告成为可靠性发展的奠基性文件,标志着可靠性已经成为一门独立的学科,它的发表是可靠性工程发展的重要里程碑。

但在工程实践方面,并没有在同时代的装备研制中系统推进可靠性工程,有计划地开展可靠性工作,而是着重于具体问题的解决。20世纪50年代美军研制的F-4、F-104等第二代战斗机,在越南战场上可靠性差,战备完好性和出勤率低,维修和保障费用高。20世纪60年代,美军针对越南战争中F-4等战斗机可靠性差的问题,在《军用电子设备可靠性》报告的基础上,制定和发布了MIL-STD-785"系统与设备的可靠性大纲要求"等一系列可靠性军用标准,并将其应用在F-14A、F-15A、M1坦克等第三代装备研制中,由此开始规定了可靠性要求,制定了可靠性大纲,开展了可靠性分析、设计和可靠性鉴定试验。

2. 全面系统实施阶段(20世纪70—80年代)

20世纪70—80年代,美苏两个超级大国为取得战略优势,研发了大量复杂新装备。美国通过"阿波罗"登月等计划的实施,科技军事实力迅速提升,并积累了大系统全面开展可靠性工程的经验。为全面加强武器装备的可靠性管理,提升装备的实战能力,美国国防部建立了直属三军联合后勤司令领导的可靠性、可用性与维修性联合技术协调组,对装备研制过程中的 RMS 进行全过程管理。20 世纪 70 年代后期,在武器装备研制中,美国开始重视采用可靠性研制与增长试验、环境应力筛选和综合环境试验,并颁发了相应的标准。1980 年,美国国防部颁发了第一个可靠性和维修性(R&M)条例 DODD5000.40《可靠性和维修性》,规定了国防部武器装备采办的 R&M 政策和各个部门的职责,并强调从装备研制开始就应开展 R&M 工作。1986 年,美国空军颁发了《R&M2000》行动计划,明确了 R&M 是航空武器装备战斗力的组成部分,这一计划是从管理入手推动 R&M 技术的发展与应用,使 R&M 的管理走向制度化。20 世纪 90 年代的几次局部战争,不仅反映了美军装备的技术先进性,更凸显其卓越的六性特性,战争中应用的装备大部分是在 1970—1980 年间研制或改进的,这体现了系统全面实施 RMS 工程的成效。期间的星球大战计划、隐形战机研制等,也促进了可靠性工程领域的技术提升,如研究和引入了高加速寿命试验(HALT)、高加速应力筛选(HASS)、软件可靠性、网络可靠性、失效物理分析(PoF)、故障模式与影响分析(FMEA)、测试性建模、虚拟维修性分析、综合保障仿真分析等技术,并逐步在新一代装备研制中得到应用。

3. 停滞与倒退阶段(20 世纪 90 年代—21 世纪初)

苏联解体后,美国成为世界唯一的超级大国,其面临的威胁降低。为了减少国防开支,1994 年,美军进行了防务采办改革,时任国防部部长佩里废除了大部分可靠性军用标准,以实现装备采办的军民融合,试图通过完全市场化的途径来保证装备可靠性,进而节约采办费用。但实际情况是此举造成了后续武器装备可靠性水平的不断下降。在 1996—2000 年间,美军 80% 的新装备都达不到要求的使用可靠性水平。当然这里也有其技术原因,自 20 世纪 90 年代开始,全球进入了以计算机、软件和网络为代表的信息时代,装备的综合化、信息化和自动化程度越来越高,信息化装备的故障和可靠性规律有很多新特征,需要从基础理论和应用技术等方面进行解决。

4. 螺旋上升阶段(21 世纪初 –2015 年)

进入 21 世纪后,美军近半数的采办项目在初始试验与验证过程中,作战效能不能满足要求。美国国防部研究发现,装备研制存在着可靠性工作不落实的严重问题,如设计中考虑可靠性不够,缺乏可靠性工程设计分析,防务承包商的可靠性设计实践不符合最佳商业惯例,故障模式影响与危害性分析(FMECA)和故障报告分析与纠正措施系统(FRACAS)没有发挥作用,部件和系统的可靠性试验不充分等。

为了解决武器装备研制中存在的可靠性问题,美国国防部与工业界、政府电子与信息技术协会(GEIA)密切合作,于 2008 年 8 月正式发布了供国防系统和设备研制与生产使用的可靠性标准 GEIA-STD-0009 "系统设计、研制和制造用的可靠性工作标准",再次强化装备研制的可靠性工作。美国 TechAmerica 于 2013 年 5 月发布了配套的 TA-HB-0009 "可靠性程序手册"。与此同时,以故障机理为基础的可靠性设计技术得到重视和深入发展,并在 F-22 战斗机航空电子设备和欧洲 A400M 军用运输机的可靠性设计中得到应用,A400M 首次采用无维修工作期(MFOP)替代传统的平均故障间隔飞行小时(MFHBF)作为飞机的可靠性指标。为了应对"基于机器学习的网络物理系统(LE-CPS)"的可靠性安全性问题,2017 年,美国国防高级研究计划局(DARDA)启动了"可靠自主"(Assured Autonomy)项目。

5. 新技术革命阶段(2015 年至今)

2013 年,德国首次提出了工业 4.0(Industry4.0),其核心理念是利用物理信息系统(Cyber-Physical System,CPS)将生产中的供应、制造、销售信息数据化、智能化,最后达到快速、有效、个性化的产品供应。2015 年 5 月,中国国务院正式印发《中国制造 2025》,部署全面推进实施制造强国战略,其核心内容是推进信息化与工业化深度融合,打造中国版的工业 4.0。工业的信息化和智能化对传统可靠性技术提出了新的挑战。

面向工业 4.0 时代的新对象和新问题,近年来网络可靠性、CPS 可靠性、自主系统可靠性、系统弹性和基于数字孪生的可靠性技术迅速发展,并成为可靠性技术在新技术革命时代的研究热点,可靠性技术的理论、技术、方法和手段都面临新的机遇和挑战。

1.1.2 国外 RMS 技术的发展趋势

1. 技术综合化与集成化的趋势

单一技术向综合技术和集成技术发展,功能特性与 RMS 特性一体化融合也是这一时期技术发展的重要特征。随着数字化设计的兴起,全三维无纸化设计,产品生命周期管理(PLM)网络环境下多学科设计优化、多专业设计协同成为设计技术发展的新方向,也带动了 RMS 向综合化的方向发展,包括 RMS 设计与分析综合化,如可靠性、维修性和可用性的综合分析,可靠性、测试性、维修性和保障性的综合设计分析,RMS 与功能/性能的综合设计等;可靠性试验综合化,即充分利用研制试验、增长试验、环境试验和鉴定试验的试验信息评估产品的可靠性;后勤保障和诊断综合化,即综合后勤保障和综合诊断,利用综合诊断实现设计、生产和维修的测试综合利用;硬件和软件综合化,对硬件和软件可靠性进行综合分析;可靠性、维修性、保障性信息综合化,建立武器装备综合数据系统,使订购方、使用方、主承制方和转承制方的各种设计、生产、维修和保障信息综合利用和共享。

将各类设计专业有机地融入产品研制系统工程过程,实现性能与各类特性的综合设计,一直是工程界追求的目标。美国20世纪70年代的工程专业综合到90年代的并行工程,以及欧洲90年代兴起的可信性技术,无不体现着综合设计的思想。复杂装备的研制,是由不同阶段工作内容组成的系统工程过程,依据系统思想和系统工程的基本原则进行系统综合是贯穿系统工程过程始终的核心工作内容。

与传统功能/性能设计不同,工程专业是用于保证研制出的系统在实际使用环境中更为合理、更能充分发挥效能。工程专业综合是指装备技术要求的综合、装备研制过程的综合、研制队伍的综合和各种设计方法(工具)的综合。其中交互作用、相互协调的综合研制过程是驱动工程专业综合的核心要素。工程专业综合中最重要的部分体现在 RMS 等专业领域。洛克希德·马丁公司采用矩阵式管理,用特定领域知识如可靠性、维修性、人素工程、可运输性、安全性、电磁兼容性等去支持产品的设计工作,以保证系统在使用环境中具有适用性,从而实现系统工程过程综合。

随着技术的发展,参与产品系统的元素如人、技术、硬件、软件、过程、企业等越来越多,其运用与保障过程越加复杂,因此催生了新一代的系统工程方法——MBSE。该方法以模型为中心进行系统设计,是系统工程未来发展的趋势,其主要成果是系统模型,该模型由系统的需求、结构、行为、参数等关键要素构成。可靠性作为系统的一个重要特性,也被融合考虑到系统模型的构建过程中。

2. 过程模型化的趋势

美国佐治亚理工大学(GIT)、美国国家航空航天局(NASA)、洛克希德·马丁公司、法国 PRISME 研究所、系统工程国际委员会(INCOSE)等机构近几年均着眼于可靠性与专用特性协同设计技术的研究,最主要的代表是 MBSE 方法。该方法通过增强需求的可追溯性,来加强多用户间的沟通协调,以提高知识提取能力、设计精确性和整体性,从而便于信息再利用,强化系统工程过程,降低研制风险。目前 MBSE 方法已应用的领域覆盖航空、航天、车辆、船舶、电子和民用产品等。在应用过程中,相关研究人员也总结出了通用的系统工程过程,基于该过程,可有效实现一体化设计。其中最具代表性的是美国 GIT 和法国 PRISME 研究所的系统工程过程。

1)美国 GIT 的系统工程过程

GIT 基于 MBSE 建立了一套系统工程过程,如图 1-1 所示。同时,其以挖土机为例,建立了系统模型、系统运行场景模型及用于生产的工厂制造模型。该过程包括元模型、剖面、模型库等知识收集,通过对目标优化模型、费用模型、可靠性模型、机构动力学模型等多领域混合系统的仿真分析,实现对系统设计的影响,保证系统设计与可靠性目标同步实现,并最终得到产品设计方案。

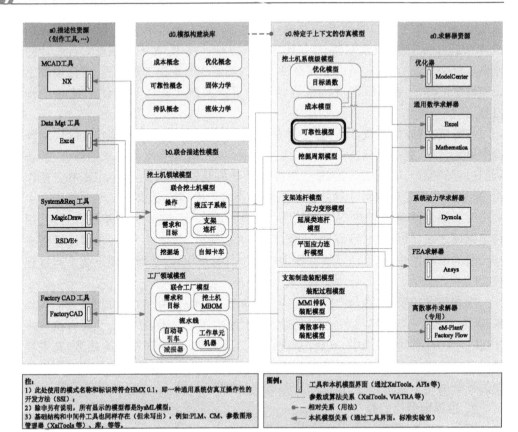

图 1-1 基于 MBSE 方法的系统工程过程(挖土机示例)(彩图见书末)

2) 法国 PRISME 研究所的模型化可靠性工程技术框架

法国 R. Cressent、F. Kratz（PRISME, ENSI de Bourges），P. David（Bourges Université de Technologie de Compiègne）等人以统一模型为核心,研究建立了 FMEA、可靠性与故障场景分析、实时嵌入式系统仿真分析、基于 Simulink 的系统仿真整体框架 MeDISIS,如图 1-2 所示,实现了可靠性专业与传统专业的综合。

3. 新技术革命带来的新需求

基于互联网、物联网的制造和智能设计的兴起,使得传统设计的难度大大降低,而个性化、高质量成为产品设计追求的新目标,如德国的工业 4.0、美国的工业互联网、中国制造 2025 等。因此,设计六性、管理六性和保证六性,在未来的产品设计和使用中将占据更加重要的位置。另外,基于信息物理系统（CPS）的下一代制造业(图 1-3),产品设计、生产和服务的模式将产生重大的变革,六性设计如何适应这样的变革,传统的六性设计方法面临进一步升级的需求:

（1）小批量柔性构型产品的六性设计需求。

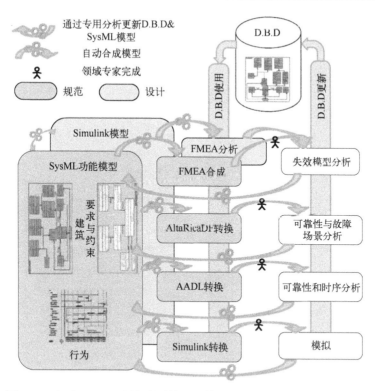

图 1-2 法国 PRISME 研究所系统工程技术框架 MeDISIS(彩图见书末)

(2) 智能设备的可靠性设计与验证需求。
(3) 智慧工厂/CPS 系统六性设计与验证需求。
(4) 六性设计与智能化产品设计和 PHM 设计的需求。

4. 六性技术产业的产业化趋势

随着社会化分工的加深和生产性服务的发展,制造业和服务业相互融合、相互依赖,两者之间的边界越来越模糊。进入 21 世纪,基于服务的制造(service based manufacturing)逐渐兴起。其内在需求来自市场,顾客消费文化从产品需求向个性化和体验化需求转变,产品同质化现象日趋严重,制造企业亟待通过提供产品和服务克服产品同质化问题和满足顾客需求。对于复杂的高技术产品,这种趋势越发突出,为了保障产品的正常功能,需要提供相应的辅助性服务,例如专业的安装、调试、维护与维修、健康管理等服务。显然,六性是服务型制造企业利润和竞争力的保障。

如今,六性不仅是一个工程学科或设计企业的非核心业务,其已经逐步发展为一个新兴产业。如,2014 年全球的民用喷气和螺旋桨飞机的维修市值高达 563 亿美元,维修技术的发展使 GE 公司成为服务型的制造企业。又如,2011 年全球的汽

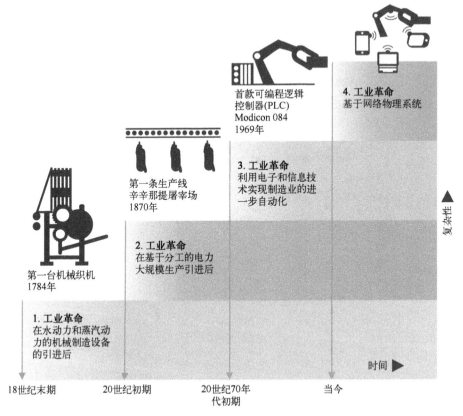

图 1-3 基于 CPS 的工业 4.0

车保有量已突破 10 亿辆,2014 年全球的汽车产量高达 8900 万辆,在整个汽车产业链上,汽车服务业占 60%,而维修保养又是汽车服务的核心,每年创造数千亿美元的价值,吸纳数百万的就业人口。

1.1.3 国内六性工程面临的挑战和跨越式发展的需求

1. 海湾战争提升了国内六性工作的地位

国内的工程设计领域基础薄弱,我国的装备制造业长期以来以仿制为主,从 20 世纪 50 年代建立较完整的工业体系起,到改革开放初期,系统化六性设计几乎为空白,设计师缺乏六性设计意识,军方无要求,设计缺标准,工作难推进,验收无考核。20 世纪 80 年代开始,我国自主研制的装备大都存在着研制周期长、形成战斗力慢、使用问题多等情况,但并未意识到六性工作是主要的制约因素。

1991 年年初发生的历时 43 天的海湾战争,在接到命令后不到 53h 内,首批来自第 1 战术联队的 48 架美军 F-15C 空中优势战斗机中,有 45 架出现在沙特阿拉伯的上空,显示出了极高的战备完好性和快速部署能力。在入侵伊拉克战争中,F-15C 主要负责为早期在沙特部署的部队和装备提供空中保护,并作为争夺制空权的主力机种。部署在西南亚地区的 120 架 F-15C 总共飞行了 5906 架次,平均每架次飞行持续时间为 5.19 小时,能执行任务率高达 93.7%。美军在空战中共击落的 39 架伊拉克战斗机中,有 34 架是被 F-15C 击落的,而 F-15C 则无一损失,显示了其出众的战备完好性和极强的作战能力。美军装备所体现出的高效能,惊醒了国人,人们意识到装备"能打仗,打胜仗",不仅要有优良的作战性能,还需要有出色的六性水平。

美军装备表现出的高可靠、好维修、易保障水平,并不是与生俱来的,而是来自于对六性设计的高度重视和投入。自实施"八五"计划以来,以跟踪美国等先进国家的 RMS 技术发展为目标,我国在装备预先研究和技术基础等项目中先后系统规划并开展了 RMS 技术研究。在标准规范制定方面,参照美军标和其他国际标准,结合国情初步形成了较完善的六性规范体系;在配套手段方面,引进了部分 RMS 设计分析与试验技术手段和设备,成效显著,解决了型号研制的部分急需;在关键技术攻关方面,突破了计算机辅助 RMS 设计分析技术、四综合(温度、湿度、低气压、振动)可靠性试验系统、电子设备组件筛选系统、机电产品可靠性综合应力试验技术、可靠性试验剖面设计技术、嵌入式软件可靠性仿真测试技术、小子样可靠性评估技术等重大关键技术,大量引进了三综合(温度、湿度、振动)可靠性试验系统、环境试验设备和失效分析设备。这些成果和技术手段在 20 世纪 90 年代开展的新一代歼击机、直升机、各种导弹、舰载电子对抗系统、主战坦克等专项高新工程和神舟飞船研制中得到了比较广泛的推广应用,直接为这些型号的成功研制和稳定运行提供了关键技术保障。

2. 六性技术面临的挑战

受工业基础和设计文化的影响,国内系统全面开展六性设计始终面临着挑战,其问题可以总结为:组织模式不完善、工作过程不规范、技术状态不一致、设计经验难积累、协同效应不突出、系统综合无手段、信息基础较薄弱、全局状态把控差等。这些问题既有技术原因,也有管理因素,还有更深层次的设计文化问题。国内六性技术发展,不能完全照搬美国的经验,必须基于我国的工业基础、管理模式、文化背景,发展自己的理论和技术体系,走一条中国特色的道路。

从理论层面来看,基于可靠性系统工程思想,统筹规划性能与 RMS 设计活动,协调规范性能与 RMS 工程方法,同步控制性能与 RMS 工作过程是确保 RMS 与性能设计要求实现的有效途径。但与性能设计要求不同,RMS 要求在装备研制中不能直接作为设计参数,RMS 特性需要通过大批量、长时间的应用,才能进行精确度量。因此,如何在装备的研制过程中,与性能设计紧密融合,相互影响,综合权衡,用设计师容易理解和接受的方式开展 RMS 设计,渐进地实现 RMS 要求,一直是 RMS 工程技术领域面临的难题。

RMS 工程技术经过半个多世纪的发展,出现了多种方法和技术手段,并在工程实践中得到了检验。多种 RMS 工程方法并不是孤立存在的,各种方法之间及其与产品功能/性能设计之间存在着广泛的联系,这种联系决定了各类 RMS 设计活动及其与功能/性能设计活动之间不能相互独立,必须按照某种规律相互融合、协同开展。本书将这种协同的设计过程称为功能/性能与 RMS 综合设计。由于 RMS 工程技术的特殊性,在产品研制的全过程中,对 RMS 特性实现过程的控制往往通过贯彻管理法规和文件、利用管理和设计评审等定性手段来实现,而不能在产品设计中"自然而然"的实现,产品研制由于 RMS 问题而出现反复的风险很大。因此,需要一种能够将 RMS 设计融合到功能/性能设计中,实现"精确"控制的方法。本书认为,要系统解决该问题,必须从技术和管理上进行改进,这种改进体现在以下 3 个方面:

(1) 实现功能/性能与 RMS 设计信息的统一共享。性能与 RMS 设计应有统一的信息源,公共信息源应该是统一的并保持可追踪性,产品技术状态的变化应及时反映到 RMS 设计分析中,RMS 设计分析结果要根据技术状态的变化及时更新,并影响产品设计。目前在性能设计领域,可建立精确统一的模型,设计信息的共享基本能够实现。但 RMS 设计缺乏标准统一的模型,RMS 设计与分析还停留在自我封闭的、单向的和缺乏控制的初级阶段。

(2) 实现功能/性能与 RMS 设计方法的有机关联。RMS 与性能设计有着相同的目标对象,存在天然的联系,很多 RMS 设计分析方法是在性能模型的基础上开展的,性能设计的过程中可融入大部分 RMS 设计方法,RMS 设计结论也可以直接推动性能设计的迭代,即相关工程方法之间应确立有机的联系。但由于分析目的和建模角度等方面存在较大的差别,RMS 与性能设计分析之间的联系往往是隐含的、模糊的,实现互操作的难度很大。

(3) 实现功能/性能与 RMS 设计过程的精确控制。RMS 设计是产品研制的有机组成部分,RMS 设计要求的实现过程应与性能要求实现过程融为一体。但 RMS 工程方法与性能工程方法之间缺乏技术上的互操作,从管理上对 RMS 特性实现的过程缺乏统一的控制机制。因此,RMS 设计过程不能有机地融入性能设计过程,形成平行的两条线索,其后果是 RMS 设计仅作为设计过程中不得不做的一个环节,很难对产品设计产生实质的影响,容易产生所谓的"两张皮"现象。传统工程过程主要依赖管理来实现性能设计与 RMS 设计的协调和控制,对设计人员和管理人员的水平要求高,过程难以精确地控制,容易出现反复,工作周期长,代价大。同时也难以建立包含 RMS 设计的统一数字化集成平台,不能科学规划、有效集成各类工具手段,从而不能支持性能与 RMS 综合设计的高效协同开展,性能与 RMS 设计的综合一体化设计也就无从谈起。

3. 六性技术跨越式发展的需求

实现上述改进的主要障碍在于:功能性能设计与各类 RMS 设计的表达方式有较大的差别,导致性能与 RMS 信息之间的共享和传递难以自动进行,性能与 RMS 设计方法之间不易进行顺畅的沟通与协调,难以建立科学合理的统一流程来控制全过程设计活动的开展;为此,需建立一种统一的六性模型,通过该模型架设性能与各类 RMS 设计之间联系的桥梁,实现性能和 RMS 技术与管理过程的统一。

另外,为了实现六性工作的精确化、自动化和智能化,六性工作方法应实现从文档化向模型化的转变,这也需要建立完整的六性设计模型体系,并与产品设计过程中的各类模型无缝对接。但统一的六性模型在国内外还未开展系统化的研究,基于模型的六性设计也处在发展的阶段,这为我国在可靠性工程领域走在世界前沿提供了前所未有的发展机遇,同时也契合了我国装备研制快速发展的需求。

1.2 可靠性系统工程概念的提出

1.2.1 系统工程

1. 复杂工程系统概述

马克思说:"许多人在同一生产过程中,或在不同的但互相联系的生产过程中,有计划地一起协同劳动,这种劳动形式叫作协作。""一切规模较大的直接社会劳动或共同劳动,都或多或少地需要指挥,以协调个人的活动,并执行生产总体的运动——不同于这一总体的独立器官的运动——所产生的各种一般职能。""一个单独的提琴手是自己指挥自己,一个乐队就需要一个乐队指挥。"

随着科技的不断发展,现代工程日趋复杂,涌现出了航空工程、航天工程、核工程等大型工程系统。这里的工程系统是指将需求转化为工程产品的系统,即以价值为取向,整合科学、技术与相关要素,有组织地实现特定目标的实践。这些大型新兴工程规模庞大、层次多、结构复杂,在技术方法、人员组织、项目管理等方面包含了大量的交互成分,具有内部关联复杂、不确定、动态等特征,将导致系统的整体行为具有强烈的非线性,可称之为复杂工程系统。研发这些大型复杂系统面临来自系统自身和工程过程的诸多挑战,其实质是解决工程系统所包含的各类复杂性问题。

这些复杂性问题可以分为 3 类:

（1）工程系统客体复杂性，指工程产品自身的固有复杂性，如价值要素的多样性、组分数量的巨大性、交互耦合的强烈性、预期使用环境的复杂性等。

（2）主体复杂性，指工程的参与者带来的人为复杂性，包括认知的复杂性和行为的复杂性。认知的复杂性是造成工程系统不确定性的根源，行为复杂性可能会导致各类有意图的、非规范的、幼稚的乃至错误的工程行为。

（3）工程系统的环境复杂性，体现在工程系统的各类环境日趋复杂化对工程系统的影响。这里的环境是工程系统可能获取的资源以及所受制约的总和，通过管理要素对工程系统的价值要素、科学要素、技术要素产生影响，通常可以划分为科技环境、文化环境、社会环境和自然环境。

钱学森对复杂工程系统面临的基本问题作了总结："怎样把比较笼统的初始研制要求逐步地变成成千上万个研制任务参加者的具体工作，以及怎样把这些工作最终综合成一个技术上合理、经济上合算、研制周期短、能协调运算的实际系统，并使这个系统成为它所从属的更大系统的有效组成成分。"

2. 复杂系统的工程方法论

诚如贝塔朗菲所说："我们被迫在一切知识领域运用'整体'或'系统'的概念来处理复杂性问题。"现代工程系统的复杂化趋势已经发展到只有自觉运用系统概念和原理方能有效应对工程复杂性。随着系统思想和方法在自然科学、社会科学、工程技术等多领域的发展，以系统及其机理为对象，研究系统类型、性质和规律的系统科学逐渐形成并开始走向成熟。

按照钱学森的倡导，系统科学可划分为基础科学、技术科学、工程技术等3个层次。基础科学层次是研究系统的基本属性与一般规律的学科，是一切系统研究的基础理论。目前基础科学层次的系统学尚在建立完善之中。技术科学层次包含了信息学、控制学、运筹学、事理学等理论，它能够为工程技术提供直接的指导。工程技术层次则是直接改造客观世界的知识，最典型的代表是系统工程。

在复杂系统的研制过程中，基础科学及技术科学主要起指导作用，具体工程问题的解决需要工程技术的支持。根据在复杂系统研制过程中的不同作用，可将工程技术层次细化为3个层次，即理念与方法论层、工程方法层、使能技术与支撑环境层。这3个层次彼此交互作用，共同为复杂系统提供支撑。它们之间的影响可能是正向的，也可能是逆向的。举例来说，设计理念或方法论可能产生新的工程方法，进而促进相应使能技术及其支撑环境的发展；反之，使能技术及支撑环境的发展也可能使工程方法发生变化，甚至产生新的设计理念。

目前，复杂系统的工程方法论中最具代表性的观点包括3种，即系统工程理念、并行工程理念、综合集成理念。其中，最早将工程对象作为系统来考察的是系统工程学者。20世纪40年代，美国贝尔电话公司最早提出了"系统工程"这个名词,另外,运筹学在第二次世界大战中逐渐成熟并在战后用于经营管理方面,奠定了系统工程的重要基础。至1957年,第一本"系统工程"专著出现,其后到20世纪60年代初期,系统工程逐渐成熟并正式成为一门独立学科。系统工程的思想与方法来自不同的行业和领域,其核心思想是按照系统科学的原理和方法组织管理工程活动的科学思想与技术。

并行工程作为一种系统化思想,最早是由美国国防先进研究计划局(DARPA)在1986年提出的。其后,美国防御分析研究所(IDA)在1988年发布了著名的R-338报告,其中明确提出了并行工程思想,同时给出了并行工程最具影响力的定义:"并行工程是对产品及其相关过程(包括制造过程和支持过程)进行并行、一体化设计的一种系统化的工作模式。这种工作模式力图使开发者从一开始就考虑产品全生命周期的所有要素,包括质量、成本、进度和用户需求。"并行工程的核心思想是通过组织以产品为核心的跨部门的集成产品开发团队(integrated product team,IPT)进行产品开发,并通过产品开发过程的改进与重组实现产品开发过程的合理化。

1990年,钱学森首次将处理开放的复杂巨系统的方法定名为综合集成方法。综合集成方法论明确主张定性研究与定量研究相结合,科学理论与经验知识相结合,采用系统思想将多种学科结合起来进行综合研究。将复杂巨系统的宏观与微观研究统一起来,必须有大型计算机系统支持,而且要求该系统不仅具备信息管理、决策支持等功能,而且还要有综合集成的功能。

这3种理念分别于不同的年代由不同的倡导者所提出,因此具有各自不同的侧重点。正如Gardiner指出的"并行工程与系统工程关注的是同一对象的不同方面,两种方法更应该集成起来解决问题"。相较于前两者,综合集成方法关注的焦点是复杂大系统,从某种意义上可以认为是这两者的继承与发展。

值得注意的是这3种方法论均遵循系统科学的基本思想,强调将还原分析思维与综合思维结合起来,确保对整体的认识建立在对部分精细了解的基础上,从而打破近代工程以还原论为基础的弊端。此外,3种理念虽有相似或交叉的部分,但事实上它们仍然各自在不断发展,尚没有形成完全统一的方法论。

3. 复杂系统的工程方法论实践

以系统工程、并行工程和综合集成为代表的复杂系统工程理念及其相关方法技术已成功在大型工程系统实践中得到应用,并取得了显著的应用效果。

系统工程最早成功应用于"阿波罗"登月计划,这是一项规模庞大的研制项目。在计划的实施过程中,有几百家主承包商、几万家公司和企业参加了研制工作。整个工程共有1500多万件零部件,耗资200多亿美元,历时11年,最后取得了成功。而并行工程思想及其理论方法最早在波音、洛克希德·马丁等公司得到了应用和实践。如波音公司在新型767-X飞机的研制中采用了"并行产品定义"的全新概念以及新的项目管理办法,从而实现了3年内从设计到一次试飞成功的目标。而钱学森所提出的"综合集成"思想,最早成功应用于我国几项复杂武器系统的定量研究。

近年来,并行工程、系统工程、综合集成等理念在国内外一些重大的工程系统领域不断得到应用,人们在应用和实践中不断地探索,以促进理论自身的发展、丰富和完善。如我国载人航天工程项目以及美国、英国等国家联合研制的联合攻击战斗机(joint strike fighter,JSF)项目等。在这些项目中,各类工程方法论理念的界限越来越模糊,其运用往往是多种理念的综合体现:既利用系统工程的思想和方法来组织、管理整个项目的全过程,克服大规模工程系统的复杂性和不确定性带来的一系列困难和障碍,也会按照并行工程的思想在产品设计早期考虑产品全生命周期的各类要素,以降低生命周期的费用,同时在项目中也蕴含着综合集成的思想。

复杂系统的工程方法论及其工程方法、使能技术等均以工程系统项目需求为驱动,伴随着工程实践的成功经验和失败教训,促进新的理念、方法、技术不断地涌现。随着现代工程系统的复杂性不断增加,工程问题的解决必然走向"还原论"与"系统论"的辩证统一,即通过"系统论"的观点解决工程系统的复杂性问题。

1.2.2 可靠性系统工程的定义

为解决可靠性工程的复杂性问题和引进技术的"消化不良"问题,王自力运用系统工程方法,提出全系统、全寿命、全特性的"三全"质量观和质量技术变革观,将装备的质量特性分为通用质量特性和专用质量特性。通用质量特性是相对专用质量特性提出的,专用质量特性是指尺寸、重量、精度等特性,而通用质量特性是指可靠性、维修性、保障性、测试性、安全性、环境适应性和电磁兼容性等特性,本书中的通用质量特性一般指六性。

复杂工程系统面临的重要挑战之一是如何保证系统长期稳定运行,即系统的质量与可靠性水平。这是一项复杂的任务,如图1-4所示,传统的工程方法轻设计重试验,试验主要基于试错原理,利用试验—分析—改进(TAAF)来迭代识别系统的六性问题,并据此改进系统设计,进而提高系统的通用质量水平。这种方式存在如下几个问题:

(1)暴露问题的试验往往耗费时间长,且需要专有的人员、设备、能源和试验件,花费巨大。

(2)试验阶段暴露的问题,很多需要重新追溯到设计阶段,这将会拉长装备的研制周期。

（3）试验剖面不能完全模拟真实环境，很多潜在的问题，仅依靠试验无法充分暴露，会成为将来实际应用的隐患。

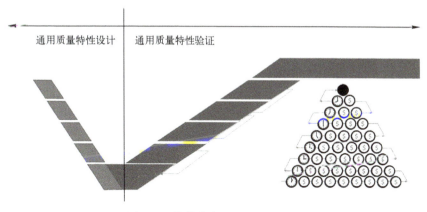

图 1-4　传统装备六性形成的过程

航天可靠性工程专家梁思礼院士在 20 世纪 60 年代提出，质量可靠性是"设计出来的、生产出来的、管理出来的，而不是检验、实验和统计分析出来的……要提高可靠性，就要在整个研制过程中解决每一个工程技术问题，要建立中国特色、极小批量的全面质量理论相关原则"。钱学森也提出了"可靠性是设计出来的，生产出来的和管理出来的"的相同论断。老一辈科学家不约而同地从系统的角度去认识可靠性工程和实践可靠性工程。

我国的工业基础、管理模式和设计文化与西方国家有较大的差别，国防可靠性工程和教育事业的奠基人杨为民教授在从事可靠性理论研究和工程实践的过程中，敏锐地觉察到完全照搬国外的做法并不可行，需建立中国自己的可靠性工程理论。经过多年的潜心研究与工程实践，杨为民教授在 1994 年第一届 ICRMS 年会上发表论文《Reliability System Engineering——Theory and Practice》，首次正式提出可靠性系统工程（RSE）的概念，并在 1995 年出版的《可靠性维修性保障性总论》中首次系统阐述了其概念与内涵。**可靠性系统工程是研究产品全寿命过程以及同故障作斗争的工程技术。从产品的整体性及其同外界环境的辩证关系出发，用实验研究、现场调查、故障或维修活动分析等方法，研究产品寿命和可靠性与外界环境的相互关系，研究产品故障的发生、发展及其预防和维修保障直至消灭的规律，以及增进可靠性、延长寿命和提高效能的一系列技术和管理活动**。其总体目标是：提高产品的战备完好性和任务成功性，减少维修人力和保障费用。

可靠性系统工程是与故障作斗争的一门工程技术，其实质是研究产品故障的发生、发展，在故障发生后的修理、保障以及如何预防故障的发生，直至消灭故障的规律。可靠性系统工程不是可靠性的系统工程，是利用系统的思想，解决可靠性工程问题,这里的可靠性是大可靠的概念,包含六性。用通俗的话来说,可靠性系统工程就是研究产品"防病、治病"规律的工程技术。这与研究人类生命过程以及同疾病作斗争的医学系统工程颇有相似之处,如图1-5所示。

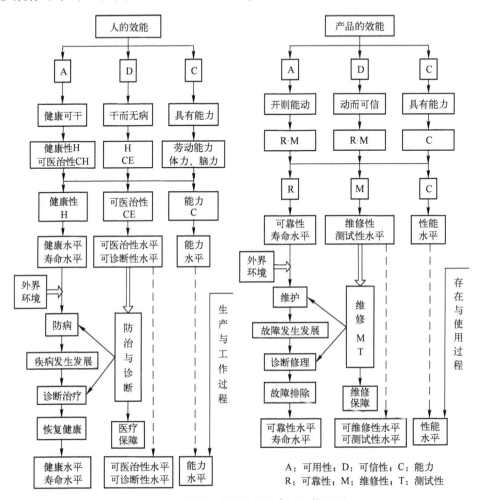

图1-5 医学系统工程与可靠性系统工程

人的固有特性可以用能力 C(capability)来表示。但他要成为一个有用的人,不仅要有能力,还应当在要他工作的时候,他健康可干 A(availability),而在干的过程中,可确信(dependability)其能够完成任务。对于产品来说,则应在要求其工作的任一时刻,它能正常开始工作(开则能动,A);在整个任务剖面的任一时刻它可以工作并完成其规定的功能(动而可信,D);然后才是其完成规定任务的能力(C)。A、D、C综合形成了产品的效能。

1.2.3 可靠性系统工程的哲学内涵

可靠性系统工程的显著特点就是它的实践哲学性,是杨为民教授在对六性工程问题和规律深刻理解的基础上,结合中国传统文化精髓和现代系统科学思想进行的理论创新。这一哲学思想基于工程科学、物理、人理和事理,并且通过完整的决策方法论、建模方法论、仿真技术、优化技术和信息技术来实现,其内涵可以总结为:

1. 大局观

在中国的传统文化中,大局观是精髓之一,如围棋即是典型的体现。Robertson 与 Munro 在 1978 年证得围棋是一种 PSPACE-hard 问题,目前有人计算到围棋的必胜法之记忆计算量在 10^{600} 以上,已经超过了宇宙中原子的数量(10^{75})。因此围棋问题的求解,不能采取穷举的"笨办法",必须结合人类的思维和直觉能力。2016年3月15日,谷歌围棋人工智能程序 AlphaGo 以 4∶1 的总比分战胜了韩国围棋名将李世石,正是利用深度学习(deep learning)技术,实现了对围棋大师策略的学习和成功应用,因此 AlphaGo 并不是计算机战胜了人类,而是人类在计算技术领域实现的一次革命。

围棋的策略有别于简单的穷举计算。围棋大师吴清源先生曾经说过,"围棋的目标不是局限于边、角,而是应该很好地保持全体的平衡,要站在一个很高的高度去看待""每一手棋必须是考虑全盘整体的平衡去下"。围棋十要诀之一的"动须相应",是指下棋时要有全局观念,时时刻刻都要将全局的形势放在首位,局部要和全局呼应配合。明白了局部和全局的关系,所落下的棋子要和周围的形势有配合照应。"相应"包括:获得周围子力的接应;借用全局力量攻击对方;和全局的形势配合;围空或扩张势力。围棋的各种策略的综合,极大地减少了可能的计算量,使单个人可以通过"运算"去驾驭超复杂的围棋"解空间"。

可靠性系统工程正是利用这种大局观去处理六性设计的问题。现代复杂装备由数量惊人的零部件构成,如波音747的总零件数多达600万,如果按传统的可靠性工程方法,分析每种零件及其组合的故障,可能的问题数和解空间是一个天文数字,在工程中无法实现。如图1-6所示,可靠性系统工程像围棋布阵一样,在产品研发过程中,从产品、功能、性能、使用、故障、测试、维修和保障等要素之间的复杂关系分析关键点,从用户需求的大局出发,抓住主要设计矛盾,提早布局和规划,提前预判可能的设计约束和设计矛盾,预先给出设计解决方案,避免在研制后期出现问题,耽误研制进度,增加研制成本。

2. 和谐统一

"阴阳者,天地之道也,万物之纲纪,变化之父母",阴阳是中国古代文明中对蕴藏在自然规律背后的、推动自然规律发展变化的基础因素的描述。这种思想,也可以很好地诠释可靠性系统工程的内涵。产品与故障是相互矛盾的两个方面,根

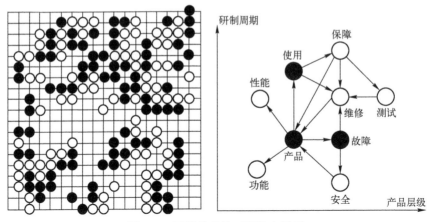

图 1-6 可靠性系统工程的大局观

据热力学第二定律,产品有向故障转化的趋势,但产品自身的特性和人的干预,又可以延缓或逆转这种趋势,也可降低对人的影响或外界环境影响的风险。产品的专用质量特性可分为功能和性能,与故障相关的通用质量特性主要包括六性,如图 1-7 所示,这 8 种特性构成了产品设计特性的"八卦"。产品设计的过程,其实质是在处理设计特性之间的关联与冲突,实现预定的设计目标。这种和谐思维融入现代科学的理念和方法,就可以根据量化的目标(战备完好率、任务成功率、寿命周期费用等)进行六性的综合权衡与优化。

图 1-7 专用质量特性(功能/性能)与通用质量特性(六性)的和谐统一

功能性能与六性的和谐统一应在产品研制的初始阶段进行考虑,并贯穿整个产品研制过程。可靠性系统工程的和谐性还体现在技术与管理,研制过程和研制方法,环境与产品(物)、故障与维修维护工作(事)和人等多个维度的和谐统一。

1.3 可靠性系统工程的理论与技术框架形成

RSE 是面向国情、独立发展的可靠性维修性保障性设计理论,其来源于工程,面向工程需求,螺旋上升,不断发展。2005年,康锐和王自力进一步给出了可靠性系统工程的学科内涵和技术框架。他们从基础理论、基础技术和集成技术等3个层次阐述了可靠性系统工程的学科内涵。可靠性系统工程的基础理论主要是指对故障规律的认识,包括认识故障发生的规律和故障表现的规律。可靠性系统工程的基础技术是在基础理论上发展起来的故障预防技术、故障控制技术和故障修复技术。可靠性系统工程的集成技术是指在基础理论与基础技术之上形成的可用于产品综合论证(需求分析)、设计与分析、试验与评价、生产保证、运用与保障的可靠性系统工程应用技术,这些技术可形成可靠性系统工程的应用能力。可靠性系统工程的理论与技术框架如图1-8所示。

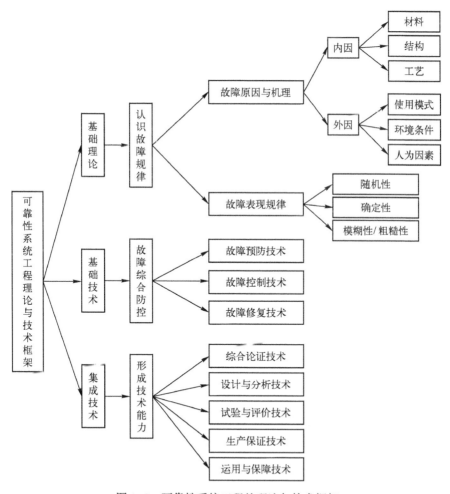

图1-8 可靠性系统工程的理论与技术框架

2007年,可靠性系统工程被《中国军事百科全书·军事技术总论》收录为学科条目,并正式给出了可靠性系统工程(reliability system engineering)的定义:"运用系统工程的理论和方法,以故障为核心,研究复杂系统全寿命周期过程中故障发生规律及其故障预防、故障控制、故障修复的综合性工程技术。它从系统的整体性及其同外界环境的辩证关系出发,以数学、物理学、统计学、运筹学、事理学、控制论、系统论、信息论等为理论依托,综合运用力学、材料学、机械学、电子学、管理学、计算机学等专业技术,采用技术与管理相结合、定性和定量相结合、仿真与试验相结合等方法,研究系统发生故障的模式、机理和规律,以及预防、控制与修复系统故障的理论、技术和方法。它由可靠性工程、维修性工程、测试性工程、维修保障工程、人素工程等组成。它以高效能、低费用(即最佳效费比)为权衡目标,突出强调系统的整体性、综合性和择优性,使系统故障少,寿命长、测试准、易维修、好保障、安全性高、低费用,实现系统的高可用性和高可信性。"

《中国军事百科全书》中还进一步指出了可靠性系统工程的军事意义:"可靠性系统工程涉及现代质量特性中的可靠性、维修性、保障性、测试性、安全性等诸多非功能特性,而这些重要特性既是构成武器装备系统效能的重要基础,也是影响其寿命周期费用的重要因素。可靠性系统工程是一种使能技术,目的是消除系统在协调性、兼容性、适用性、稳定性、持续性、重复性、可用性等方面的障碍,是相关性能与功能专业技术发挥效能的'倍增器'。"可靠性系统工程作为一门新兴的综合性工程技术,已在武器装备和民用产品的研制、生成、使用中得到广泛应用,并取得了巨大效益。

《中国军事百科全书》中收录"可靠性系统工程"词条,标志着可靠性系统工程得到了国内工程界的认可,正式成为一门学科。2015年,第一届国际可靠性系统工程年会(ICRSE)在北京召开,王自力首次提出可靠性系统工程的核心是六性综合设计,并创造了一个新的英文单词Hexability代表可靠性系统工程的全特性,这也标志着可靠性系统工程得到了国际同行的广泛认可,正式全面走向国际学术舞台。

1.3.1 可靠性系统工程的基础理论

可靠性系统工程以故障为核心开展,认识故障规律,把握故障特性是基础。如图1-9所示,可靠性系统工程的基础理论包括单元故障规律和系统故障规律,并能够基于故障规律,系统化识别故障。

正常运行和发生故障是产品的两种基本行为,当产品完成了设计和生产,投入使用后,可以说我们基本掌握了产品如何运行并实现其功能,即正常运行的规律,但往往很难说清楚产品将如何发生故障并丧失其功能,即故障发生的规律。为了

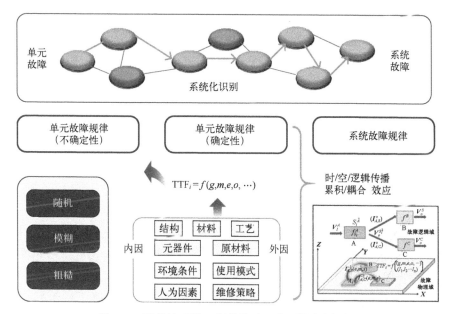

图 1-9 可靠性系统工程的基础理论(彩图见书末)

预防、控制和修复故障这一产品的基本行为,必须揭示产品故障的原因和机理以及认识故障的表现规律,然后才能运用这些规律。如果把产品的故障与人的疾病作对比,故障模式相当于病症,故障原因和机理相当于病理。如果只知道病症,不知道病理,是很难对症下药的。同理,如果没有对故障原因和机理及其表现规律的认识,是无法预防、诊断预测和治疗修复故障的。

如果将研究的产品对象作为一个整体来分析,则该产品对象可看作一个单元。单元的故障是内因与外因共同作用的结果(见图 1-9),内因主要包括单元所用的材料和原料、单元的组成结构与加工工艺等。外因主要包括产品的使用模式、单元使用过程中所经历的环境条件和使用中的人为因素等。揭示内因与外因的耦合作用而导致故障的机理及其表现规律是可靠性系统工程基础理论要研究的首要问题。

由于考察产品故障的角度不同,单元所表现出的故障规律亦不同。迄今为止,国内外学者主要从 3 个方面研究和认识故障表现规律:一是认为故障具有随机性,可以用概率模型进行描述,即所谓的可靠性数学,从而诞生了基于可靠性数学的可靠性工程技术;二是认为故障具有确定性,可以用物理模型加以描述,即可靠性物理,从而诞生了基于可靠性物理的可靠性工程技术;三是近年来又有学者认为故障具有模糊性和粗糙性,因而可以用模糊模型和粗糙模型来描述,从而产生了非概率不确定性可靠性工程技术。

系统功能通过单元的有机组合来实现,系统的故障也是由单元故障引发的,如何建立单元故障和系统故障之间的联系是系统故障规律研究的核心。单元故障演化为系统故障,可以归结为单元故障在时间、空间和功能逻辑上的传播,以及多单元故障的累积、耦合或逻辑加和,这需要从物理规律和数理逻辑等多角度综合建模与分析。

综合考虑单元故障确定性的物理规律和考虑随机性、模糊性与粗糙性等的不确定性规律,以及单元故障演化、传播、组合形成的系统规律,深入认识和揭示单元系统的故障规律,是可靠性系统工程学科的基础理论。

1.3.2 可靠性系统工程的技术框架

在认识故障规律的基础上,进一步运用这些规律,发展出一系列相关的技术,如故障预防设计技术、故障诊断预测技术和故障治愈修复技术,构成了可靠性系统工程的技术框架。

(1) 故障预防设计技术。故障预防设计技术是可靠性系统工程基础技术中的重要组成部分,其主要研究在产品的设计和生产阶段,通过设计改进来避免故障在规定的时间内和规定的条件下发生。现有的裕度设计、降额设计、耐环境设计、统计过程控制、工艺可靠性改进设计等均属于预防故障的技术。由于故障原因和机理的复杂性,完全消除故障难以实现,但可以通过技术手段降低故障发生的风险。

(2) 故障诊断预测技术。故障诊断预测是指在产品的设计阶段,针对无法确保设计消除故障,通过采集产品的特征信号或增加传感器等方式,能够感知产品的状态,预测故障的发生和发展趋势,诊断故障发生的情况和位置。故障感知与预测,可以基于故障机理的确定性、随机性和模糊性等规律进行。但无论用何种方法,准确地预测每一个产品在内外因的综合作用下的故障趋势,是可靠性系统工程技术研究中最具有挑战性的工作。

(3) 故障治愈修复技术。故障治愈修复是指在正确诊断和预测故障后,产品能够及时有效地治愈潜在故障,或故障发生后及时有效地恢复产品功能。要实现故障和潜在故障的修复,其一要进行容错设计,在故障发生时,能够快速切换到备用模式;其二要进行维修性和保障性设计,包括修复产品故障的具体技术、修复产品故障的程序和为修复产品故障而需要的备件、工具、设备、人员的筹措和供应等。

如图 1-10 所示,北京航空航天大学可靠性工程研究所以故障的防诊治为核心,构建了故障防控技术体系,完善形成了覆盖多层次对象、全阶段过程和多学科方法的故障防控技术型谱。

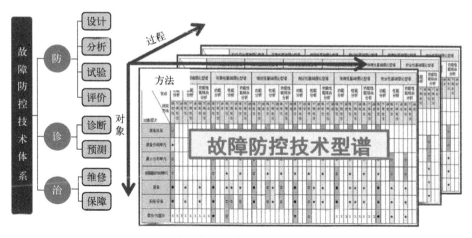

图 1-10 故障防控技术体系和故障防控技术型谱

1.3.3 可靠性系统工程的应用模式

在装备研制过程中,北京航空航天大学可靠性工程研究所探索提出的可靠性系统工程应用模式,包括 8 个要素,即组织形式、专业队伍、指标要求、工作流程、规范指南、数据信息、过程监控和能力评价。只有将这些要素与先进的 RMS 技术相结合,才能保证装备型号的可靠性系统工程活动落到实处。

1. 选定组织形式

常见的 RMS 组织形式有 3 种:质量管理、项目管理和矩阵管理。其优缺点如表 1-1 所列。

表 1-1　3 种组织形式的比较

组织形式	工 作 方 式	优 点	缺 点
质量管理	质量管理部分设立一个或多个 RMS 专业组,承担全部项目的 RMS 技术与管理工作	① 技术与管理统一; ② 资源集中、减少重复性工作	① 技术与管理责任模糊,可能导致 RMS 技术工作难以融入产品研制过程; ② 项目增多或复杂性加大时,RMS 技术工作量倍增,专业组可能很难胜任
项目管理	每一个项目都有自己的 RMS 技术和管理资源,其 RMS 工程活动独立进行	可以快速响应客户需求,短期内能够明显提高工作效率	由于技术、管理资源的缺乏,将导致装备研制单位内部 RMS 资源的竞争
矩阵管理	是上两种形式的结合,针对 RMS 工程活动设置一个专门机构,其内部 RMS 专业人员负责不同的项目	RMS 成为独立的工程专业,并可共享不同项目的经验,有利于内部专业能力的提升	这种模式的管理与协调难度较大,需要专业技术手段作为支持

2. 组建专业队伍

多数 RMS 工程活动是由一定数量、素质的技术与管理人员负责实施,这需要研制单位内部设置 RMS 专业技术与管理岗位,并配备满足岗位要求的人员以保证各项工作的落实。设置岗位时应当覆盖 RMS 各专业范围,通过制度文件、体系文件规定各专业技术或管理岗位的相应职责,做到分工明确、责任清晰。同时,在管理制度中要对 RMS 岗位人员的考评方式做出明确规定,通过建立评价指标体系进行定性或定量的绩效考评,并结合考核结果予以必要的奖惩。鉴于 RMS 专业在国内工程界尚属新兴专业,因而人员培训尤为重要。只有针对性地建立分层次的培训制度,对实施培训的机构及其师资加以必要审查,确保培训的有效性、权威性,进而才能保证 RMS 技术在装备研制中落到实处。

3. 明确指标要求

当前装备的 RMS 要求可以归纳为定性要求、定量要求和工作项目要求 3 类,具体体现为长寿命、高可靠、快诊断、易维修、好保障和保安全。而不同的装备类型和产品层次,在上述 6 个方面中的指标要求形式各异,并且指标之间彼此关联,构成了一个立体的指标体系。任何一型装备在论证、研制过程中,都要明确这一指标体系,从而牵引各项 RMS 工程活动的有序开展。

4. 梳理工作流程

一个清晰的工作流程是按照 RMS 专业的内在逻辑关系,根据型号研制的管理层次,对参与型号研制各方责任主体的工作职责进行划分。工作流程明确了可靠性系统工程活动中的责任主体(即哪些部门的什么人)、工作时机(在什么时候)、工作项目(做什么工作、用什么工具)、项目的输入和输出(基础数据、过程数据、结果数据)等内容。可以说,工作流程是保证 RMS 一体化工作模式成功的核心与关键。

5. 编制规范指南

对于每一项 RMS 工程活动,都应结合型号特点制定相应的规范指南,以指导并约束相关人员开展活动。当前,许多 RMS 技术尚无相关标准或是已有标准难以覆盖型号的实际需求,这就要求制定的技术和管理规范指南应与型号相匹配,从而构成型号的 RMS 规范体系。

6. 收集数据信息

数据信息是 RMS 集成平台有效运行的基础。开展 RMS 一体化工作,必须同时建立 RMS 数据信息的收集、分析、处理和反馈机制,并进行集中管理,以保证有价值的外部数据信息持续进入集成平台。

7. 开展过程监控

与装备 RMS 工程活动相关的责任主体多、管理链条长,因此,必须建立一套连续的过程监控体系,明确监控的责任主体,细化过程监控节点。监控的重点在于RMS工程活动是否按工作流程展开,所采用的技术和方法是否合理,项目之间的接口关系是否正确,以及RMS工程活动的结果是否满足要求等。对各种RMS工作项目、定性指标要求的实现情况采用定性检查方法,对各种RMS定量指标要求,采用定量跟踪方法。

8. 实施能力评价

可靠性系统工程能力是研制单位运用业已成熟的RMS技术形成装备RMS水平的综合能力,它不仅依赖于现有RMS技术水平,更取决于研制单位对RMS技术的理解、运用和掌控水平。可靠性系统工程能力是研制单位RMS管理水平的综合反映,它与上述7个要素和RMS技术的集成应用程度紧密相关。企业可以通过外部评价或内部自评的方式,识别自身在RMS工程管理上的薄弱环节,找到努力方向。目前,可靠性系统工程能力评价方法已被纳入中国航空工业集团公司的企业标准,在整个集团内部执行。

1.4 可靠性系统工程的模型化发展趋势与需求

1.4.1 基于模型的系统工程(MBSE)的产生与发展

随着技术的发展,参与产品系统的元素如人、技术、硬件、软件、过程、企业等越来越多,其运用与保障过程越加复杂,因此催生了新一代的系统工程方法——基于模型的系统工程(MBSE)。国际系统工程委员会(INCOSE)在《系统工程愿景2020》一书中,首次提出MBSE,并将MBSE正式定义为"一种应用建模方法的正式方式,用于支持系统的需求定义、设计、分析、审核、验证,从方案阶段开始一直贯穿产品的整个研制过程",其主要目的是解决基于文档的系统工程(document-based systems engineering, DBSE)方法的局限性,如需求难追溯、状态难一致、信息难再利用等,如图1-11所示,需要实现从以文档为中心向以模型为中心的转化。MBSE方法通过增强需求的可追溯性,来加强多用户间的沟通协调,以提高知识提取能力、设计精确性和整体性,从而便于信息再利用,强化系统工程过程,降低研制风险。该方法可以根据系统需求定义的功能来设计系统架构,在设计早期,设计师可以在系统模型基础上对产品的整体设计方案进行分析和优化,并完成各子系统的性能指标设定。而在子系统研制阶段,进一步细化子系统模型,一方面可校核子系统性能是否满足系统设计阶段定义的性能指标要求;另一方面该模型可以替代系统模型中对应子系统的功能模型,从而在整个系统设计方案中对子系统进行优化。

图 1-11　DBSE 和 MBSE

以模型为中心的系统设计方法,其主要优点是一致、协同,计算机技术的飞速发展使之成为可能。基于模型的方法是系统工程未来 10 年的发展趋势,而且模型驱动架构(model-driven architecture,MDA)设计也大大促进了 MBSE 的推广应用。系统模型是 MBSE 的主要成果,由系统的关键要素构成,包括需求、结构、行为、参数。设计师可应用适合的建模语言如 SysML、OPDs/OPL 等构建系统模型。近年来,国外也推出了一些建模工具,如 Artisan Studio、OPCAT、CORE 等,都提供了统一的模型库,便于设计师应用统一的模型元素进行建模。这些模型库提供了所有与系统相关的信息,包括用户需求、决策分析、环境影响分析、社会经济影响分析等。应用 MBSE 方法建模有利于研制过程中的系统集成,尤其是现代大型复杂产品跨地域跨部门的设计模式,需要大量的系统集成工作,这就需要设计师们拥有统一、适用、精确的交流机制。

由于不同部门是在统一的架构下进行设计,因此不同子系统模型的集成较为容易,使得虚拟样机验证成为可能。MBSE 也可用于评价设计质量、研制过程、风险等。对于设计质量,设计师可通过分析需求满足情况,监控关键设计参数如可靠性等进行评价;对于研制过程,设计师可通过分析用例数、元器件零部件组成百分比、接口及属性说明的完整性等进行评价;对于风险,可通过 COSYSMO 模型来评价。

目前为止,MBSE 方法尚无统一的规范标准,预计将在未来 10 年内形成。但经过多年研究,国外已形成 3 个相关规范,且得到广泛关注。

(1) 系统工程概念设计的术语及模型:由 Olive 等提出,提供一系列系统工程概念设计所需的定义、图形化模型,其目的旨在规范术语,统一定义,可作为 MBSE 方法的支撑。

(2) 系统设计的信息模型:由 Baker 等人提出,可帮助设计师从信息及其关系的角度理解 MBSE 方法。该规范指出的信息包括 4 个主要部分:模型、需求、部件、设计方案。设计师通过需求确定系统部件,需求可进一步分解为子需求,部件也可进一步分解，设计方案需满足需求。

（3）系统工程和 MBSE 的数学模型：由 Wymore 提出并给出了大型复杂系统研制过程的数学模型框架基础，即著名的 Wymorian 理论。Wymore 认为每个人对"系统"都会有自己的理解，因此他致力于应用集合理论和系统模型建立广泛适用的数学模型来定义"系统"。

MBSE 方法应用时并不拘泥于产品研制模型，无论是 V-模型、瀑布模型，还是螺旋模型均适用，这也增强了该方法的可推广性。近年来，MBSE 方法的应用越来越多，覆盖了航空、航天、汽车、船舶、制造与管理等特色领域。在清华大学工业工程系李乐飞博士的牵引下，中航工业集团张新国博士翻译了 INCOSE 出版的《系统工程手册》，并在中航工业下属主机厂所进行了推广。目前国内一些主机厂所和研究机构如民用飞机研究中心、成都飞机工业（集团）有限责任公司等也逐步开始推广应用。但 MBSE 在工程中的深入全面应用，还有很多技术和管理问题尚待解决。

根据 INCOSE2025 年愿景，MBSE 方法将在系统工程领域继续发挥重要作用，这是全球系统工程技术发展不可逆转的趋势，它将自然而然地融入软件、硬件、社会、经济、环境工程等领域，形成一种系统环境和工作环境。

1.4.2　六性设计模型化、仿真化与集成化发展历程

信息技术的发展，为并行工程的实施提供了技术手段支撑，从 20 世纪 90 年代开始，产品研制数字化已经成为发达国家产品研制的支撑平台技术，它对产品的设计、试验、生产和管理等方面产生了深刻的影响。数字化和集成化技术贯穿了产品寿命周期，实现了产品信息集成和过程集成，促进了产品研制、生产和管理的协同化、柔性化、敏捷化和智能化，大大缩短了产品的研制生产周期。如美国 F-35 战斗机采用数字化技术，建立了全球 30 个国家 50 家公司参与研发的无缝链接、紧密配合的数字化协同环境，快速地实现了以数字化技术为研制基础的 3 种变型、4 个军种的飞机设计与制造，缩短研制周期 50%，降低制造成本 50%。

典型的数字化研制平台有达索集团的 3DEXPERIENCE、UGS 公司的 TeamCenter、PTC 公司的 Windchill 等 PDM 产品，它们代表了现今 PDM 技术的最高水平。PDM 产品在我国航空、航天、船舶、兵器等领域也取得了广泛应用。20 世纪 90 年代至今，美军信息化产品的技术复杂性进一步增加，产品运用与保障过程更加复杂，发展的时间性和经济性成为新的问题。美军通过实施并行工程，采用先进的 CAD/CAM/CAE 技术来进一步提高产品 RMS 工作的效率和效益。"综合集成"成为美军产品 RMS 技术发展新的时代特征，表现出设计模型化、方法仿真化、手段集成化等特点。

1. 设计模型化

设计模型化体现在产品设计过程之中,产品不同技术状态表现为各种不同的产品模型以及模型之间的关联与演化。产品模型是指产品设计过程中,在特定时刻能够综合反映产品特性的一组属性集合,其至少包括需求模型、功能模型、物理模型、故障模型、维修性模型、测试性模型、综合保障模型等。设计模型化具体表现为:

(1) 设计过程的模型化。美国佐治亚理工大学(GIT)基于 MBSE 建立了一套系统分析过程,同时以挖土机为例,建立了系统模型、系统运行场景模型及用于生产的工厂制造模型。该过程包括元模型、剖面、模型库等知识收集,以及目标优化模型、费用模型、可靠性模型、机构动力学模型等多领域混合系统的仿真分析,以实现对系统设计的影响,保证系统设计与可靠性目标同步实现,并最终得到产品设计方案。美国国防部高级研究计划局(DARPA)目前正在执行面向 AVM(adaptive vehicle make)的项目,包括统一建模 C2M2L 模型库、基于模型的系统设计分析和验证技术 CYPHY/META、基于 Web 的网络协同设计平台 VehicleFORGE。

(2) 故障预测与健康管理(PHM)和综合保障技术的模型化。Sörman Information 公司推出的基于模型推理的故障诊断软件 RODON,利用基于冲突的故障搜索机制,对系统故障进行推理和仿真,从而完成系统的故障诊断,并生成故障诊断知识,包括故障诊断决策树,用于故障隔离和健康监控。美国 F-35 战斗机大量使用了 PHM 技术,并与 F-35 自主保障系统(ALGS)有机融合,利用健康报告编码(HRC)唯一定位飞机具体故障或者事件,进而建立从机内测试到故障诊断、故障预测、健康管理、维修保障的整体解决方案,实现了全球自主、持续保障,如图 1-12 所示。

2. 方法仿真化

方法仿真化表现为综合集成环境下建模仿真方法的大量使用,在可靠性维修性保障性的指标论证、方案权衡等方面,仿真方法可以提高考虑问题的范围和准确度;在设计分析阶段,基于产品专用特性模型,注入故障,仿真分析产品的可靠性、维修性、保障性水平,使 RMS 工作在产品研制早期即可深入开展,以提高设计与分析的能力和精度;仿真方法用于 RMS 的虚拟试验验证与评价,可大大减少实物试验的数量,提高 RMS 试验验证与评价的能力,缩短研制周期和降低全寿命周期费用。例如,为实现武器系统采办"更好、更快、更便宜(better, faster, cheaper)"的目标,切实减少整个采办过程的时间资源和风险,减少全生命周期的成本,增加装备系统的质量军事价值和保障性,支持产品过程开发一体化,美国国防部 1997 年提出了基于仿真的采办 SBA(simulation-based acquisition)新思路,1998 年提出了 SBA 的体系结构及实现途径,并将 RMS 综合仿真作为 SBA 的重要部分。法国

第1章 可靠性系统工程发展阶段

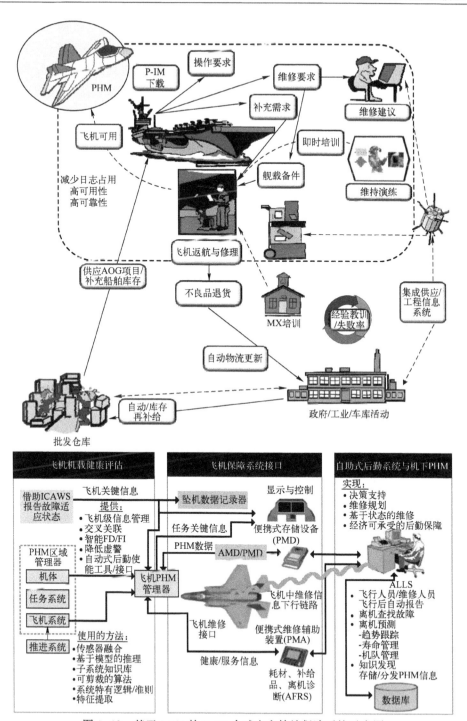

图 1-12 基于 PHM 的 F-35 全球自主持续保障系统示意图

PRISME、Bourge 大学以模型为核心,研究建立了 FMEA、可靠性与故障场景分析、实时嵌入式系统仿真分析、基于 Simulink 的系统仿真整体框架 MeDISIS,该项目在欧洲防务集团得到了成功的应用。国内目前在 RMS 领域仿真方法应用最多的是机械可靠性分析、可靠性和耐久性仿真试验,以及沉浸式虚拟现实维修性仿真。可靠性和耐久性仿真试验主要针对 LRU、SRU 或板级产品进行故障仿真,以便尽早暴露产品功能或结构的设计缺陷;虚拟现实维修性仿真主要针对整机进行维修性分析与核查,以便尽早暴露维修性设计缺陷。

3. 手段集成化

手段集成化表现为以 CAD/CAE 技术为依托的 RMS 设计与分析工具及其集成,它将改善产品 RMS 设计和分析的质量和效率,缩短研制周期,提高 RMS 水平;RMS 管理、RMS 信息收集和处理工具的集成应用,将大大提高产品的 RMS 管理效率,提高 RMS 信息收集的及时性、准确性、完整性和联系性,为从根本上解决 RMS 信息的收集、共享和利用等方面的问题提供技术手段,最终提高产品的 RMS 水平。例如,美国 NASA、UVA、JPL 联合研发了一套智能综合环境(ISE),通过高性能计算、高容量通信网络、虚拟产品研制、知识工程、人工智能、人机交互、产品信息管理等技术,实现专家、设计团队、制造商、供应商等参与项目研发团队之间的数据交互,实现综合设计。随着人工智能技术的发展,目前各国都在研发智能化手段辅助设计,通过知识工程、深度学习等技术实现智能设计,将人从重复工作中解放出来,以更好地发挥人的创造性。

1.4.3 可靠性系统工程面临的难题

可靠性系统工程涉及的工作项目非常庞杂,仅六性顶层标准涉及的工作项目就多达百余项,如图 1-13 所示。熟悉和掌握这些工作项目,对产品设计师和可靠性工程师来说是巨大的挑战。一是如何从这些工作项目中选择最有效的,普通设计师很难抉择;二是完成如此数量的工作项目,需要耗费大量的人力和时间;三是各工作项目之间存在复杂的关联关系,协调处理六性工作项目及其与功能性能设计之间的关系十分困难;四是容易陷入具体的工作项目,导致"只见树木,不见森林",缺乏"全局观、整体观"。

如图 1-14 所示,在装备研制中,往往会轻视研制阶段早期六性设计的作用,而加强在研制阶段后期的试验,通过不断的试错来纠正六性设计问题。这种方式导致了六性问题发现的后延,设计改进的代价很大,也会大幅度延长设计周期。如何加强设计早期的六性设计工作,需要从技术变革的角度入手,解决六性设计协同的难题。

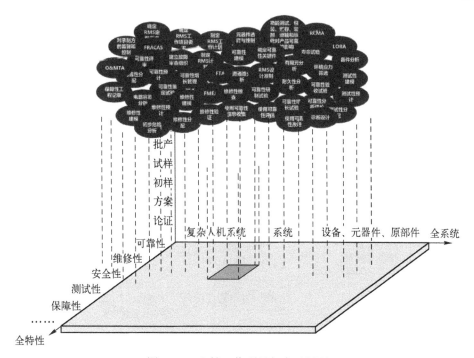

图 1-13 六性工作项目如乌云压顶

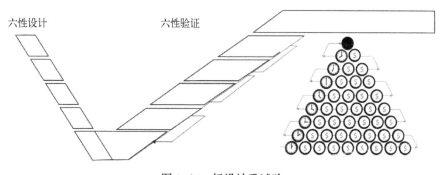

图 1-14 轻设计重试验

1.4.4 可靠性系统工程统一模型的技术需求

面向复杂系统研制的六性设计难题,应改变传统以六性工作项目和文档输出为中心的工程模式。基于模型的系统工程为六性设计提供了新的解决思路,六性设计也应顺应模型化的发展趋势,融入 MBSE 过程,并与产品模型融合。综合考虑功能性能特性、六性特性及其协同实现过程的建模技术,本书称之为可靠性系统工程统一建模(RSEUM)技术。如图 1-15 所示,可靠性系统工程统一建模,体现了当前产品全寿命周期建模技术的发展趋势,它既符合性能设计领域的发展方向,也反映了六性设计领域统一分析、统一建模和统一设计流程控制的发展需求。

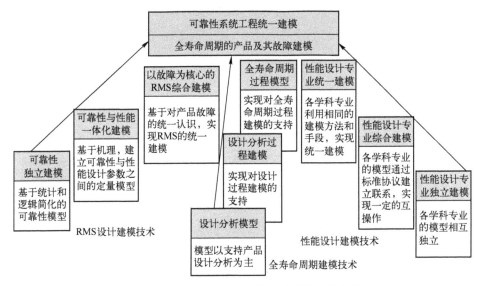

图 1-15　可靠性系统工程统一建模技术的发展

性能建模技术方面,为解决设计的复杂性问题,传统的功能设计将设计问题划分为多个学科,分别进行相对独立的建模、分析与设计。但由于各学科模型之间的独立性,难以从全局的角度出发进行设计协同和优化,系统的设计目标很难一次实现,往往需要多次设计迭代才能完成,导致设计周期延长,设计费用提高。随着设计方法学和多学科设计优化技术的发展,以实现各学科之间的互操作和信息共享为目标,功能设计领域出现了综合建模技术,各学科通过建立标准的接口协议实现了间接的互操作,并逐步统一建模方法和手段,实现了统一建模,并随着计算机网络等使能技术的不断发展和统一标准的逐渐完善,统一建模技术从理论逐渐走向了实用。

产品的六性建模方面,复杂系统的六性建模既是老问题又有新挑战。为描述产品组成单元故障与系统故障之间的逻辑关系,产生了基于统计和逻辑简化的可靠性模型。为考虑更加完整的不确定性因素(产品内部参数、故障和环境条件等),建立可靠性与性能设计参数之间的定量关系,发展了可靠性与性能一体化模型,如在单元级发展了基于机理的可靠性建模技术,在系统级发展了可靠性与性能一体化建模技术等。随着学科综合的发展,各自独立的可靠性、维修性、保障性模型不能适用综合设计、分析和评价的需求,逐渐发展为以故障为核心的统一建模技术。

全生命周期产品模型方面, 传统的产品模型以描述产品的功能特性和技术特性为核心,基本是描述设计的最终状态或阶段状态,不能反映设计的动态过程和设计理念。当今设计技术的发展,已促使大家开始关注过程,并逐步发展了设计过程建模技术。考虑到装备研制的各个阶段,各设计特性的继承关系,以及设计特性之间的持续联系,需要建立产品全生命周期过程的各类要素模型。过程模型既要描述产品在生命周期中特性的变化过程,又要描述生命周期过程中活动、组织和资源之间的关系。

从技术的角度看,功能性能与六性统一建模的目标是:综合考虑系统的功能设计要求和六性设计要求,利用统一的或能够相互理解的表达方式反映系统各类技术特性,以及系统所处的环境条件和应用条件,使系统六性设计与功能设计能够实现数据共享一致、方法协同优化、特性综合权衡,有利于产品的性能与六性要求的协调实现。

从管理的角度看,功能性能与六性统一建模的目标是:针对系统功能与六性实现的复杂过程,将过程分解为活动、流程、组织、资源等,利用统一的建模方法实现对过程进行表达,以实现对产品研制过程性能与六性设计的统一、协调和精确的控制。

从实现的角度看,功能性能与六性统一建模的目标是:利用统一模型对现有数字化环境进行扩展和增强,建立性能与六性协同设计集成平台,以平台为载体,利用信息技术实现性能与六性设计过程的统一。

可靠性系统工程是产品研制系统工程的一部分,模型化技术的发展,有利于在产品研制过程中,综合考虑六性设计要求,快速形成六性模型,实现多学科综合优化。

产品的设计过程是从分析用户需求到生产出满足要求的物理产品的过程,其实质是多个相关联复杂问题不断求解和验算的活动过程。在此过程中,随着系统不断地分解与综合,产品在各个研制阶段以不同形态呈现。换言之,我们可以将产品的设计过程概括为产品不同形态的演化过程。产品的不同形态在不同阶段的精确表征需要借助相应的产品模型,随着设计过程的演绎,产品模型所包含的信息不断地丰富与完善。由于现代产品多是复杂系统,涉及机械、控制、气动、强度、电子、液压、软件、可靠性等多个学科领域,不同学科领域对产品模型的需求也各不相同,传统建模技术往往仅从单一的领域出发,缺乏系统性,不能有效体现多学科耦合的特征,模型之间的一致性也难以保证。

因此,需要建立能够体现产品演化过程和多学科设计需求的统一模型,形成六性与专用特性统一的设计过程,通过一种统一的模型体系架设六性与专用特性之间联系的桥梁,解决产品六性与专用特性的统一描述、统一设计问题,建立专用特性与六性设计方法的有机关联,实现专用特性与六性设计信息的统一共享。同时,基于统一设计过程,以功能持续为目标,围绕故障给出可靠性与专用特性统一设计、分析与控制的方法,建立故障闭环控制模型,同步实现故障系统发现的事理逻辑和面向可靠性的设计要求,解决复杂多层次产品故障识别完备性的难题,完善可靠性系统工程故障防控方法体系,实现专用特性与六性设计过程的精确控制,确保通过统一设计过程设计得到的产品,在满足专用特性设计要求的同时,也满足六性设计要求。

第 2 章

基于模型的可靠性系统工程基础理论

2.1 MBRSE 理论与方法的提出

2.1.1 六性技术集成的总体技术思路

六性设计本应是产品设计的有机组成部分,但在传统设计中,由于六性特性具有不可直接定量化设计的特点,难以在产品设计中与功能性能设计协同开展,实际工程往往要独立考虑,采用定性、定量相结合的多重手段渐次实现,容易造成"两张皮"现象。传统的六性工程活动也希望能对功能性能设计产生"直接影响","两张皮"一直是六性工程实践中努力解决的问题,但当前主要通过管理方法促进六性设计"间接影响"产品功能性能设计,缺乏必要的技术手段从根本上解决"两张皮"问题。

随着工程设计理论的不断发展,以及计算机软硬件技术和网络技术发展带来的设计手段的不断进步,现代设计的内涵不断变化和拓展,主要体现在:

1. 需求驱动的正向设计过程

设计不再以产品功能结构的设计为中心,而是面向用户的需求,以需求牵引设计过程,按要求论证、设计方案形成、工业规程设计、生产过程控制和使用过程评价等正向设计过程开展,并强调产品研制早期需求对各类特性形成的重要性。全程化的正向设计,需要对产品技术状态进行精确的描述和细粒度的管理与控制,这对现有技术与管理都是重大的挑战。

2. 多专业协同设计与优化

现代复杂产品的设计,需要的学科专业越来越多,这些学科专业经常是相互影响、相互制约的。为实现系统设计的优化,减少设计反复和迭代,需要多专业信息共享、模型共用和方法互通,实现多个学科专业跨越时间和空间障碍的协同化设计与优化。

3. 全过程数字化设计

随着信息技术的进步,以 CAD/CAE 软件为代表的计算机辅助设计手段不断发展,协同化、自动化、智能化程度不断提高。目前,在结构设计领域,数字化的程度越来越高,数据交换标准逐渐得到认可和使用,数据和方法间的联系日趋紧密,"自动化孤岛"已显著减少,可协同解决多学科耦合产生的冲突。近年来,数字化技术向需求、功能设计延伸,MBSE 理论与技术的发展,全过程数字化设计已经逐步实现。

鉴于现代设计内涵的变化与发展,一方面,六性设计必须适应性能设计内涵的变化和延伸,走全程化、并行化、协同化和集成化的道路,并与正向设计过程紧密融合;另一方面,在现代先进设计理论和设计方法的引领下,在全数字化设计手段的推动下,有利于进一步发展和丰富六性设计的内涵,促进六性设计模型化和数字化技术的发展,使六性设计真正"有机"融入产品设计,成为设计的"硬"约束。为此,笔者在 2014 年首先提出基于模型的可靠性系统工程(model based reliability systems engineering,MBRSE)。

2.1.2 MBRSE 的主要研究范畴和工程意义

MBRSE 基于统一模型开展。统一模型是广义的模型,包含两大类模型,即过程模型和方法模型。两类模型构成了支撑性能与六性设计有效开展的基础。这两类模型从不同的角度对性能与六性设计所需的各类要素进行描述,既相互联系又各有侧重。本书所建立的模型为基础性和原理性的模型,若要解决两类模型的核心问题,以及具体的工程问题,可在基本模型的基础上结合应用进行有效扩展。如何实现关联模型的互操作,是 MBRSE 研究的重点。六性特性的集成并不是各特性的简单拼装,而是如图 2-1 所示的鲁班锁一样,按特定的安装流程,相互咬合,共同构成一个有机整体。

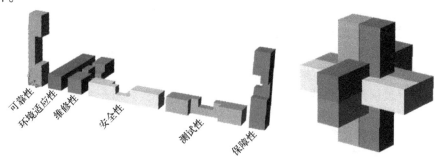

图 2-1 六性模型的有机集成(彩图见书末)

分析性能与六性设计的工程需求,明确统一建模的目标,开展综合设计过程、方法的建模技术研究,建立统一模型框架;突破综合设计的集成机理、性能与六性统一过程多视图建模、面向六性设计要求的故障模式消减决策等关键技术,形成过程和方法统一的综合设计模型;基于模型,面向应用,给出综合设计集成平台和软件工具的构建方法,验证统一模型的可行性。通过以上目标的实现,建立复杂系统研制全过程的性能与六性综合统一模型基本架构,为综合设计技术的深入发展和工程应用,奠定良好的基础。为了研究方便,本书将保障性设计分析限定在维修保障的范围内,将安全性设计分析限定在故障安全的范围内。

2.2 MBRSE 的概念与内涵

2.2.1 MBRSE 的定义

如果将产品设计工程作为一个系统,那么该系统应该是可控的,朝向设计目标,从抽象到具体、由简单到复杂不断地演化。根据系统学原理,凡系统都应作为过程来研究,而过程是有方向的。因此,通过控制综合设计过程的结构和行为,就可以控制过程的走向。但过程的实现要受技术、时间、成本等条件的限制,如果过程出现大的波动,超出预期的承受力,过程会被终止,产品设计将失败。设计过程从分析用户的目标需求开始,直到生产出满足需求的物理产品,其实质是不断构建多个相关联的复杂问题,并不断求解、校验和验证的活动过程,造成产品波动的主要原因在于设计问题的复杂性。

在产品设计中突出六性设计,是由于传统的设计中虽然全面考虑了六性设计要求,但侧重于点问题的解决,缺乏系统化和综合化的正向解决途径。系统考虑六性要求,会大大增加设计问题的复杂性。六性作为产品的固有属性,与产品的功能性能特性紧密耦合,并由产品设计特性及其环境特性决定,因此六性的相关设计活动是功能性能设计活动的延伸,其反过来也影响和约束功能性能设计。六性工程在自身发展过程中,也充分认识到了六性工作介入设计过程越早,介入程度越深,考虑的问题越全面,越有利于提高产品的六性水平。如 Harold 提出了将可靠性工作贯穿产品寿命周期,并且将其重心放在产品寿命周期上游的"DFR"(面向可靠性)设计模式。类似的方法还有很多,但这些方法基本停留在思想层,还没有形成系统的方法体系,更多是给设计师灌输一种设计理念。

复杂产品的功能性能与六性综合设计问题具有动态性、非线性、不确定性等特点,难以构建定量化模型,也难以与产品功能结构设计直接关联,需要定性定量结合、多种手段综合,多人多角度配合来构建和解决。六性设计进程中,其数据应来源于分布式数字化研发环境中的设计数据、试验(含仿真)数据、外场使用数据和历史经验数据,其模型应基于产品功能、性能和物理模型,其过程应与传统功能性能设计过程紧密协同。

模型化技术的发展为功能性能与六性综合设计提供了全新的解决途径,基于模型可精确刻画功能性能与六性之间的关系,可有效实现不同产品层次、不同设计阶段之间的设计演进，降低设计的复杂性、反复性和不确定性。

MBRSE 是在不断细化产品的各专业特性模型和各类外界载荷模型的基础上，建立产品使用过程模型、故障行为过程模型和维修维护模型，并随着产品的设计过程不断进化，基于这些模型不断认知产品故障发生、发展、预防、控制的规律以及产品使用保障规律，仿真分析六性设计的薄弱环节，仿真验证六性要求实现的情况，进而改进六性设计，并与功能性能特性设计协调与综合权衡，同步实现功能性能设计与六性的设计要求。

MBRSE 的概念模型如图 2-2 所示，根据使用需求向量 $\{RC\}$，构建综合设计问题，并将设计分解为功能性能设计和故障消减与控制设计，应用工程方法集合，对设计问题进行分析和求解，在求解过程中，两类设计应相互协同，以减少设计迭代。故障消减与控制设计建立在对故障及其控制规律认知的基础上，其认知随设计的深入和设计方案的细化而逐渐深化，从定性到定量，从逻辑到物理；同时故障消减与控制的过程也是对故障及其控制规律再认识的过程。而对故障及其控制规律的认知，建立在对使用过程/环境（载荷）认知的基础上，对载荷的认知也是随着设计的进展不断深入。完成各问题的求解后，需要进行系统综合与评价，校核求解过程，评价综合问题解决程度，上述过程在产品设计中可能要多次迭代，直到综合设计问题得到满意解。

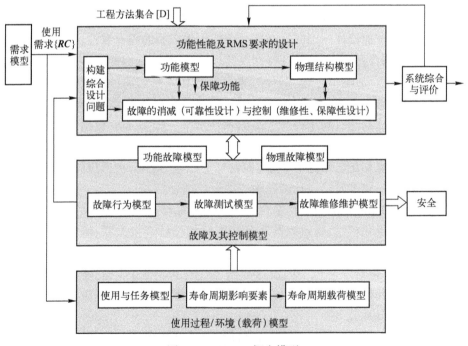

图 2-2　MBRSE 概念模型

2.2.2 MBRSE 的要素与体系

1. MBRSE 的基本要素

MBRSE 作为一个系统,其过程及控制方法是核心要素,必须对模型的演进规律有深入的了解和认识。模型演进的动力是各种工程方法及其协同作用,工程方法应以最少的花费推动设计模型向预期的方向演化,但允许存在局部的反复迭代。为降低演化成本,方法的应用需要辅助的工具,提高方法应用的精度与效率,工具的应用也会对方法提出新的要求,以适应工具更好的应用。与其他系统类似,MBRSE 也是在一定的环境中产生的,其模型的运行,方法、工具的应用,都在特定的环境下完成,需要对环境进行设计和控制,使环境对 MBRSE 模型进化产生正作用。因此,MBRSE 系统至少应包含 4 类要素:模型、方法、工具和环境。4 类要素之间的关系如图 2-3 所示。

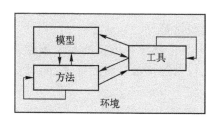

图 2-3 MBRSE 模型、方法、工具和环境之间的关系

1) MBRSE 设计模型

为了方便,将设计系统的状态用系统的输出——产品的状态来表达,MBRSE 过程虽然在时间上是连续的,但 MBRSE 过程中产品的状态是离散的,所以可将 MBRSE 作为广义的离散动态系统。系统过程可看作为演化特定状态的产品模型而执行的任务序列及其组合,模型定义任务产品是什么(WHAT),而不定义执行设计分析任务的具体方法。本书侧重于建模流程的规划,为了使建模流程的定义科学合理,需要建立不同类别子模型之间的关联关系,确定子模型之间的输入和输出接口关系,对已建立的模型应进行科学规划,减少反馈,消除耦合,降低设计过程中的迭代次数。模型本身是分级别和层次的,如装备总体层次的 MBRSE 模型、系统的 MBRSE 模型、设备的 MBRSE 模型等,不同级别的 MBRSE 模型之间存在关联关系。

2) MBRSE 设计方法

MBRSE 方法包含了实现特定功能性能与六性目标的具体技术,也就是定义了模型演化过程中每项任务的执行方法和流程。在任何级别或层次上,过程任务利用方法来执行,但每种方法的执行也需要按一定的步骤,即方法本身也是一个过程,在某个级别上的过程,在其上各级别又成为方法。本书侧重于方法的体系和集成性,即将模型演化过程中的任务进行分类,映射到特定的方法,对方法的本质进行剖析,实现方法间的数据共享与互操作。

3) MBRSE 设计工具与环境

MBRSE 设计工具是辅助特定方法实现的手段,它可增强任务的效能,但前提条件是正确的应用,并要求使用者具备恰当的技能和训练。工具的使用增强了 MBRSE 过程的控制能力和方法的处理能力。MBRSE 设计中的工具一般为计算机软件,如常用的功能性能计算机辅助工程分析(CAE)软件、六性设计分析软件等。

传统的六性设计工具应用往往是单个工具或领域内部的共享应用,它们不能自动获取工具应用必须的产品设计数据,也不能向其他工具以标准的形式传递所需的数据。MBRSE 设计环境将系统方法、工具、资源、人力等有机联系起来,以推动可靠性系统工程过程向正向演化。这里的环境包括人员组织、数字化集成平台、技术规范、企业文化等内容。本书主要聚焦在物化的环境——数字化集成平台。

2. MBRSE 的统一模型体系

MBRSE 统一模型并不是传统单一模型的简单累加,它更侧重于技术模型,而且能够同时满足专用特性与六性技术特性的描述,同时支持各类设计分析方法的应用。其具体定义如下:

定义 2.1 产品模型(PM)是指在产品设计过程中,在 t 时刻能够综合反映产品特性的一组属性集合,记为 $P_{T=t} = \{C_t, E_t, A_t, R_t, \cdots | T=t\}$。各专业模型是产品模型在专业领域中的一个映像。

定义 2.2 统一模型(UM)是指在产品设计过程中,能够综合反映产品演化过程和专业特性在不同时刻模型的集合。它具有以下特点:

(1) 非单一模型,而是有机联系的多模型集合。

(2) 非静态模型,而是随设计过程演变的动态模型。

(3) 过程与专业的集成模型,既包含对系统工程过程的描述,又包含产品通用特性和专用特性的描述,能够支持全过程的多专业协同设计。

(4) 面向需求的模型,统一模型直接面向产品设计需求,如产品包含可靠性需求,其中应全面系统考虑可靠性相关的设计特性。

实现功能性能与六性综合设计需要解决"为什么能够集成"(集成机理)、"如何实现集成"(集成方法)、"如何进行集成"(集成过程)和"如何建立集成的支撑手段"(数字化集成平台)等问题。综合设计的统一模型也应该围绕上述需求,分层实现。基于综合设计概念模型和基本要素,给出综合设计的统一模型体系框架,如图 2-4 所示,包括 3 个层次、4 部分内容。

1) MBRSE 集成机理

综合集成机理模型研究性能设计与六性设计能够协同开展的基本原理。首先

第 2 章 基于模型的可靠性系统工程基础理论

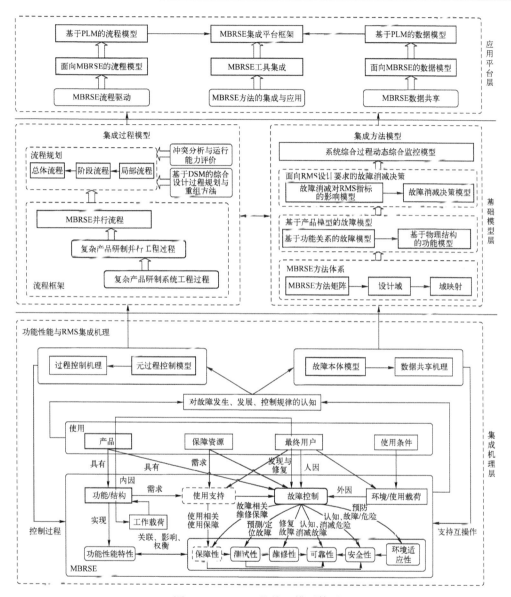

图 2-4　MBRSE 的统一模型体系

根据产品的使用过程,识别功能性能与六性综合设计所涉及的基本要素,将产品功能性能设计进一步拓展到产品使用支持设计、环境/使用载荷的识别,以及故障预防和控制设计。将对故障的发生、发展、控制规律的认知,统一到对故障本体模型和综合设计元过程控制模型上,形成综合设计多专业的共识,从而建立数据的共享机理和综合设计过程控制机理,以指导综合设计的过程。

41

2）MBRSE 集成过程模型

基于复杂产品研制系统工程过程和并行工程的思想，应用综合设计过程控制机理，建立功能性能与六性综合设计并行流程框架。根据该框架，应用基于设计结构矩阵（design structure matrix，DSM）的综合设计流程规划和重组方法对综合设计的总体过程、阶段过程和局部过程进行规划，并利用多视图流程建模方法构建流程模型。对于所构建的流程模型，需进行流程运行冲突分析和流程运行能力评价。

3）MBRSE 集成方法模型

应用综合设计方法矩阵，对各设计域内的综合设计方法进行分类梳理，分析方法的域映射关系，形成综合设计方法体系。基于故障本体模型，对产品的功能模型和物理模型进行拓展，形成基于产品模型的故障模型。基于功能性能设计与六性要求实现之间的定量化关系，面向六性设计要求实现，实施故障消减。在此过程中，通过系统综合过程动态综合监控模型进行监控。

4）MBRSE 集成平台

功能性能与六性集成平台承载着六性综合设计全过程所需的技术和管理使能工具，实现了六性与功能性能间的流程集成和数据集成。利用集成平台开展六性工程活动，确保六性特性与功能性能综合设计，在实现功能性能设计目标的同时，实现六性设计目标。

2.3 MBRSE 的信息共享机理

2.3.1 产品生命周期对产品使用和故障的认知过程

在产品的生命周期过程中，不同设计阶段对产品正常使用所需的条件、可能发生的故障，以及故障的预防和修复的认识程度和角度并不相同。为此，本书建立了产品研制过程中包含 3 层和两大阶段认知过程的模型，如图 2-5 所示。

在方案阶段，从产品的顶层需求（任务使命）出发，给出产品"如何工作"的需求，包括需求的量化指标要求。这些要求的实现，反映到对产品使用保障和维修保障的认知中去，以使用保障视图和维修保障视图体现。而维修保障的精确刻画，需要对产品故障的发生和发展规律进行认知，描述产品的功能失效视图。

产品研制从功能设计开始，首先从功能的角度来描述和分析使用与故障；随着产品研制的进展，对产品特性及其环境条件的认知更加详细和精确，此时可以考虑整体外界载荷和应力的影响，从产品功能实现的物理结构角度来认知和描述使用与故障，此阶段对故障发生的条件、故障发生的特性等有了更深一步的了解，分析出的使用模式、故障模式和载荷可以直接影响产品的设计方案和保障方案的形成。

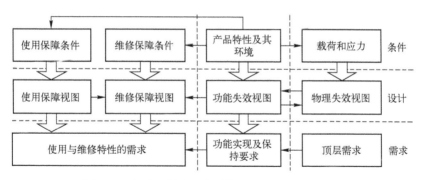

图 2-5 产品研制过程中对使用和故障的认知过程

随着详细设计的深入,对需求和问题认识的"精度"也不断提高,一方面,对产品正常使用和故障后的维修保障条件,以及产品在运行中承受的载荷和应力有了更加精确的识别;另一方面,产品的物理结构信息也更加详尽,可以基于物理的方法,深入到产品的内部结构中去分析和认知故障机理、使用与维护过程。

该认知过程有效地将产品的使用、故障、安全与维修保障在设计过程中联系起来,且认知随着设计的进程不断深入,这种认知不断地深入,由需求层次到功能逻辑层次,最终在物理层次实现满足性能与六性要求的产品。该认知过程的实现需要多种工程专业的综合实施,涉及一系列工程方法的渐次、协同使用。

2.3.2 面向 MBRSE 的设计本体框架

在产品寿命周期中,对各类六性数据和知识的记录形式主要以文档为主,此外还有针对某些特定产品的六性数据库。这些信息虽然能够在一定程度上支持六性工作,但这种形式的信息存在以下不足:第一,可能造成各类"使用"信息的丢失,这是由于传统的方法侧重于对结果性信息的简单记录,不能对认知的过程进行描述,对设计知识和应对的设计方案也不能全面准确地表达;第二,不能将六性信息和过程进行精确的统一表述,不同的人可能用不同的方式和术语来描述六性信息和过程,给六性信息和过程的共享造成障碍。六性等工程专业涉及大量的术语和概念,并且这些概念及其与产品功能性能设计概念之间有着复杂的关系,为此本书应用本体技术,给出了相关概念及其关系的统一的知识模型,实现设计全过程功能性能与六性数据知识的统一表达,为建立多工程专业统一的模型奠定基础。

斯坦福大学的 Gruber(1993)最早提出本体的定义,Borst(1997)在 Gruber 定义的基础上做了一些修正。本书将两个定义合并,即本体是一套得到大多数人认同的、关于概念体系的明确的、形式化的规范说明。本体的目标是捕获相关领域的知识,提供对该领域知识的共同理解,确定该领域内共同认可的词汇,并从不同层次的形式化模式上给出这些词汇(术语)和词汇之间相互关系的明确定义。

本体是对领域实体存在本质的抽象,它强调实体间的关联,并通过多种知识表示元素将这些关联表达和反映出来,这些知识表示元素被称为本体的建模元语。通过建模元语,可以对本体所描述的对象进行严格且准确地刻画。对本体要素有多种总结,但都主要强调了本体中概念及其之间的关系。概念的含义很广泛,可以指任何事物,如工作描述、功能、行为、策略和推理过程等。关系代表了在领域中概念之间的交互作用。从语义上分析,实例表示的就是对象,而概念表示的则是对象的集合,关系对应于对象元组的集合。概念的定义一般采用框架结构,包括概念的名称,与其他概念之间关系的集合,以及用自然语言对该概念的描述。在本体建模过程中,包含了两类重要关系,即视角(is-a)和组成(part-of)。is-a 用来描述目标概念的内在结构。part-of 则是描述对象有哪些组分构成。也就是说 is-a 提供了适当的概念分类结构,而 part-of 则将合适的概念组织起来。

本书使用本体的 4 种基本关系来表达综合设计本体,即"一部分(P:)""一类(K:)""实例""一种属性(A:)"。"一部分"表达概念之间部分与整体的关系;"一类"表达概念之间的继承关系;"实例"表达概念的实例和概念之间的关系;"属性"表达某个概念是另外一个概念的属性。

1. 相关定义

产品及其结构是综合设计的对象,也是各类工程方法、数据信息的载体,本书首先给出产品及其结构的形式化定义。

定义 2.3 **产品元**是在特定的产品构型 Γ 中包含,而且不考虑其内部组成的设计最小单元,产品元用 c_i 来表示,产品是全部产品元及其关系的集合。本书研究的设计元不包括软件类产品。

$$C^{(\Gamma)} = \{ (c_1^{(\Gamma)}, c_2^{(\Gamma)}, \cdots, c_n^{(\Gamma)}) \mid \forall c_i^{(\Gamma)} \nexists (c_j^{(\Gamma)} \subset c_i^{(\Gamma)}) \} \qquad (2-1)$$

定义 2.4 **产品结构体**。令 C 为特定的产品构型 Γ 中的一组产品元,令

$$BC^{(\Gamma)} = \{ (X^{(\Gamma)}, Y^{(\Gamma)}) \mid X^{(\Gamma)}, Y^{(\Gamma)} \in C \wedge B(X^{(\Gamma)}, Y^{(\Gamma)}) \} \qquad (2-2)$$

其中: $B(X^{(\Gamma)}, Y^{(\Gamma)})$ 表示产品元 $X^{(\Gamma)}, Y^{(\Gamma)}$ 相互耦合。令 $\sigma(C_\Gamma, B_{C\Gamma})$ 为一个图,当且仅当 σ 为联通图时, σ 为结构体,即结构体为相互关联的产品元构成的集合。这种关联关系与设计要素的功能性能相关。由此可见在一个产品构型中,存在多个结构体,如果一个复杂产品按层次化组织产品元,则可以形成所谓的产品树,其中叶节点为产品元,中间节点为产品结构体或多个产品结构体的聚类。而且随着设计的进展,在新的产品构型中,原有的设计元素可能进一步分解为多个设计元素。

产品设计由多个产品功能设计主题构成,产品功能设计主题 Z 是产品元在当前视角下的象,体现为在设计域中,包含当前设计所能反映的全部功能。功能 F 是产品元外在状态的全集,它既包含期望的正常的功能状态,也包括非期望的非法的功能状态。

定义2.5　产品元功能与状态。产品设计主题 Z 由外在功能模式来表达：

$$Z = <\mathrm{T}, \widetilde{F}> \tag{2-3}$$

其中：$\widetilde{F} = <F_1, F_2, \cdots, F_n>: \mathrm{T} \to V_1 \otimes \cdots \otimes V_n$，$F_i$ 称为 Z 的第 i 种可能的状态功能，$\widetilde{F}$ 称为 Z 的全部状态功能；T 是一组时刻，蕴含着状态变量 V 的笛卡尔积。

$$S(Z) = \{<z_1, z_2, \cdots, z_n> \in V_1 \otimes \cdots V_n | z_i = F_i(T)\} \tag{2-4}$$

称为 Z 可能的状态空间，对于产品元设计来说，仅考虑符合物理规律的状态变量及其组合关系，因此可令 $\check{S}(Z) = \{S(Z) | <z_1, z_2, \cdots, z_n>\}$（其中 $<z_1, z_2, \cdots, z_n>$ 符合物理规律）为合法的状态空间。本书仅考虑合法的状态空间，为了表达方便，$S(Z)$ 代表合法的状态空间。

定义2.6　功能故障模式。若功能设计主题的功能模式为 $Z_m = <D, \widetilde{F}>$，$fa(z) \in Fa(z)$ 为故障的判定规则，那么产品元的故障空间为

$$S_{Fa}(Z) = \{<z_1, z_2, \cdots, z_n> \in V_1 \otimes \cdots \otimes V_n | \widetilde{F}\} \tag{2-5}$$

其中：$\widetilde{F} = \{\widetilde{F}$ 满足于每个 $l(Z) \in L(Z)\}$，称 $Z_{fm} = <D, \widetilde{F}>$ 为功能故障模式。

定义2.7　故障事件。一个序列偶

$$F_t = <s', s> \tag{2-6}$$

称为一个故障事件，其中，$s \in S_{Fa}(Z)$，$s' \in \overline{S_{Fa}(Z)}$，即产品从正常状态到故障状态的转换。若触发故障发生的条件丧失，产品能够从故障状态转换为正常状态称为可逆故障事件，反之称为不可逆故障事件。

定义2.8　产品结构功能函数。若产品结构由 i 个产品元构成，假设产品结构作为一个整体，其各类功能的实现完全由产品元的状态功能决定，则存在一个函数 $\Phi(BC)$，表征产品元功能与系统功能的关系。特别地，当产品元发生故障功能模式时，利用函数 Φ 可以分析产品结构的功能故障模式。

定义2.9　保障资源元是为支持产品特定的使用或维修任务所必须的保障资源的最小组成单位，保障资源元包含要求的保障支持特性，而不考虑内部的物理组成。保障资源元素用 sc_i 来表示，保障资源 SC 是全部保障资源元素的集合。

$$SC = \{(sc_1, sc_2, \cdots, sc_n) | \forall sc_i \not\exists (sc_j \subset sc_i)\} \tag{2-7}$$

保障资源是全部保障资源元的集合，保障资源分为使用保障资源和维修保障资源，分别是使用任务和维修任务的对象化属性，而使用任务包含特定产品的预期功能，维修任务包含特定产品的故障事件，这样将为保障资源和特定产品之间建立间接的联系。

2. 综合设计顶层本体框架

根据产品、使用、功能、故障等概念及其扩展概念之间的关系,建立的功能性能与六性综合设计顶层本体框架如图 2-6 所示。产品元组成了产品结构,产品元具有广义的功能,并具有多种状态,故障作为产品元的一种状态,产品结构的功能和状态并不是产品元的简单加和,可能涌现出新的功能和状态,这种功能与状态必须独立表示。

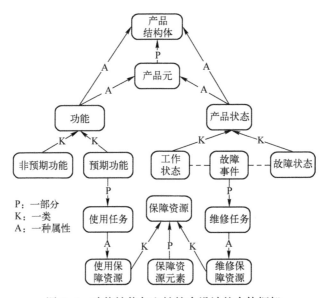

图 2-6 功能性能与六性综合设计的本体框架

2.3.3 故障本体的建立

在功能性能与六性综合设计本体中,产品和故障具有核心的位置,它们是将功能性能设计专业与可靠性、维修性、保障性、测试性和安全性等专业连接的纽带。关于产品的本体化描述,很多研究和文献已有阐述,本书将重点放到故障本体,该本体分为 4 层,产品设计本体是基础,在此基础上建立故障基本特性的相关本体,包括故障在系统中进行传播的相关本体,以及故障发生后进行控制的相关本体。

对故障概念的理解在不同的产品设计域中各有侧重,难以用统一的故障本体来表达,本书提出了全局故障本体和局部故障本体分离的方式,分别描述故障的共性和各产品阶段的特性,不同设计域中故障概念之间的联系通过本体映射来实现。

1. 全局故障本体

全局故障本体是对故障及其相关概念的一般性描述,它与产品的状态及其认知程度无关。全局故障本体中的重要概念采用形式化的方式进行定义如下:

故障定义建立在产品状态的基础上,不同的产品状态,可能具有不同的功能,将能够实现预期功能的产品状态称为工作状态,实现非预期功能的状态称为故障状态。故障包括产品元自身的故障和产品元故障的传播而引起产品结构体的故障。

全局故障本体结构如图2-7所示,图中用虚线来表示本体之间的语义联系。

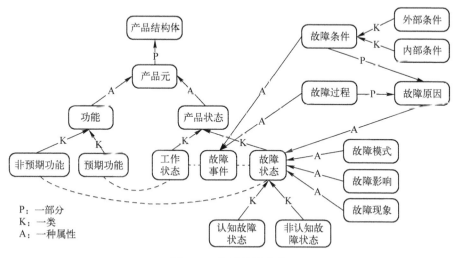

图2-7 全局故障本体

2. 局部故障本体

局部故障本体根据特定设计阶段对故障问题的认知来表达,在不同的设计域,故障本体有其特性,本书重点描述功能域和物理域中的故障本体。

(1) 在产品设计的功能域中,产品元的抽象层次较高,可能的功能类型和产品状态组合很多,应抓住主要矛盾,剖析产品元核心的状态和功能。而且,功能域中对产品及其载荷的认知都处于宏观层面,主要是从功能层次上来认知故障模式,因此故障的多重性、含糊性都比较突出。应充分利用专家经验和历史信息,缩小故障的分析范围,提高对故障问题认知的准确程度。功能域建立的故障本体如图2-8所示。其特点主要体现为产品设计元映射为功能设计元,故障的影响和传递通过功能输入和输出接口进行。

(2) 在产品设计的物理域中,产品的功能需要物理硬件设计元来实现,因此,对故障问题的描述由"无形"的功能落到"有形"的结构上,对故障问题的辨识从逻辑层次拓展到硬件结构层次上,对故障问题的判断由功能符合性拓展到参数的符合性上。随着设计的深入,产品的各项功能设计基本确定,并进行工艺和工装的设计,对故障问题的认识可以进一步深入,可以体现在各种载荷的作用下,产品元结构、材料、工艺等机理性问题。本阶段主要是从故障机理、故障位置和故障参数来认知故障。物理域中建立的故障本体如图2-9所示。

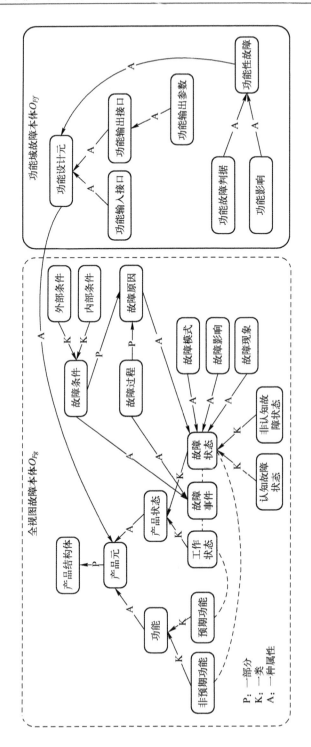

图 2-8 功能域故障本体及映射

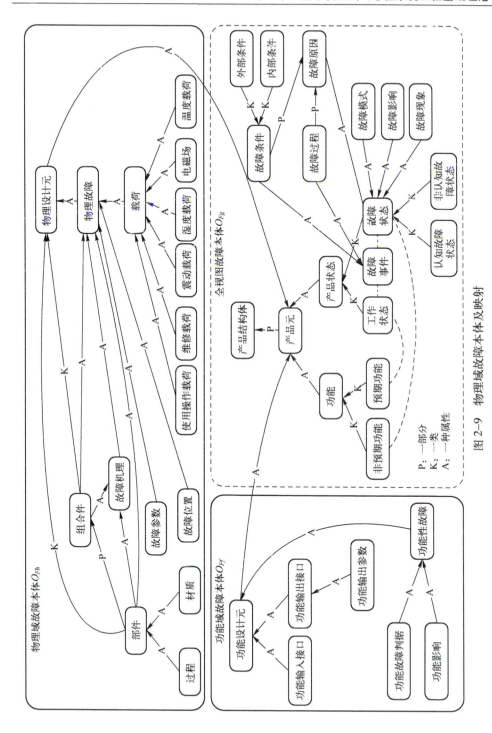

图 2-9 物理域故障本体及映射

2.4　MBRSE 的过程控制机理

复杂系统的设计过程是一个面向设计目标、迭代收敛的搜索求解过程,当前的技术领域还未突破这一规律。基于系统科学控制理论,本书通过探索六性综合设计的过程控制机理,对整个综合设计过程进行"精确"控制,避免六性设计、搜索求解过程的随意性,减少"设计—反馈—再设计"循环迭代过程。

考虑到设计元的继承性问题,不是对每种设计元都需要进行完整的设计过程,本书将元过程分为面向全新设计的元过程和面向继承设计的元过程。

2.4.1　面向新产品元设计的元过程

新产品元即没有原型产品可继承的产品元,其设计的元过程首先从需求模型出发,在产品设计的过程中,一方面,其给定值 x 需要根据系统的设计变化进行动态调整;另一方面,不确定因素可能发生变化和转化,因此产品元不断经历"稳态—失稳—稳态"的变化过程,总体的趋势是产品元模型不断精化,从初始的功能模型向物理模型转化,再从初步简单的物理模型向详细精密的物理模型转化。基于产品元模型的各类方法模型也在不断地进化,对产品各类六性设计特性的评价也更加精确,为产品的持续设计和不断接近设计目标提供方向。如图 2-10 所示。

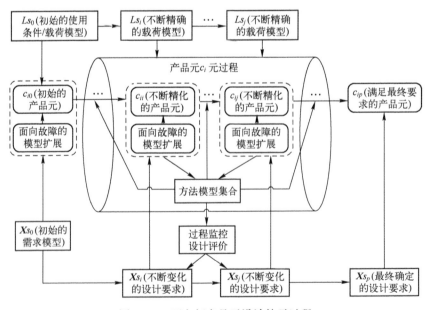

图 2-10　面向新产品元设计的元过程

同时,在模型的演化过程中,需要根据各类需求建立相关的设计分析模型,如从可靠性的需求出发,建立设计元素的可靠性模型(既可以是统计模型也可以是失效物理模型),这样针对同一产品对象形成了不同视图的模型。模型转化的目标是不断向满足各种设计需求的可制造产品逼近,模型转化的原理和依据是各视图的工程分析模型。

随着模型的不断精化,模型的复杂程度也将不断提升,需要通过分解的方法来降低模型的复杂程度,这种分解从两个维度展开,一种是工作内容上的分解,将复杂系统的问题分解为组成单元的问题,将复杂的综合性问题分解为单学科的问题;另一种是工作量上的分解,将单人难以完成的工作分解为多人并行完成的工作。

2.4.2 面向继承产品元设计的元过程

在一般的产品设计中,大多数设计元是在对已有设计元继承的基础上完成的,通过相似性继承,并实现再设计的过程。工程过程从需求模型出发,通过需求相似度和载荷相似度,从设计元知识库中检索可能匹配的设计元,根据源设计元与目标设计元的相似程度,继承源设计元的设计信息,生成目标设计元模型实例。如果不能检索到,则开始面向全新设计的元过程,如果能够得到检索结果,则执行面向继承产品元的元过程。面向继承产品元的设计过程,通过历史经验的积累、总结和提取,形成产品元模型库,同时将产品元相关的设计方法模型积累成库,并建立与产品元之间的联系,如图 2-11 所示。在设计元模型精化的过程中,需要不断进行产

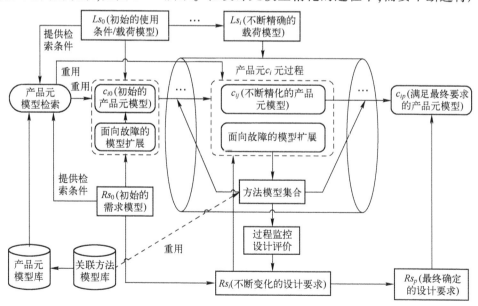

图 2-11 面向继承产品元设计的元过程

品元模型的检索,实现产品元模型和关联方法模型的重用。利用模型的重用,可减少过程中模型迭代的次数,从而缩短研制过程。

2.4.3 面向产品结构体设计的元过程

系统由多个结构体构成,而结构体又由多个产品元构成,但系统过程并不是元过程的简单叠加,而是需要一个综合的机制,以实现从量变到质变的过程。在系统综合的过程中,需要增加新的过程,识别产品元之间的关联关系,处理这种关联关系,并对涌现的新故障模式进行识别和处理。

故障之间的关联关系可以归纳为功能故障的耦合与物理故障的耦合,如图 2-12 所示。功能故障的耦合体现为故障输出对功能相关单元的影响,如产品元 A 的一种故障模式 $f_{S_i}^{\bar{A}}$ 会产生故障输出向量 $V_O^{S_i^{\bar{A}}}$,该输出通过功能接口 $(I_{A,B}^0)(I_{A,C}^0)$ 分别影响产品元 B 和 C。物理故障的耦合定义为故障产品元产生的有害物质(M)、信息(I)、能量(E)通过物理空间的"辐射/传导"影响其他产品元,如产品元 A 的一种故障模式 $f_{S_i}^{\bar{A}}$ 会产生有害物质的 M、I、E,M、I、E 分别通过空间路径 $I_{A,B}^{-1}$ 和 $I_{A,C}^{-1}$ 耦合到产品元 B 和 C。

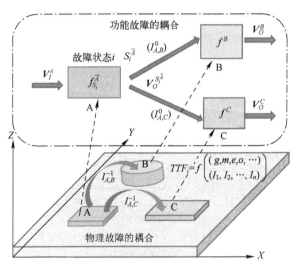

图 2-12 故障的耦合关系

由于故障的耦合,产品元故障的消减对系统故障的影响关系是非线性的。不妨设故障模式消减措施都是合理有效的,基于该假设,可知具体针对每一故障模式的消减。由于采取新技术或者系统综合,可能会引进新的故障模式,也可能会对其他故障模式的发生概率造成影响。具体可归结为以下几类关系:

(1) 此消引新型:故障模式 $M1$ 被消除,但引入新的故障模式集 $\{f_1^{eN},f_2^{eN},\cdots,f_{te}^{eN}\}$,其对应的故障模式发生概率记为 $\{\beta_1^{eN},\beta_2^{eN},\cdots,\beta_{te}^{eN}\}$。

(2) 此消彼消型:故障模式 $M1$ 被消除,故障模式集 $\{f_1^{ee},f_2^{ee},\cdots,f_E^{ee}\}$ 也被消除。

(3) 此消彼减型:故障模式 $M1$ 被消除,故障模式集 $\{f_1^{ed},f_2^{ed},\cdots,f_{De}^{ed}\}$ 的发生概率也被降低,由原来的 $\{\beta_1^{ed},\beta_2^{ed},\cdots,\beta_{De}^{ed}\}$ 降低为 $\{\bar{\beta}_1^{ed},\bar{\beta}_2^{ed},\cdots,\bar{\beta}_{De}^{ed}\}$。

(4) 此减引新型:故障模式 $M1$ 的发生概率被降低,但引入新的故障模式集 $\{f_1^{dN},f_2^{dN},\cdots,f_{td}^{dN}\}$。

(5) 此减彼减型:故障模式 $M1$ 的发生概率被降低,故障模式集 $\{f_1^{dd},f_2^{dd},\cdots,f_{Dd}^{dd}\}$ 的发生概率也被降低,由原来的 $\{\beta_1^{dd},\beta_2^{dd},\cdots,\beta_{Dd}^{dd}\}$ 降低为 $\{\bar{\beta}_1^{dd},\bar{\beta}_2^{dd},\cdots,\bar{\beta}_{Dd}^{dd}\}$。

(6) 系统综合引新型:主要考虑接口处故障模式和系统综合过程中涌现的严酷度等级较高的故障模式,记为 $\{f_1^{IN},f_2^{IN},\cdots,f_{tI}^{IN}\}$,其对应的故障模式发生概率记为 $\{\beta_1^{IN},\beta_2^{IN},\cdots,\beta_{tI}^{IN}\}$。

基于上述故障消减影响关系,系统级产品的综合过程如图2-13所示,首先梳理 i 个产品元之间的接口关系,对接口进行故障模式分析,得到接口故障模式模型;然后对系统的寿命周期载荷进行分析,并根据系统级产品的结构和产品元的布局,以及系统内产生的内载荷,分析得到各产品元的局部载荷,根据局部外载荷,进一步分析产品元可能具有的新故障模式,以及新故障模式对产品元、系统的功能影响;综合分析系统中各产品元的功能故障模式和物理故障模式,建立功能故障模式耦合模型和物理故障模式耦合模型,结合接口故障模式模型,可以得到系统综合后

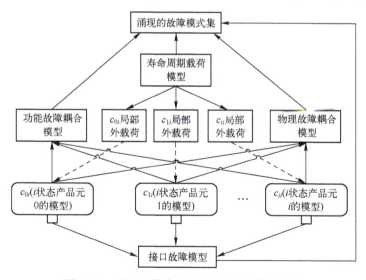

图 2-13 产品元故障规律向产品结构体的综合

涌现的故障模式集,该集合连同产品元故障引出的系统故障模式,共同构成了系统故障模式全集。系统故障模式的消减应根据故障模式之间的关系,给出合理的消减次序,避免故障模式出现反复或引入新的故障模式。

2.4.4 六性设计目标控制方法

为了缩短研制周期、降低研制成本,需在早期设计阶段主动开展六性设计,使六性要求与专用特性设计要求能够同时得到满足。产品设计目标的实现过程与其他控制系统有着相同的特征和规律性,都是由操纵机构、受控对象、敏感元件及传感通道、反馈通道这4个基本要素构成的。系统可以利用控制器,通过信息变换和反馈作用,使受控对象能够按预定的程序运行。如果将产品的六性设计过程作为一个系统,则六性要求即为系统的目标,可构建控制器,对这一过程进行描述。

2.4.4.1 以评价为驱动的六性设计目标闭环控制方法

产品单元的六性特性一般是从系统六性要求实现的角度提出的,其往往是概率指标,这种概率指标难以作为直接设计的依据。因此传统的六性设计不能依据定量要求展开,而是应用设计准则和设计标准开展六性工作项目,其核心是通过不断分析发现潜在故障模式,进而采取改进措施加以消除或减少,同时紧抓配套维修保障资源、安全保证措施以及测试手段设计。各项六性设计工作实施后,再通过指标评价来验证六性定量要求的实现情况。为了实现期望的六性要求,需要反复迭代开展六性设计分析与评价。

根据给定的六性设计要求,首先通过对薄弱环节的分析和改进,形成初始的产品单元设计方案。产品单元的六性水平由评价反馈单元"六性评价(分析/仿真/试验)"得到评价结果 z;将评价结果 z 与给定值 x 进行比较,得出偏差 e;偏差 e 如果为正向偏差(评价结果大于要求值),则维持产品单元的设计方案不变,如果为负向偏差,则进行薄弱环节的(再)改进,而再改进就是控制的"执行单元";再改进过程给出操纵变量 q,操纵变量 q 指的就是产品单元设计改进所依据的参量,从而改变"受控单元"产品单元的设计方案,使产品单元具有新的"输出值" y,即产生新的六性定量水平;由于产品单元的六性设计受到设计人员主观认知的不确定性,以及客观存在的载荷、材料特性和几何参数等不确定性因素的干扰,是否能达到"给定值"要求,需要再次测量反馈,如此反复迭代进行,直到形成一个"稳态"的设计方案,即产品单元的一个技术状态。如图2-14所示。

从上述的六性要求实现过程控制方法可以看到,在六性要求的实现过程中,执行单元输出的操控变量不易根据偏差精确获取,而仅仅凭经验判断,为了使产品单元的六性指标满足要求,需要进行多次的设计迭代,而设计迭代的次数难以进行有效控制。

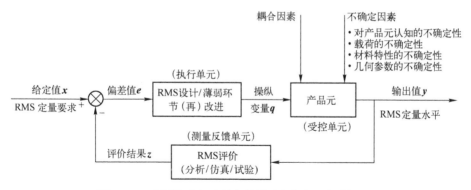

图 2-14 以评价为驱动的六性设计目标闭环控制方法

2.4.4.2 以故障消减为核心的六性设计目标主动控制方法

1. 故障消减的开环控制过程

可靠性工程是与故障做斗争的学科,尽可能去除故障或抑制故障,是提高产品六性水平最朴素的思想。基于该思想,本书将对故障的控制与定量要求的实现联系起来,用主动的设计手段,掌控产品故障消减的过程,以尽可能少的设计迭代,实现六性设计指标。

定义 2.10 **故障消减**是指根据故障产生的原因及其造成的后果严重程度,采取相应的设计改进措施、使用补偿措施、预测诊断等手段,进而使其完全消除或者降低其发生可能性和严酷度的一个闭合过程。该过程起始于产品设计早期引入故障的分析,直到采取措施实现消减并验证有效为止,如图 2-15 所示。

从定义可知,故障消减明确指出在设计过程中以主动消减故障为线索,逐步改进可靠性、维修性、保障性、测试性和安全性设计,最终实现可靠性增长,其具有完整的控制过程和方法,避免了被动。故障是产品可靠性、维修性、保障性、测试性、安全性等通用特性之间联系的纽带,以故障消减为核心,可将研制阶段中的各项工作有机联系起来,形成统一的技术逻辑。

故障消减具有阶段性的特点,故障的消减过程是与故障的认知过程相伴的,产品单元处在不同的设计域中,对故障的认知是渐进实现的,故障消减的方式和过程也各不相同。但对故障消减的控制方式和工作流程有其共性特点。

故障消减过程起始于产品设计早期引入故障的分析,对可能的故障模式进行识别,并尽可能采取设计改进措施消减这些故障。对已落实的设计措施,可进行有效性验证,验证故障模式的消减情况。但从定量要求实现的角度,需要消减哪些故障模式,无法进行有效的判断,也就无法有效控制定量要求的实现,因此故障消减过程是一个开环的控制过程,如图 2-16 所示。

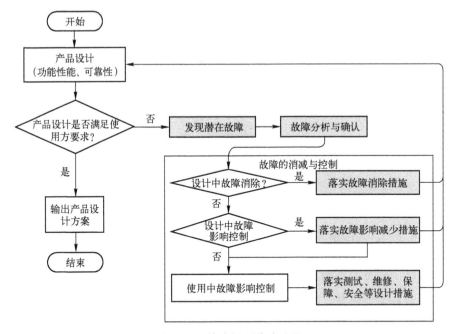

图 2-15 故障闭环消减过程

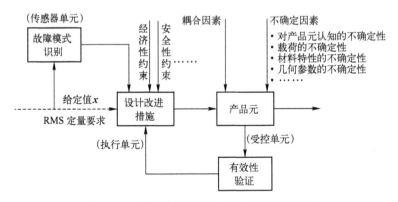

图 2-16 产品单元故障消减的开环控制过程

2. 单元级产品的混合控制模型

综合设计的元过程是对产品单元开展性能与六性综合设计的过程。假定系统由一组设计元素构成,系统总体的设计要求已分解到各个设计元素。对每个产品单元 C_i,全部功能性能特性和六性特性要求 x 是明确的,对 C_i 所有的故障模式是可认知的,且每种故障模式可以找到相应的结构或确定的作用原理进行消减。

对产品单元进行综合设计实际是一个故障模式主动控制和按偏差调节设计方案的开—闭环控制过程,如图 2-17 所示。这一过程中,六性定性定量要求将 x 作为系统的"给定值",即产品单元的期望输出;产品的六性定性定量水平是"输出值"y,即系统的被控量。

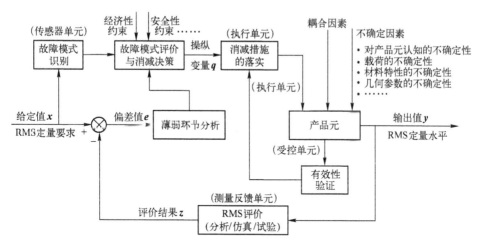

图 2-17 面向产品单元六性目标实现的混合控制模型

综合设计的受控单元为产品单元,其主动控制过程如下:首先"传感器单元"动态监控产品单元的设计方案,识别所有可能的故障模式$\{f_{i1},f_{i2},\cdots,f_{in}\}$,根据给定值 x 和各类约束条件(经济性约束、安全性约束……),进行消减决策,得到需要消减并能够消减的故障模式集合为$\{f_{it1},f_{it2},\cdots,f_{itm}\}\subseteq\{f_{i1},f_{i2},\cdots,f_{in}\}$,$\{f_{it1},f_{it2},\cdots,f_{itm}\}\neq\phi$,给出集合中故障模式具体的消减措施,并将故障模式消减措施落实到产品单元的设计中。这里需要指出,为实现综合设计的主动控制,需建立故障模式消减与要求值 x 之间的定量关系模型。

综合设计产品单元的被动控制过程如下:系统的六性水平由测量反馈单元"六性评价(分析/仿真/试验)"得到评价结果 z;将评价结果 z 与给定值 x 进行比较,得出偏差 e;根据偏差 e,如果为正向偏差(评价结果大于要求值),则维持产品单元的设计方案不变,如果为负向偏差,则进行薄弱环节的分析,并根据分析结果再次进行故障模式消减的决策,而再改进就是控制的"执行单元";故障模式消减再决策过程给出操纵变量 q,操纵变量 q 指的就是产品单元设计改进所依据的参量,从而改变"受控单元"产品单元的设计方案,使产品单元具有新的"输出值"y,即产生新的六性定量水平;由于产品单元的六性设计受到设计人员主观认知的不确定性,以及客观存在的载荷、材料特性和几何参数等不确定性因素的干扰,是否能达到"给定值"要求,需要再次测量反馈,如此反复迭代进行,直到形成一个"稳态"的设计方案,即产品单元的一个新的技术状态。

上述控制过程根据产品单元的输入—输出来把握系统的行为,通过主动控制进行故障消减的自组织,通过被动控制实现故障消减的自稳定。上述控制过程的基本原理不仅适用于产品单元,也适用于产品结构体,直至系统,但决策的过程更加复杂。

2.5 MBRSE 的设计演化机理

根据 MBRSE 设计的过程控制机理,MBRSE 设计实现了产品元的不断演进(或精化),其基本过程是"我们要达到什么"和"我们选择如何去满足需要",该过程的驱动力是相应的设计演化方法。在传统的六性工程活动中,六性工作目标通过一系列的局部工作目标来实现,而局部目标的实现依赖于一个或多个工作项目,应用特定的六性技术或管理方法,对局部结果的综合,最终实现总的目标。如表 2-1 所列,GJB 450A、GJB 368B、GJB 3872、GJB 1371、GJB 2547A、GJB 900A、GJB 4239 等分别规定了各阶段应开展的六性工作项目,共计 157 项。美国进入 21 世纪颁布的军民两用标准 GEIA-STD-0009 给出了可参考的六性工作项目 49 项。

表 2-1 国军标和美标中的六性工作项目

序号	标准名称	工作项目总数
1	GJB 450A—2004 装备可靠性工作通用要求	32
2	GJB 368B—2009 装备维修性工作通用要求	22
3	GJB 3872—1999 装备综合保障通用要求	14
	GJB 1371—1992 装备保障性分析	20
4	CJB 2547A—2012 装备测试性工作通用要求	21
5	GJB 900A—2012 系统安全性工作通用要求	28
6	GJB 4239—2001 装备环境工程通用要求	20
	共计	157
7	GEIA-STD-0009 Reliability Program Standard for Systems Design, Development, and Manufacturing	49

在 MBRSE 的设计过程中,如何规划这些工作项目,形成一条科学、清晰的主线,实现最佳的效费比,需要基础理论的支撑。本书依据 MBRSE 过程控制机理和公理设计的原理,形成了综合设计的方法体系框架,给出了工作项目选择与综合集成应用的方法。

2.5.1 基于公理的设计演进方法集合

产品元的演进过程可用过程目标和工程方法向量予以表达。给定设计层次的产品元 C_i,确定特定设计目标的要求集 $\{RC\}$,$\{RC\}$ 通过多个设计实现方法达到,形成了一个演进后的产品元 C_j,演进过程中,采用设计实现方法矩阵 $[D]$,面向

{RC}实现输出设计参数集,构成{DP}向量,即演进过程的实质是实现要求集{RC}向参数集{DP}的映射。记为

$$C_i\{RC\} \to [D] C_j\{DP\} \tag{2-8}$$

其中:$[D]$称为设计实现方法矩阵,它表征为实现 RC 所应用的技术方法。对于有 n 个 RCs 和 m 个 DPs 的设计,其设计实现方法矩阵有如下形式:

$$[D] = \begin{bmatrix} D_{11} & \cdots & D_{1m} \\ \vdots & \ddots & \vdots \\ D_{n1} & \cdots & D_{nm} \end{bmatrix} \tag{2-9}$$

写成微分形式$\{dRC\} = [D]\{dDP\}$,对于每个设计实现方法元素 $D_{ij} = \partial RC_i/\partial DP_j$

$$RC_i = \sum_{j=1}^{n} D_{ij} DP_j \tag{2-10}$$

针对演进后的产品 C_j,需要通过设计评价方法,根据 C_j 的可测参数,评价产品元 C_i 的要求集{RC}的满足情况。评价的过程中,首先根据{RC}的评价需求,构建可测参数向量{TP},然后采用设计评价方法矩阵$[A]$,实现可测参数向要求集的反向映射。记为

$$C_j\{DP\} \to [A] C_j\{TP\} \tag{2-11}$$

其中:$[A]$称为设计评价方法矩阵,它表征为评价 RC 所应用的方法。对于有 n 个 RCs 和 m 个 TPs 的设计,其设计实现方法矩阵有如下形式:

$$[A] = \begin{bmatrix} A_{11} & \cdots & A_{1m} \\ \vdots & \ddots & \vdots \\ A_{n1} & \cdots & A_{nm} \end{bmatrix} \tag{2-12}$$

写成微分形式$\{dRC\} = [A]\{dTP\}$,对于每个设计实现方法元素 $A_{ij} = \partial RC_i/\partial TP_j$

$$RC_i = \sum_{j=1}^{n} A_{ij} TP_j \tag{2-13}$$

经过一次设计实现方法$[D]$和设计评价方法$[A]$,可确定设计要求是否得到满足,并决策是否进行下一步的设计或更改设计方案迭代设计。其过程如图 2-18 所示。

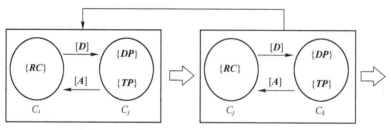

图 2-18 产品元演进与设计方法之间的关系

这里需要指出,对包含多个产品元的复杂系统,其 RC 子集的全部实现并不意味着系统 RC 的实现,需要应用系统综合的方法,对系统 RC 进行综合评价。

2.5.2 面向 MBRSE 的设计域扩展

不同的产品类型,不同的研制阶段,其对应的设计方法矩阵和评价方法矩阵有所不同。根据公理设计的原理,如图 2-19 所示,可将性能与六性综合设计划分为 3 个域,分别为用户域、功能域和物理域。在不同的设计域中,产品元的状态有较大的区别,用户域对应需求产品元,功能域对应功能产品元,物理域对应物理产品元。3 个域中产品元的划分主要根据还原论方法,将复杂的顶级产品元 X_0 分解为可由工程方法进行处理的若干部分的子产品元。不同类别产品元,在域内演进的方法有所不同,需根据演进需求应用适用的方法。

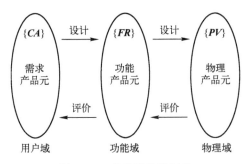

图 2-19 产品元的域划分

需求产品元 CA 是以需求向量定义的产品元,需求向量的获得是通过了解使用者的要求,经过处理和转化,形成设计者可理解、可设计的具体化设计需求,它包括功能要求,也包括六性要求。该过程中常用的方法包括质量功能展开(QFD)、层次分析法(AHP)等,该域中的产品元必须具有可设计性,即能够应用现有的设计方法开展设计,如不能实现,产品元的定义需要进行更改。需要指出,需求产品元的解空间不是唯一的,需要根据以往的设计知识和设计者的经验获得。

功能产品元承载了部分的需求或子需求,通过多个产品元的综合,可还原系统的需求。功能产品元的实现是产品设计过程的重要一步,其划分可根据历史经验和设计者的经验,并确保产品设计者能够控制独立需求的实现。功能域中的方法主要是对功能产品元的结构进行优化,如分析功能产品元的故障模式,估算功能产品元的故障概率,建立功能产品的可靠性模型等。

物理产品元是产品功能实现的载体,将功能的实现映射为具体的物理过程,并通过一个或多个产品元的交互作用,实现产品功能。物理域中产品元的演进应依据明确的物理原理,这种原理中大部分已经总结为特定的设计准则或规范,设计师可据此直接开展设计,也有部分设计需要依据物理原理进行分析和试验,形成相应的设计方案。

六性设计的系统性和有效性一直是设计领域中面临的重要问题。本书运用公理设计原理,结合产品设计过程进行六性设计,给出了面向综合设计的设计域扩展方法,为系统有效规划产品的六性方法及其应用过程提供科学依据,进而使六性要求能真正设计到产品中去。产品元性能设计的内容不是本书讨论的重点,本书主要以六性设计为核心进行论述。

为了系统考虑六性设计问题,应首先对用户域进行明确。用户对产品六性的需求往往隐性地蕴含在功能性能需求中或参照历史产品的统计数据提出,这种方式不利于将六性设计与性能设计进行综合。为此需将六性需求作为用户域中明确的设计要求,同时建立六性需求与功能性能需求之间的关系。如图2-20所示,从功能性能要求中映射拓展出明确的六性设计要求。

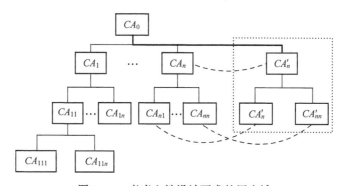

图2-20 考虑六性设计要求的用户域

其次应对功能域进行扩展,如图2-21所示,分别为功能实现域和功能保持域。功能实现域中的需求项为传统方法中功能性能的需求;功能保持域是使功能实现

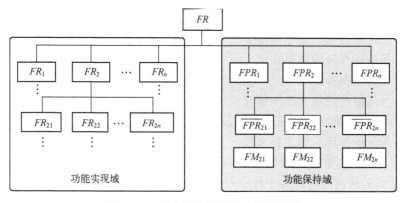

图2-21 面向综合设计的功能域扩展

域中的各项功能得到保持的需求。根据功能保持域可进一步拓展得到保障需求,本书不涉及这部分内容。根据故障本体的定义,可将故障作为产品元的异常功能存在,这种异常功能与特定功能之间形成对偶功能,如针对功能 FP_2,存在着功能保持需求 FPR_2,FPR 存在着关联的对偶功能集合 $\{\overline{FPR_{21}},\overline{FPR_{22}},\cdots,\overline{FPR_{2n}}\}$,每个对偶功能表现为一种故障模式,这样将功能保持要求转换为对故障模式的消减要求。

【例 2-1】 某型信号处理器主要用于飞机发动机轴承转换信号采集与处理,主要功能要求是将 28VDC 变换成 36V400Hz 单相交流电输出,并解算轴角转换角度。因此,可以分解得到两个子功能需求:转换 28VDC 为 36V400Hz 单相交流电输出,解算轴角转换角度,其分解结构如图 2-22 所示。通过类似分析,我们可以得到其二级分解结构,如图 2-23 所示。

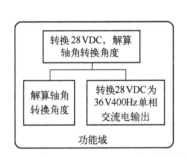

图 2-22 信号处理器一级功能分解结构

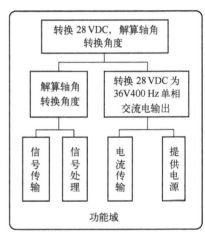

图 2-23 信号处理器二级功能分解结构

为了使其能够正确转换并输出 36V400Hz 单相交流电,并精确解算轴角转换角度,需要扩展如下功能要求:

(1) 保持电流输入输出稳定。
(2) 保持轴角转换信号稳定。

对上述功能保持要求作进一步分解:

(1) 为保持电流输入输出稳定且不出现故障,首先要确保电流传输、转换不受环境温度的影响,其次要屏蔽电磁以及其他电流干扰,还要能抗电源的尖峰,且能在掉电时起保护作用。因此要实现:

① 避免电路性能受环境影响:包括温度、沙尘、盐雾等。
② 避免电源信号受电磁干扰。
③ 避免输入电流信号干扰。

④ 过滤输出电源,保证输出所需的电压。
⑤ 避免电流欠压、过压、浪涌。
⑥ 避免掉电产生危险。

(2) 为保持轴角转换信号的稳定且不出现信号转换相关的故障,一方面要避免由于角度偏移产生误差,另一方面要考虑外界干扰信号可能带来的影响。因此要实现:

① 过滤角度偏移信号。
② 屏蔽外界干扰信号。
③ 避免电路性能受环境温度影响。

综上所述,可得信号处理器的功能域扩展分解结构,如图 2-24 所示。

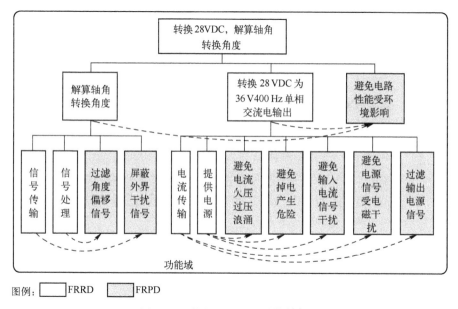

图 2-24　信号处理器的功能域扩展

由扩展的功能域向物理域的映射,可自然地将功能故障模式映射到特定的硬件故障参数上,这些参数与特定的物理故障模式相对应。如图 2-25 所示,即实现了向物理域的映射。

因此六性设计方法集应在各设计域中渐进地识别和处理故障模式,包括识别故障模式发生的条件(承受的内外载荷和应力),识别和评价所有可能的故障模式,分析其产生的机理,分析可采用的设计方案,进而消除暴露的故障模式或降低其发生概率。

六性评价方法集应能够根据扩展的设计域配置测试参数集,通过对测试参数

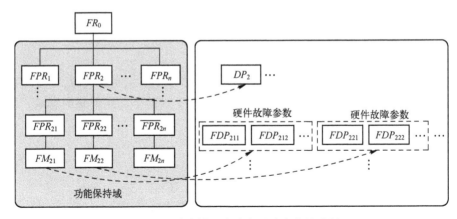

图 2-25 故障模式消减向设计参数的映射

集的分析,评判故障模式消减与控制的情况,并对用户域中要求的实现情况进行分析判断。限于篇幅,本书对该部分内容不作展开。

2.5.3 MBRSE 设计域的映射原理

综合设计方法的实施过程实质上是产品元模型的演进过程,并根据控制原理对演进过程进行控制。除了考虑产品元在某个设计域中进行演进,还需考虑产品元在两个相邻的设计域之间的映射和变换。该演进过程适用公理设计的"之"字形映射,该过程在相邻的两个设计域之间自上而下地进行,是反复迭代地进行"分解"和"综合"的过程。如图 2-26 所示。

在用户域中,六性方法用于实现对六性要求的分析、转化、分解和综合;在功能域中,六性方法用于实现面向六性要求的产品功能结构,包括设计这种功能结构和分析评价这种功能结构,并将顶层的要求映射到可实现的具体功能上;在物理域中,六性方法将符合六性要求的功能结构映射到具体的产品结构设计中。

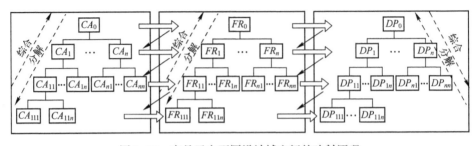

图 2-26 产品元在不同设计域之间的映射原理

第 3 章

基于模型的可靠性系统工程统一模型及其全域演化决策方法

3.1 功能实现和故障消减相统一的 MBRSE 模型演化过程

基于模型的系统工程 MBSE 就是建立工程系统模型的过程,MBRSE 在 MBSE 模型的基础上,融入故障、维修、测试、保障等内容,将其进一步扩展为统一模型,将以自然语言为主、相对独立的可靠性系统工程转化为以模型为主体、融入研制过程的 MBRSE。

MBRSE 从最初的统一需求模型到统一的系统验证模型,相关模型的演化过程如图 3-1 所示。首先对用户需求进行分析,建立包含可靠性和专用质量特性需求的统一需求模型;再通过分解、映射建立可靠性与专用质量特性的统一功能模型;随着设计的进一步细化,通过分解、建模确定实现可靠性与专用特性的最基本的统一"单元"物理模型;再通过子系统、系统的综合集成与验证优化逐步得到统一子系统模型和满足用户需求的统一系统模型。此处,"单元"是指组成系统的相对最小部分,在设计过程中,不考虑其内部结构和关系,只考虑外部特性;"系统"是指由相互制约的各"单元"组成的具有一定功能的整体。

可靠性系统工程(RSE)是以故障为核心,研究复杂系统全寿命过程中的故障发生规律,并建立包含故障预防、故障控制、故障修复和评价验证等内容的故障防控技术体系。该体系应融入系统工程过程,不断进行设计分解与综合,反复迭代开展。传统的可靠性系统工程设计分析方法以表格分析和人工方式为主,其技术应用难度大,过程复杂,管控难。统一模型为可靠性系统工程提供了新的基础模型,基于统一模型进行产品设计将改变传统可靠性工程经验式、碎片化的模式,形成可靠性与专用特性统一设计的新模式,其过程如图 3-2 所示。该过程将可靠性系统工程要素凝练为故障并模型化且作为统一模型的有机组成部分,随着统一模型的演化,故障模型也在不断演化,通过故障闭环消减控制,以及可靠性特性内部及其与专用特性的权衡优化,逐步实现产品的可靠性设计要求。

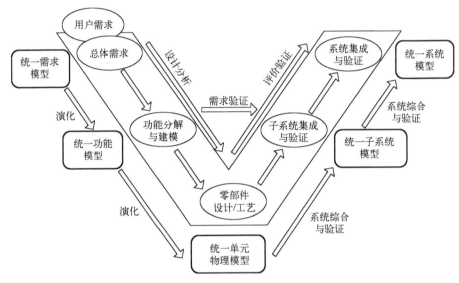

图 3-1 统一模型演化的概念模型

（1）在需求分析阶段，确定功能需求的同时，应通过映射拓展得到可靠性设计需求。设计师以市场需求为驱动进行产品规划，确定产品的主需求 MCA（满足用户需求所必须具备的基本需求，如功率、载荷等主功能需求和故障间隔时间、寿命、安全等主可靠性需求）以及辅需求 ACA（使产品更好用、易修等非必须要求所需具备的需求），形成产品的初始模型，即统一需求模型。该模型通常是一个能够满足各类用户需求的"黑箱"，一般使用需求清单（requirement list）来勾画产品的轮廓。此时，可靠性要素表现为可靠性需求清单，它是整体需求清单的有机组成。本书假设可靠性需求清单已存在，不予展开。

（2）在功能设计时，基于统一需求模型进行抽象化处理、认清问题本质，将其演化为功能设计，建立功能结构，并寻求产品作用原理，形成产品的功能模型。同时，建立需求模型与功能模型之间的映射关系，以便进行各方案的技术可行性和经济可行性评价，最终确定产品的原理解。对同一个需求模型，功能设计的解并不是唯一的，需要根据设计经验及专业知识积累来确定最佳设计方案。那么对于不同产品设计方案，应以各自的功能模型为主线，根据其功能实现的物理原理，融合学科专业，如功能、性能、可靠性等，进行原理分析，构成产品完整、统一的模型，我们称之为统一功能模型。设计师在选择方案时，可以对不同方案的统一功能模型进行综合权衡。需要特别指出，此时可将故障作为产品的异常功能存在，这种异常功能与特定功能之间形成对偶功能，每个对偶功能至少表现为一种故障。所有故障以及故障之间的关系即构成功能故障模型，它是统一功能模型中的一部分。

（3）在最小物理单元设计时，针对选定的主设计方案及备选设计方案，分别基

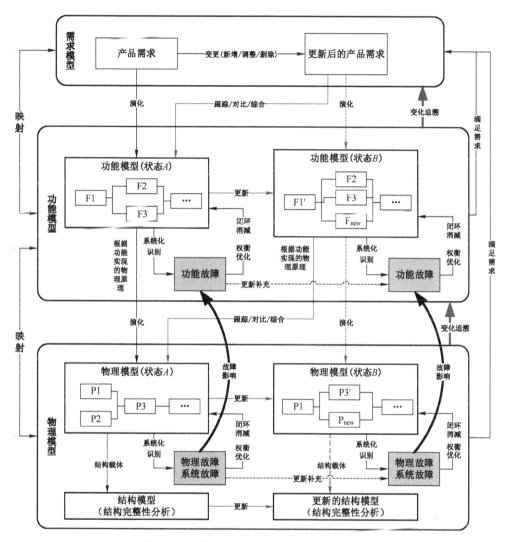

图 3-2 可靠性与专用特性统一设计新模式

于对应的统一功能模型。首先,面向主功能,结合控制、气动、强度、电子、液压、软件等专业模型演化得到该方案的主功能载体及其设计参数,包括尺寸、位置、材料、空间约束等。其次,针对必要的辅功能,同样给出该方案的设计参数要求,但需要优先判断该功能载体是否需要特殊设计,已有设计能否满足要求。再次,考虑可靠性要求在物理设计中的实现。可靠性是使功能得以保持的一种能力,其物理载体及设计参数可以从避免功能故障发生的角度分析得到。可靠性需求对应的物理实体其最终实现的方式可能有两种:一是提升已有功能载体的设计参数要求;二是增加功能载体。最后,还要依托统一功能模型建立所有各功能载体之间的接口关系以及物料流、信号流、能量流等输入输出要求,形成统一单元物理模型。此时,还需要建立功能模型与物理模型的映射关系,以便进行方案权衡。如果设计方案无法满足要求,表明功能载体在设计上存在缺陷,此时设计师需要结合功能故障,并基于功能模型与物理模型的映射关系,全面、系统地找到物理单元的故障,并以关键、重要物理故障消减为核心,优化物理设计方案。所有分析得到的物理故障即构成物理故障模型,是统一单元物理模型的有机构成。

（4）各物理单元要完成设计所赋予的功能,需要进行单元集成。而单元集成不仅仅依赖于其自身的配置,还与其接口相关联。我们将为了完成特定功能而通过物理单元构成的虚物理实体称为子系统或系统,对应模型分别称为统一子系统模型和统一系统模型。在系统综合时,需要自下而上通过单元试验、仿真分析等手段对系统物理模型、系统功能模型进行逐级验证,以保证用户需求的实现。在验证过程中,需要综合考虑物理单元独立建模分析时所没有考虑的因素,包括不同层次物理单元之间的关系,物理单元之间的固定用接口、能量和信号传递接口以及环境载荷等。这些因素可能引发系统出现故障,即系统故障。系统故障模型是统一系统模型的一个子集。

3.2　基础产品模型的统一建模方法

对于需求模型,主要是根据产品的使用任务/市场需求来确定。在需求分析阶段,应明确的内容包括几何、运动、力、能量、物料（输入输出产物的物理和化学性质、辅助物料、规定材料等）、信号、可靠性、安全性、制造、装配、运输、维修、费用等具体需求,以及需求的必要性（必达要求和愿望要求）、责任人、标识、版本等,其表现形式主要是清单或条款。

对于功能模型,主要是对需求模型进行抽象和系统扩展,建立与需求关联的功能单元,并通过功能单元之间的作用原理组合而形成。同时,保持需求模型与功能模型的多对多映射关系。功能模型需要表达的要素包括主功能单元、辅功能单元、输入（能量、物料、信号）、输出（能量、物料、信号）、不确定性干扰、不期望输出、潜功能故障、故障关联、作用结构（组合、分解）、逻辑、接口、系统边界、指标等。

对于物理模型,主要是根据功能实现的物理原理而设计得到,与功能模型具有多对多映射关系。物理模型需要表达的要素包括主物理单元、辅物理单元、标识、安装位置、输入（能量、物料、信号）、输出（能量、物料、信号）、不确定性干扰、不期望输出、故障（物理故障、系统故障）、故障关联、装配关系、逻辑、系统边界、物理接口等。

综合分析以上要素特点,本书给出了上述各类模型的元模型(meta model)应包含的主要元素:

(1)主单元(必达需求单元、主功能单元、主物理单元)及其输入、输出、不确定性干扰、不期望输出、关键指标或主要功能。如图3-3所示。

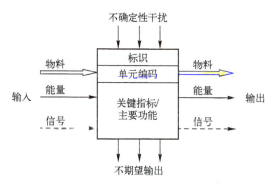

图3-3 主单元及相关信息可视化表达

(2)辅单元(愿望需求单元、辅功能单元、辅物理单元)及其输入、输出、不确定性干扰、不期望输出、关键指标或主要功能。如图3-4所示。

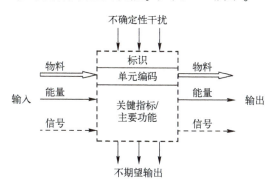

图3-4 辅单元及相关信息可视化表达

(3)逻辑(包括顺序、并行、重复、选择、多输出、迭代、循环等)。
① 顺序:从左→右箭头。如图3-5所示。

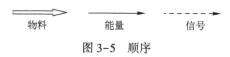

图3-5 顺序

② 并行(A)。并行模型如图3-6所示。

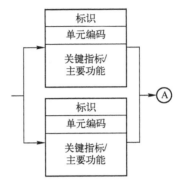

图 3-6　并行模型

③ 重复(RP):表示功能被重复执行,是并行模型的特例。重复模型如图 3-7 所示。

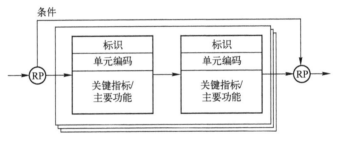

图 3-7　重复模型

④ 选择(OR)。选择模型如图 3-8 所示。

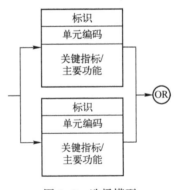

图 3-8　选择模型

⑤ 多输出:如果一个功能有多个输出的可能,则需要定义相应的逻辑或规则,使其每次只能输出一个。因此,多输出模型中必包含选择(OR)模型。多输出模型如图 3-9 所示。

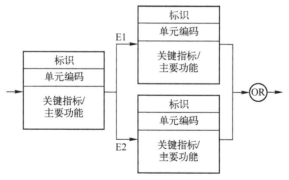

图 3-9　多输出模型

⑥ 迭代(IT)：表示指定集合内的功能和行为将按给定次数或频率执行多次。迭代模型如图 3-10 所示。

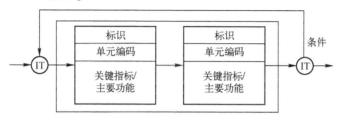

图 3-10　迭代模型

⑦ 循环(LP)：表示循环节点间的功能需要重复执行,直到满足指定的输出条件。其中,至少包含一个选择(OR)节点和一个循环输出节点。循环模型如图 3-11 所示。

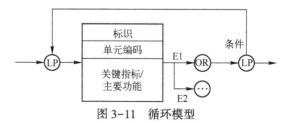

图 3-11　循环模型

(4) 系统模型在表达方式上与单元模型没有本质区别。系统模型如图 3-12 所示。

图 3-12　系统模型

(5) 系统结构及边界。系统结构及边界可视化表达如图3-13所示。

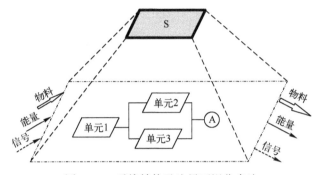

图3-13 系统结构及边界可视化表达

(6) 装配关系:装配关系主要采用CAD模型表达。
(7) 作用关系:可以通过系统动力学建模方法中的键合图表示,本书不予展开。

【例3-1】 针对例2-1中的信号处理器,可按照上述功能原理模型构建方法建立电源模件的功能模型,如图3-14所示。

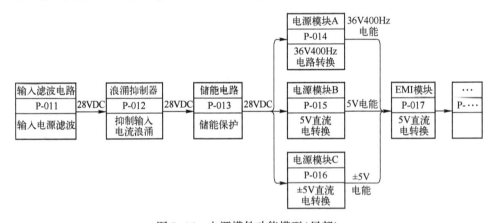

图3-14 电源模件功能模型(局部)

3.3 统一模型演化综合决策

产品总体功能特性与六性综合权衡(以下简称综合权衡)是对特定产品功能与六性要求下多个备选方案的一种优选,是由多人参与的群体决策过程。其总体框架如图3-15所示,主要包括4个基本的步骤:①依据对多个设计方案的分析与评价结果进行形式化处理,生成备选方案。②根据数据类型选择合适模型进行运算。③给出方案的排序。①~③工作由决策分析人员和决策者共同完成。④由决策者参考推荐的排序给出权衡的结论,如选择某一方案,或重新修改完善方案再次决策等。

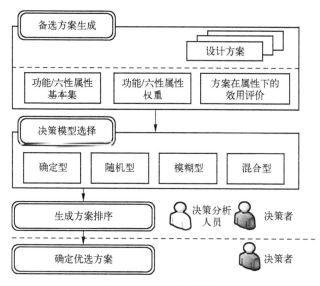

图 3-15 综合权衡框架

3.3.1 确定型模型

确定型决策是各类权衡分析的基础,也相对简单。其方法众多,如层次分析法、理想解法、蛛网图、坏中取好法等。考虑到产品研制的特点以及功能与六性综合权衡的需求,比较适用的方法包括层次分析法以及理想解法。

1. 层次分析法模型

层次分析法(AHP)是美国运筹学家 Saaty 于 20 世纪 70 年代初提出的。从本质上看,AHP 是人类对复杂问题层次结构理解的形式化,它以其实用、简洁、系统等优点受到广泛重视,并迅速地被应用到各个领域的多属性决策问题中。其决策分析基本架构如图 3-16 所示。

在综合权衡中使用 AHP 的关键点是使决策者形象化地使用属性层次结构来构造复杂的多属性决策问题成为可能,其对于复杂和具有较大的递阶层次结构问题,更具有鲁棒性。

应用 AHP 分析功能与六性综合权衡问题时,首先要把问题条理化、层次化,构造出一个层次分析的结构模型。在这个结构模型下,复杂的功能与六性综合权衡问题被分解为形成一定层次的结构元素。同一层次的元素作为准则对下一层次的

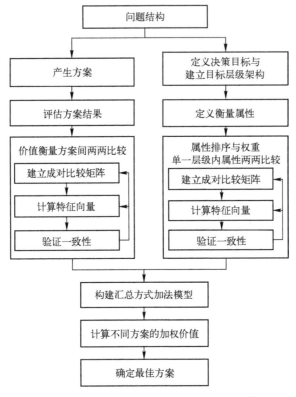

图 3-16 AHP 的多属性决策分析基本架构

某些元素起支配作用，同时它又受上一层次元素的支配。这些层次大致可以分为3类：

(1) 最高层。这一层中只有一个元素，它是分析问题的预定目标或理想结果，因此也称为目标层。

(2) 中间层。这一层次包括了为实现目标所涉及的中间环节，它可以由若干层次组成，包括所需考虑的准则、子准则，因此也称为准则层。

(3) 最底层。这一层次包括为实现目标可供选择的各种措施、决策方案等，因此也称为措施层或方案层。

上述层次之间的支配关系不一定是完全的，即可以存在这样的元素，它并不支配下一层次的所有元素而仅支配其中的部分元素。这种自上而下的支配关系所形成的层次结构称为递阶层次结构。典型的层次结构如图 3-17 所示。

递阶层次结构中的层次数与问题的复杂程度及需求的详尽程度有关，一般可以不受限制。一个好的层次结构对于解决问题是极为重要的，因而层次结构必须建立在研究者和决策者对所面临的问题有全面深入认识的基础上。如果在层次的

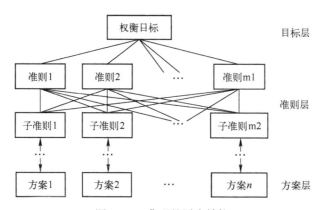

图 3-17 典型的层次结构

划分和确定层次元素间的支配关系上举棋不定,那么最好重新分析问题,弄清各元素间的相互关系,以确保建立一个合理的层次结构。

在 AHP 中,通过构造层次结构和比率分析可以将各属性上决策者定性的判断与定量的分析结合起来,由于整个过程合乎人类决策思维活动的要求,因此大大提高了决策的有效性和机动性,但在实际运用中要注意标度、算法选择和检验等问题。而复杂的决策问题由于涉及大量不同层次间的相互作用依赖和反馈,不能构造层次结构,这时 AHP 就无法有效地解决,这就是目前 AHP 的局限性所在。结合目前的研究,AHP 所存在的问题主要有以下几点:

(1) 判断矩阵中的各个标度的赋值有很大的随意性;同时,这种赋值方式对于单人决策是可行的,但对于多人决策,可能会出现冲突。

(2) 判断矩阵的赋值方式有待斟酌,即矩阵中对称位置权数取倒数关系。

(3) 正反矩阵的这种"倒数"赋值会在后面的计算标准权重和相对权重中产生"意见放大"现象。

运用 AHP 进行决策时,大体可以分为以下 4 个步骤:

步骤1:分析产品中各要素之间的关系,建立产品的递阶层次结构。

设 H 是带有唯一最高元素的有限的局部有序集,如果它满足:

(1) 存在 H 的一个划分 $\{L_k\}(k=1,2,\cdots,m)$,其中 $L_1=\{c\}$,每个划分 L_k 称为一个层次。

(2) 对于每个 $x \in L_k(1 \leq k \leq m-1)$,$X^-$ 非空且 $X^- \subseteq L_{k-1}$。

(3) 对于每个 $x \in L_k(2 \leq k \leq m)$,$X^+$ 非空且 $X^+ \subseteq L_{k-1}$。

则称 H 为一个递阶层次。

递阶层次结构应具有如下性质:

(1) H 中任意一个元素一定属于一个层次,且仅属于一个层次,不同层次元素集的交集是空集。

（2）同一层次中任意两个元素之间不存在支配关系或从属关系。

（3）$L_k(2 \leq k \leq m)$中任意一个元素必然至少受L_{k-1}中的一个元素支配，且只能受L_{k-1}中的元素支配；同时，$L_k(1 \leq k \leq m-1)$中每个元素至少支配L_{k+1}中一个元素，且只能支配L_{k+1}中的元素。

（4）属于不相邻的两个层次中的任意两个元素之间不存在支配关系。

递阶层次结构和树状结构既有联系又有区别，树状结构属于不完全的层次结构，即上层的每个元素，不能全部支配相邻的下层的所有元素。而递阶层次结构却未必是树状结构。树状结构的连接线之间是不相交的，即相邻层两元素之间不相交，而层次结构一般是相交的。以飞机选择问题为例，其层次结构如图3-18所示。

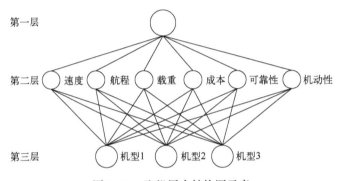

图3-18　飞机层次结构图示意

步骤2：对同一层次中的各元素关于上一层次中某一准则的重要性进行两两对比，构造两两比较判断矩阵，进行层次单排序和一致性检验。

在建立递阶层次结构以后，上下层之间元素的隶属关系就被确定了。假定以顶层元素x^0为准则，它所支配的下一层次（L_1）的元素$x_1, x_2, \cdots, x_n$，要通过两两比较的方法求出它们对于准则x^0的相对重要性相应的权重$\omega_1, \omega_2, \cdots, \omega_n$。

显然判断矩阵具有下述性质：

$\forall i, j \in N$，有

$$对\ a_{ij} > 0, a_{ji} = 1/a_{ij}, a_{ii} = 1$$

因此称判断矩阵A为正互反矩阵。

$$\forall i, j, k \in N, 有\ a_{ij} \times a_{jk} = a_{ik}$$

称A为完全一致性矩阵。

步骤3：由判断矩阵计算被比较元素对该准则的相对权重。

（1）将判断矩阵$A = (a_{ij})_{n \times n}$按列归一化。

（2）按行加总：

$$\overline{\omega}_i = \sum_{j=1}^{n} \overline{a}_{ij} \quad (i \in N) \tag{3-1}$$

（3）再归一化后即得权重系数：

$$\omega_i = \overline{\omega}_i \bigg/ \sum_{i=1}^{n} \overline{\omega}_i \quad (i \in N) \tag{3-2}$$

（4）求最大特征根：

$$\lambda_{\max} = \sum_{i=1}^{n} \frac{(A\omega)_i}{n\omega_i} \tag{3-3}$$

步骤4：计算各层元素对产品目标的合成权重，并进行层次总排序和一致性检验。

以上仅得到一组元素对其上一层中某个元素的权重向量，而决策最终需要各层元素对总准则的相对权重，以便对备选方案进行抉择。这就需要自上而下的将单层元素权重进行合成，取得最底层相对于最高层的合成权重。

设已求出的第 $k-1$ 层上 n_{k-1} 个元素相对于总准则的合成权重向量，$\omega^{(k-1)} = (\omega_1^{(k-1)}, \omega_2^{(k-1)}, \cdots, \omega_{n_{k-1}}^{(k-1)})^T$，第 k 层上 n_k 个元素对第 $k-1$ 层上第 j 个元素为准则的单权重向量设为 $P^{j(k)} = (P_1^{j(k)}, P_2^{j(k)}, \cdots, P_{n_k}^{j(k)})^T$，其中不受支配的权重取零值。

$P^{(k)} = (P^{1(k)}, P^{2(k)}, \cdots, P^{n_{k-1}(k)})_{n_k \times n_{k-1}}$，表示 k 层上 n_k 个元素对 $k-1$ 层上各元素的合成权重，那么 k 层元素对顶层总准则的合成权重向量 $\omega^{(k)}$ 由下式给出

$$\omega^{(k)} = (\omega_1^{(k)}, \omega_2^{(k)}, \cdots, \omega_{n_{k-1}}^{(k)})^T = P^{(k)} \omega^{(k-1)} \tag{3-4}$$

或

$$\omega_i^{(k)} = \sum_{j=1}^{n_{k-1}} P_{ij}^{(k)} \omega_j^{(k-1)} \quad (i = 1, 2, \cdots, n_k) \tag{3-5}$$

由此递推得

$$\omega^{(k)} = P^{(k)} P^{(k-1)} \cdots \omega^{(2)} \tag{3-6}$$

式中：$P^{(k-1)}$ 为第 $k-1$ 层对上层各元素的权重构成的 $n_{k-1} \times n_{k-2}$ 矩阵；$\omega^{(2)}$ 为第二层元素对总准则的单权重向量。然后自上而下的逐层进行一致性检验。

2. 理想解法模型

理想解法（TOPSIS）是一种从几何角度出发的多属性决策方法，即在 n 个属性下评估 m 个方案，类似于 n 维空间里的 m 个点，它借助了多目标决策问题中的理想解和负理想解（为了方便，下文将理想解和负理想解改称为正理想方案和负理想方案）的思想。TOPSIS 是由 Yoon 和 Hwang 于 1981 年提出的，它建立在所选择的方案应该与正理想方案的差距最小并且与负理想方案差距最大的理论上，该法首先规范多属性决策问题的决策阵，然后计算每一方案与正、负理想点之间的加权距离，其中最接近正理想点同时又远离负理想点的方案是最优方案。

所谓正理想方案就是设想的最期望的方案,它的各个属性值都达到所有候选方案在各个属性下的最好值;负理想方案就是设想的最不期望的方案,它的各个属性值都是所有候选方案在各个属性下的最差值。

通过比较方案离正理想方案和负理想方案的距离来对方案排序。因此最佳方案满足的条件是离正理想方案最近,离负理想方案最远。然而,在进行决策分析时,我们常常遇到这种情况:某个方案离正理想方案最近,但离负理想方案并不是最远,如图 3-19 所示,A^1 离正理想方案 A^+ 最近,但是 A^2 却离负理想方案 A^- 最远。于是也需要另外的函数来融合这两个指标,这个函数称为方案的相对贴近度函数。

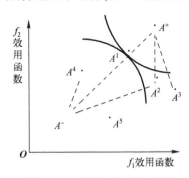

图 3-19 理想解法思路示例

贴近度函数主要是基于相对比重的思想,通过计算方案到正或负理想方案的距离与其到正、负理想方案的距离之和的商,得到一个比重值,用以比较各方案的优劣。

理想解法(TOPSIS)对于功能与六性综合权衡决策具有重要的意义,首先它具有完备的几何意义,能够针对具有多维功能与六性属性的方案在几何空间中进行较为准确的描述,符合人们对事物进行综合评价的思维;而且它具有良好的扩展性,能够通过严谨的数学过程,适用于确定、随机、模糊等不同方案信息状态的决策问题,具有较为广阔的应用前景。但是,在综合决策过程中,其运算过程较为复杂,数学逻辑相对难以掌握,这对于它的广泛应用具有一定的阻碍作用;而且,通常在处理一些具有随机性的决策问题时,容易造成信息丢失,以及决策资源的损失,具有一定的应用局限性。随着计算技术和决策理论的不断发展,理想解法对功能与六性综合权衡问题的支持作用将会越来越明显。

功能与六性确定型理想解法决策模型的问题描述:用 $X = \{x_1, x_2, \cdots, x_m\}$ 表示依据功能与六性属性来参与决策的方案集,用 $A = \{a_1, a_2, \cdots, a_n\}$ 表示衡量各决策方案的功能与六性评价指标集,决策方案 x_i 对评价指标 a_j 的评价值用 r_{ij} 来表示,则对于 n 个决策方案的权衡问题,其决策矩阵可表示为

第3章 基于模型的可靠性系统工程统一模型及其全域演化决策方法

$$R = \begin{matrix} & a_1 & a_2 & \cdots & a_n \\ x_1 & \begin{bmatrix} r_{11} & r_{12} & \cdots & r_{1n} \\ r_{21} & r_{22} & \cdots & r_{2n} \\ \vdots & \vdots & \vdots & \vdots \\ r_{m1} & r_{m2} & \cdots & r_{mn} \end{bmatrix} \\ x_2 \\ \vdots \\ x_m \end{matrix}$$

$\boldsymbol{\omega} = (\omega_1, \omega_2, \cdots, \omega_n)^{\mathrm{T}}$ 表示各评价指标的权重集,用以反映设计者的偏好。

运用 TOPSIS 进行决策的具体步骤如下:

步骤 1:规范化由各方案功能与六性属性指标构成的决策矩阵 $\boldsymbol{R} = [r_{ij}]$ ($i = 1, 2, \cdots, m; j = 1, 2, \cdots, n$),由于度量参数和设计方案的各个功能与六性属性评价指标均为确定型的点值指标,总的来说,可以分为成本型属性指标和效益型属性指标。其规范化方法如下:

(1) 效益型属性指标,即正向指标(越大越好):

$$b_{ij} = \frac{r_{ij}}{\sqrt{\sum_{i=1}^{n}(r_{ij})^2}} \quad (i=1,2,\cdots,m; j=1,2,\cdots,n) \tag{3-7}$$

(2) 成本型属性指标,即逆向指标(越小越好):

$$b'_{ij} = \frac{1/r_{ij}}{\sqrt{\sum_{i=1}^{n}(1/r_{ij})^2}} \quad (i=1,2,\cdots,m; j=1,2,\cdots,n) \tag{3-8}$$

归一化决策矩阵:

$$\boldsymbol{B} = [b_{ij}] \quad (i=1,2,\cdots,m; j=1,2,\cdots,n) \tag{3-9}$$

步骤 2:结合已规范化的决策矩阵 $\boldsymbol{B} = [b_{ij}]_{m \times n}$ 和方案的功能与六性属性指标权重集 $\boldsymbol{\omega} = (\omega_1, \omega_2, \cdots, \omega_n)^{\mathrm{T}}$,求加权决策矩阵,即

$$\boldsymbol{U} = \begin{bmatrix} u_{11} & u_{12} & \cdots & u_{1n} \\ u_{21} & u_{22} & \cdots & u_{2n} \\ \vdots & \vdots & \cdots & \vdots \\ u_{m1} & u_{m2} & \cdots & u_{mn} \end{bmatrix} = \begin{bmatrix} \omega_1 b_{11} & \omega_2 h_{12} & \cdots & \omega_n b_{1n} \\ \omega_1 b_{21} & \omega_2 b_{22} & \cdots & \omega_n b_{2n} \\ \vdots & \vdots & \cdots & \vdots \\ \omega_1 b_{m1} & \omega_2 b_{m2} & \cdots & \omega_n b_{mn} \end{bmatrix} \tag{3-10}$$

步骤 3:确定功能与六性综合权衡的正理想方案 X^+ 和危害性负理想方案 X^-。令

$$\boldsymbol{M}_j^+ = \max[u_{ij}] \quad (j=1,2,\cdots,n) \tag{3-11}$$

$$\boldsymbol{M}_j^- = \min[u_{ij}] \quad (j=1,2,\cdots,n) \tag{3-12}$$

则正理想方案为

$$\boldsymbol{X}^+ = \{M_1^+, M_2^+, \cdots, M_n^+\} \tag{3-13}$$

负理想方案为

$$X^- = \{M_1^-, M_2^-, \cdots, M_n^-\} \tag{3-14}$$

步骤 4：分别计算每个参与决策的方案 x_i 到正理想方案 X^+ 和负理想方案 X^- 的 Hamming 距离。

每个参与决策的方案 x_i 到正理想方案 X^+ 的 Hamming 距离为

$$d_i^+ = d(x_i, X^+) = \sqrt{\sum_{j=1}^n (d_{ij}^+)^2} \tag{3-15}$$

$$d_{ij}^+ = d(u_{ij}, M_j^+) = (u_{ij} - M_j^+) \quad (i=1,2,\cdots,m; j=1,2,\cdots,n) \tag{3-16}$$

每个参与决策的方案 x_i 到负理想方案 X^- 的 Hamming 距离为

$$d_i^- = d(x_i, X^-) = \sqrt{\sum_{j=1}^n (d_{ij}^-)^2} \tag{3-17}$$

$$d_{ij}^- = d(u_{ij}, M_j^-) = (u_{ij} - M_j^-) \quad (i=1,2,\cdots,m; j=1,2,\cdots,n) \tag{3-18}$$

步骤 5：计算每个参与决策的方案 x_i 到负理想方案 X^- 的相对贴近度，即

$$d_i = \frac{d_i^-}{d_i^- + d_i^+} \quad (i=1,2,\cdots,m) \tag{3-19}$$

步骤 6：按 d_i 值从大到小对各个参与决策的方案进行排序，若 d_i 值最大，则可认为相应的决策方案最优。

3.3.2 随机型模型

六性数据的评估结果存在大量的随机型数据，可以以理想解法为基础，给出随机型的权衡模型。其技术思路是：首先，建立备选方案得到正、负理想决策方案的随机距离函数，以及备选方案与理想决策方案的随机相对距离函数；其次，依据随机相对距离函数计算各备选方案相对优势的可能度矩阵；最后，依据可能度矩阵对各备选方案进行优先排序决策，并给出决策风险。

综合研究考虑确定值和置信区间值的多属性决策问题。可靠性属性指标采用一定置信水平 α 下的置信区间估计值来表达。性能属性指标采用确定型点估计值来表达。

设计方案空间 V 是指产品研制过程中，以权衡设计方案的各性能参数属性与可靠性属性为坐标轴构成的 m 维空间。在这个空间中，各决策方案的位置由该方案的属性确定，其均可在方案空间中描述。

决策矩阵 D。设 $U = \{u_1, u_2, \cdots, u_{m-1}, u_m^R\}$ 为由性能属性指标（u_i）与可靠性属性指标（u_m^R）组成的属性指标集，$\omega = (\omega_1, \omega_2, \cdots, \omega_m)$ 为方案空间中各属性指标的权重集，$X = \{x_1, x_2, \cdots, x_n\}$ 为备选方案集。方案 x_i 对属性 u_j 的评价值用 r_{ij} 来表示，则决策矩阵 D 可表示为

$$D = \begin{array}{c} \\ x_1 \\ x_2 \\ \vdots \\ x_n \end{array} \begin{bmatrix} u_1 & u_2 & \cdots & u_{m-2} & u_m^R \\ r_{11} & r_{12} & \cdots & r_{1(m-1)} & [r_{1m}^L, r_{1m}^U] \\ r_{21} & r_{22} & \cdots & r_{2(m-1)} & [r_{2m}^L, r_{2m}^U] \\ \vdots & \vdots & \vdots & \vdots & \vdots \\ r_{n1} & r_{n2} & \cdots & r_{n(m-1)} & [r_{nm}^L, r_{nm}^U] \end{bmatrix} \quad (3\text{-}20)$$

式中：$[r_{im}^L, r_{im}^U]$ 是方案 x_i 的给定置信水平下的可靠性置信区间。

正（负）理想决策方案 $x_0^+(x_0^-)$ 是指综合决策过程中，由决策方案集中各备选方案中属性指标的相对最优（劣）值所组成的虚拟方案，它的各个属性指标都达到各决策方案中的最好（差）值。

对于正（负）理想决策方案 $x_0^+(x_0^-)$ 的确定，本书对六性属性的确定采用取上（下）极限值原则，这样正（负）理想决策方案 $x_0^+(x_0^-)$ 就可以以一个点的形式在方案空间 V 中进行描述，使得进一步的决策分析更加直观。

该模型的具体步骤如下：

步骤 1：对原始决策矩阵 D 的指标值进行规范化处理，将其化为 $[0,1]$ 区间内的数，得到归一化决策矩阵：

$$B = [b_{ij}] \quad (i=1,2,\cdots,n; j=1,2,\cdots,m) \quad (3\text{-}21)$$

（1）效益型属性指标的归一化：

$$b_{ij} = \frac{r_{ij}}{\sqrt{\sum_{i=1}^n (r_{ij})^2}} \quad (i=1,2,\cdots,n; j=1,2,\cdots,m-1) \quad (3\text{-}22)$$

（2）成本型属性指标的归一化：

$$b_{ij} = \frac{1/r_{ij}}{\sqrt{\sum_{i=1}^n (1/r_{ij})^2}} \quad (i=1,2,\cdots,n; j=1,2,\cdots,m-1) \quad (3\text{-}23)$$

步骤 2：确定加权决策矩阵，即

$$B' = [\omega_j b_{ij}] \quad (i=1,2,\cdots,n; j=1,2,\cdots,m) \quad (3\text{-}24)$$

步骤 3：确定考虑性能与可靠性的正、负理想决策方案 x_0^+、x_0^-。

因为可靠性是置信区间估计值，所以在方案空间 V 中可以用 1、0 来分别描述其最优理想值和最劣理想值，则正、负理想决策方案 x_0^+、x_0^- 可表示为

$$x_0^+ = \{[\max_{1 \le i \le n} \omega_j b_{ij}, j=1,2,\cdots,m-1], 1]\} \quad (3\text{-}25)$$

$$x_0^- = \{[\min_{1 \le i \le n} \omega_j b_{ij}, j=1,2,\cdots,m-1], 0]\} \quad (3\text{-}26)$$

步骤 4：计算各备选方案 x_i 到正、负理想决策方案 x_0^+、x_0^- 的距离函数 L_i^+、L_i^-。

对于备选方案 x_i,用随机属性 y_i^R 来表示可靠性指标值,则

$$L_i^+ = \sum_{j=1}^{m-1}(\omega_j b_{ij} - \max_{1 \leq i \leq n}\omega_j b_{ij})^2 + (\omega_m y_i^R - 1)^2 \qquad (3-27)$$

$$L_i^- = \sum_{j=1}^{m-1}(\omega_j b_{ij} - \min_{1 \leq i \leq n}\omega_j b_{ij})^2 + (\omega_m y_i^R)^2 \qquad (3-28)$$

为便于计算,对距离 L_i^+、L_i^- 进行处理,得

$$L_i^+ = (\omega_m y_i^R - 1)^2 + C_i^+ \qquad (3-29)$$

$$L_i^- = (\omega_m y_i^R)^2 + C_i^- \qquad (3-30)$$

其中:C_i^+、C_i^- 为常数

$$C_i^+ = \sum_{j=1}^{m-1}(\omega_j b_{ij} - \max_{1 \leq i \leq n}\omega_j b_{ij})^2 \qquad (3-31)$$

$$C_i^- = \sum_{j=1}^{m-1}(\omega_j b_{ij} - \min_{1 \leq i \leq n}\omega_j b_{ij})^2 \qquad (3-32)$$

步骤5:计算方案 x_i 在方案空间 V 中到负理想决策方案 x_0^- 的相对距离函数,即

$$z_i = L_i^- / L_i^+ + L_i^- = \frac{(\omega_m y_i^R)^2 + C_i^-}{(\omega_m y_i^R)^2 + C_i^- + (\omega_m y_i^R - 1)^2 + C_i^+} \qquad (3-33)$$

因为 $y_i^R \in [0,1]$,对 z_i 取倒数,得

$$\theta_i = \frac{1}{z_i} = 1 + \frac{(\omega_m y_i^R - 1)^2 + C_i^+}{(\omega_m y_i^R)^2 + C_i^-} \qquad (3-34)$$

步骤6:利用数值积分方法计算 θ_i 两两比较的大小可能度 p_{ij},建立可能度矩阵 P。

对于任意服从正态分布的 y_i^R,已知在置信水平 α 下的置信区间估计为 [r_{im}^L, r_{im}^U],则可得 $y_i^R \sim N(\mu_i,(\sigma_i)^2)$。其中,$\mu_i = \frac{r_{im}^L + r_{im}^U}{2}$,$\sigma_i = \frac{r_{im}^U - r_{im}^L}{2z_{\alpha/2}}$。对于任意 y_i^R、$y_j^R(i \neq j)$ 的联合概率密度函数可以表示为

$$p(y_i^R, y_j^R) = p_i(y_i^R)p_j(y_j^R) \qquad (3-35)$$

因为

$$\theta_{ij} = \theta_i - \theta_j = \frac{(\omega_m y_i^R - 1)^2 + C_i^+}{(\omega_m y_i^R)^2 + C_i^-} - \frac{(\omega_m y_j^R - 1)^2 + C_j^+}{(\omega_m y_j^R)^2 + C_j^-} \qquad (3-36)$$

则 θ_i 和 θ_j 两两比较的大小可能度为

$$p_{ij}(\theta_{ij} \leq 0) = \iint_A p(y_i^R, y_j^R) \mathrm{d}y_i^R \mathrm{d}y_j^R \qquad (3-37)$$

其中:$A = \{(y_i^R, y_j^R) : \theta_{ij}(y_i^R, y_j^R) \leq 0\}$。

p_{ij} 表示 $\theta_i < \theta_j$ 的可能性大小,即 $z_i > z_j$ 的可能度,而 $z_i \leq z_j$ 的可能度为 $1 - p_{ij}$。

则可建立 z_i 两两比较的可能度矩阵 $\boldsymbol{P}=[p_{ij}](i\neq j)$。

步骤7: 参照可能度矩阵 $\boldsymbol{P}$ 的结果对各方案进行排序。p_{ij} 表示方案 x_i 优先于方案 x_j 的决策风险。

3.3.3 模糊型模型

1. 基于灰色关联的模糊模型

基于灰色关联分析的功能与六性模糊决策模型的技术思路:针对部分情况下,六性属性信息不确知或难以用严格的数学模型表达,可利用灰色理论来综合考虑功能与六性多属性决策。首先建立各模糊属性的语义信息与三角模糊数的对照表,进而用三角模糊数来描述不确知属性;然后结合模糊数的运算规则建立虚拟参考方案,求各个决策备选方案与由最佳(差)属性指标组成的正(负)虚拟参照方案的关联系数,由关联系数得到各决策方案与正(负)虚拟参照方案的灰色关联度,进而计算各决策方案与正虚拟参照方案的相对关联度,并依此按大小进行排序,实现决策。

其具体步骤如下:

步骤1: 对原始决策矩阵指标进行规范化处理,将其化为 $[0,1]$ 区间内的数,其规范化公式为

(1) 效益型属性指标,即正向指标(越大越好):

$$b_{ij} = \frac{r_{ij}}{\sqrt{\sum_{i=1}^{m}(r_{ij})^2}} \quad (i=1,2,\cdots,m; j=1,2,\cdots,n-3)$$

$$\begin{cases} b_{ij}^L = \dfrac{r_{ij}^L}{\sqrt{\sum_{i=1}^{m}(r_{ij}^U)^2}} \\[2ex] b_{ij}^M = \dfrac{r_{ij}}{\sqrt{\sum_{i=1}^{m}(r_{ij})^2}} \\[2ex] b_{ij}^U = \dfrac{r_{ij}^U}{\sqrt{\sum_{i=1}^{m}(r_{ij}^L)^2}} \end{cases} \quad (i=1,2,\cdots,m; j=n-2, n-1, n) \quad (3-38)$$

(2) 成本型属性指标,即逆向指标(越小越好):

$$b'_{ij} = \frac{1/r_{ij}}{\sqrt{\sum_{i=1}^{m}(1/r_{ij})^2}} \quad (i=1,2,\cdots,m; j=1,2,\cdots,n-3)$$

$$\begin{cases} b_{ij}^L = \dfrac{1/r_{ij}^U}{\sqrt{\sum\limits_{i=1}^{n}(1/r_{ij}^L)^2}} \\ b_{ij}^M = \dfrac{1/r_{ij}}{\sqrt{\sum\limits_{i=1}^{m}(1/r_{ij})^2}} \quad (i=1,2,\cdots,m;j=n-2,n-1,n) \\ b_{ij}^U = \dfrac{1/r_{ij}^L}{\sqrt{\sum\limits_{i=1}^{n}(1/r_{ij}^U)^2}} \end{cases} \quad (3\text{-}39)$$

归一化决策矩阵,即

$$\boldsymbol{B} = [b_{ij}] \quad (i=1,2,\cdots,m;j=1,2,\cdots,n) \quad (3\text{-}40)$$

步骤2:确定考虑功能与六性的正、负虚拟参照方案 x_0^+、x_0^-:

$$x_0^+ = \{[\max_{1\leq i\leq m} b_{ij},j=1,2,\cdots,n-3],[\max_{1\leq i\leq m} b_{ij}^U,j=n-2,n-1,n]\} \quad (3\text{-}41)$$

$$x_0^- = \{[\min_{1\leq i\leq m} b_{ij},j=1,2,\cdots,n-3],[\min_{1\leq i\leq m} b_{ij}^L,j=n-2,n-1,n]\} \quad (3\text{-}42)$$

步骤3:计算各备选决策方案与虚拟参照方案的关联系数。

(1) 各备选决策方案与正虚拟参照方案的关联系数:

将正虚拟参照方案

$$x_0^+ = \{b_{+1},b_{+2},\cdots,b_{+(n-3)},[b_{+n-2}^L,b_{+n-2}^M,b_{+n-2}^U],[b_{+n-1}^L,b_{+n-1}^M,b_{+n-1}^U],[b_{+n}^L,b_{+n}^M,b_{+n}^U]\}$$

作为比较的标准,而将

$$x_i = \{b_{i1},b_{i2},\cdots,b_{i(n-3)},[b_{i(n-2)}^L,b_{i(n-2)}^M,b_{i(n-2)}^U],[b_{i(n-1)}^L,b_{i(n-1)}^M,b_{i(n-1)}^U],$$
$$[b_{in}^L,b_{in}^M,b_{in}^U]\} \quad (i=1,2,\cdots,m)$$

作为被比较的集合。

$$\Delta_{ij}^+ = |b_{+j} - b_{ij}| \quad (i=1,2,\cdots,m;j=1,2,\cdots,n-3) \quad (3\text{-}43)$$

$$\Delta_{ij}^+ = |[b_{+j}^L,b_{+j}^M,b_{+j}^U] - [b_{ij}^L,b_{ij}^M,b_{ij}^U]| \quad (i=1,2,\cdots,m;j=n-2,n-1,n) \quad (3\text{-}44)$$

关联系数为

$$\gamma_{ij}^+ = \dfrac{\min\limits_{1\leq i\leq m}\min\limits_{1\leq j\leq n}\Delta_{ij}^+ + \zeta \max\limits_{1\leq i\leq m}\max\limits_{1\leq j\leq n}\Delta_{ij}^+}{\Delta_{ij}^+ + \zeta \max\limits_{1\leq i\leq m}\max\limits_{1\leq j\leq n}\Delta_{ij}^+} \quad (i=1,2,\cdots,m;j=1,2,\cdots,n) \quad (3\text{-}45)$$

(2) 各备选决策方案与负虚拟参照方案的关联系数:

将负虚拟参照方案

$$x_0^- = \{b_{-1},b_{-2},\cdots,b_{-(n-3)},[b_{-(n-2)}^L,b_{-(n-2)}^M,b_{-(n-2)}^U],[b_{-(n-1)}^L,b_{-(n-1)}^M,b_{-(n-1)}^U],[b_{-n}^L,b_{-n}^M,b_{-n}^U]\}$$

作为比较的标准,而将

$$x_i = \{b_{i1},b_{i2},\cdots,b_{i(n-3)},[b_{i(n-2)}^L,b_{i(n-2)}^M,b_{i(n-2)}^U],[b_{i(n-1)}^L,b_{i(n-1)}^M,b_{i(n-1)}^U],[b_{in}^L,b_{in}^M,b_{in}^U]\}$$
$$(i=1,2,\cdots,m)$$

作为被比较的集合。

$$\Delta_{ij}^- = |b_{-j} - b_{ij}| \quad (i=1,2,\cdots,m; j=1,2,\cdots,n-3) \tag{3-46}$$

$$\Delta_{ij}^- = |[b_{-j}^L, b_{-j}^M, b_{-j}^L] - [b_{ij}^L, b_{ij}^M, b_{ij}^U]| \quad (i=1,2,\cdots,m; j=n-2,n-1,n) \tag{3-47}$$

关联系数为

$$\gamma_{ij}^- = \frac{\min\limits_{1\le i\le m}\min\limits_{1\le j\le n}\Delta_{ij}^- + \zeta\max\limits_{1\le i\le m}\max\limits_{1\le j\le n}\Delta_{ij}^-}{\Delta_{ij}^- + \zeta\max\limits_{1\le i\le m}\max\limits_{1\le j\le n}\Delta_{ij}^-} \quad (i=1,2,\cdots,m; j=1,2,\cdots,n) \tag{3-48}$$

式中:ζ 为分辨系数,$\zeta \in [0,1]$,ζ 一般取 0.5。

进而可以获得各备选决策方案与正、负虚拟参照方案的关联系数矩阵:

$$M_+ = [\gamma_{ij}^+], M_- = [\gamma_{ij}^-] \quad (i=1,2,\cdots,m; j=1,2,\cdots,n) \tag{3-49}$$

步骤 4:计算各备选决策方案与正、负虚拟参照方案的灰色关联度矩阵:

$$\delta^+ = \omega M_+^T, \delta^- = \omega M_-^T \quad (i=1,2,\cdots,m; j=1,2,\cdots,n) \tag{3-50}$$

其中:$\omega = [\omega_j](j=1,2,\cdots,n)$,$\omega_j \in [0,1]$,$\sum\limits_{j=1}^{n}\omega_j = 1$,为结合决策者的偏好和专家意见所得的属性权重集。

步骤 5:计算各备选决策方案与正虚拟参照方案的相对关联度矩阵,即

$$\theta = \delta_i^+ / \delta_i^+ + \delta_i^- \quad (i=1,2,\cdots,m) \tag{3-51}$$

步骤 6:依据相对关联度 θ_i 的大小对各备选决策方案进行排序,结果即为综合决策依据。

本模型考虑了六性属性的模糊性情况,并有效地解决了综合设计过程中可能出现的功能与六性总体方案模糊决策问题,给出了定量化的方案排序,使决策更具有说服力和可信性。

2. 模糊综合评价决策模型

模糊综合评价决策模型是在理想解法的基础上,以模糊正负理想解为参照基准建立起来的,并采用 Hamming 距离等测度工具来度量决策方案与模糊理想方案之间的差异。决策的原则是离模糊正理想方案越小越好,离负理想方案越远越好。

模糊综合评价模型的决策过程如下:

步骤 1:对决策矩阵进行归一化处理,即

$$u_{ij} = \begin{cases} r_{ij}/\max_i(r_{ij}) & \text{(效益型指标)} \\ (1/r_{ij})/(1/\min_i(r_{ij})) & \text{(成本性指标)} \end{cases} \tag{3-52}$$

$$u_{ij} = \begin{cases} \left(\dfrac{r_{ij}^L}{\max_i(r_{ij}^U)}, \dfrac{r_{ij}^M}{\max_i(r_{ij}^M)}, \dfrac{r_{ij}^U}{\max_i(r_{ij}^U)}\right) & \text{(效益型指标)} \\ \left(\dfrac{1/r_{ij}^L}{1/\min_i(r_{ij}^U)}, \dfrac{1/r_{ij}^M}{1/\min_i(r_{ij}^M)}, \dfrac{1/r_{ij}^U}{1/\min_i(r_{ij}^U)}\right) & \text{(成本性指标)} \end{cases} \tag{3-53}$$

步骤2:构造加权规范化矩阵,即

$$\boldsymbol{B} = [\omega_j \times u_{ij}] \quad (i=1,2,\cdots,m; j=1,2,\cdots,n) \tag{3-54}$$

步骤3:确定考虑功能与六性的正、负虚拟参照方案 x_0^+、x_0^-,即

$$x_0^+ = \{[\max_{1 \leq i \leq m} b_{ij}, j=1,2,\cdots,n-3],[\max_{1 \leq i \leq m} b_{ij}^U, j=n-2,n-1,n]\}$$

$$x_0^- = \{[\min_{1 \leq i \leq m} b_{ij}, j=1,2,\cdots,n-3],[\min_{1 \leq i \leq m} b_{ij}^L, j=n-2,n-1,n]\}$$

步骤4:计算各决策方案到正负理想决策方案的距离 S_i^+ 和 S_i^-,即

$$S_i^+ = \sum_{j=1}^{n} z_{ij}^+ \quad (i=1,2,\cdots,m)$$
$$S_i^- = \sum_{j=1}^{n} z_{ij}^- \quad (i=1,2,\cdots,m) \tag{3-55}$$

其中,

$$z_{ij}^+ = |b_{ij} - b_{+j}| \quad (i=1,2,\cdots,m; j=1,2,\cdots,n-3)$$
$$z_{ij}^- = |b_{ij} - b_{-j}| \quad (i=1,2,\cdots,m; j=1,2,\cdots,n-3) \tag{3-56}$$

$$z_{ij}^+ = 1 - \{\sup_x [b_{ij}(x) \wedge b_{+j}(x)]\} \quad (i=1,2,\cdots,m; j=n-2,n-1,n)$$
$$z_{ij}^- = 1 - \{\sup_x [b_{ij}(x) \wedge b_{-j}(x)]\} \quad (i=1,2,\cdots,m; j=n-2,n-1,n) \tag{3-57}$$

步骤5:计算每个方案与理想解的相对接近度,即

$$C_i = S_i^- / (S_i^+ + S_i^-) \quad (i=1,2,\cdots,m) \tag{3-58}$$

从而可按 C_i 的大小来对方案进行排序。

3.3.4 混合型模型

如果在需要权衡的备选方案中所包含的数据类型,既有确定型,又有模糊型,还有随机型,则需要采取仿真思想进行综合权衡,其基本思路如图3-20所示。确定型决策部分可以选择各类方法,详见3.3.1。

针对确定型、随机型和模糊型数据,可通过蒙特卡罗仿真,将单次决策转换为确定型数据决策。并通过多次仿真,给出带有可信度的决策排序。

(1) 定义蒙特卡罗仿真次数。增加仿真次数可以提高仿真结果的精度,但过多的仿真次数会增加计算量的强度;可由专家综合产品属性指标的设计要求,确定仿真次数 N。

(2) 在单次仿真中判断属性数据类型,实现属性确定型转化。

假设有 m 个方案,n 个属性,其中包括 i 个确定型属性,$j-i$ 个随机型属性,$n-j$ 个模糊型属性($0<i<j<n$)。

① i 个确定型数据直接读取其数据。

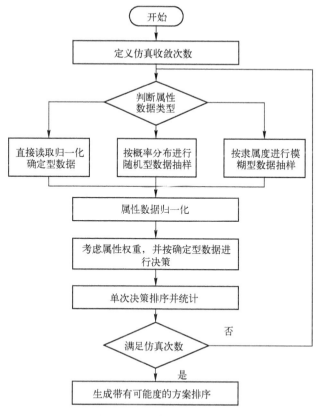

图 3-20 混合型仿真思路

② $j-i$ 个随机型属性,按概率密度抽样。可采用舍选抽样法进行抽样,先确定分布函数的最大值 M,利用计算机产生随机数 η_1,η_2 判断 $M\eta_2 \leq f[(b-a)\eta_1+a]$。其中 $f()$ 为概率密度,a,b 为随机变量的上下限。若不等式成立,则得出抽样值;若不成立,继续抽样。

③ $n-j$ 个模糊型数据,按隶属度抽样。设定模糊型数值 $\{a_1,a_2,\cdots,a_n\}$ 为离散型随机抽样空间,直接按隶属度大小对模糊数值进行随机抽样,得出抽样值。

合并①②③得出的数据,即可得到确定型的初始决策矩阵 X。

$$X = \begin{bmatrix} x_{11} & x_{12} & \cdots & x_{1n} \\ x_{21} & x_{22} & \cdots & x_{2n} \\ \vdots & \vdots & \ddots & \vdots \\ x_{m1} & x_{m2} & \cdots & x_{mn} \end{bmatrix}$$

(3)数据归一化。根据初始决策矩阵 X,采用线性标度变换,对其做归一化处理。设某方案的特定属性值为 x_{ij},所有方案在该属性的最大值为 $x_j^{\max}$,如果属性望大,则归一化的属性 $r_{ij}=x_{ij}/x_j^{\max}$;如果属性望小,则归一化的属性 $r_{ij}=1-(x_{ij}/x_j^{\max})$。

(4) 采用确定型决策方法进行单次决策及排序,并记录决策结果。同时,考虑属性的权重对归一化后的各属性值进行加权求和,综合成一个指标 P,比较 P 值的大小,并根据 P 值大小进行方案排序,选择 P 值最大的那个方案。

(5) 判断仿真次数。重复进行第(2)~(4)步,并在第(4)阶段完成后判断仿真次数是否达到 N,若仿真次数小于 N,则返回到第(2)阶段;若仿真次数达到 N,汇总多轮仿真结果,进行步骤(6)。

(6) 统计各方案的排序并给出可能度。统计 N 次蒙特卡罗仿真中各方案的排序,计算某一方案在仿真中排第 K 位置的次数 N_k,计算可能度 $\dfrac{N_k}{N}$,记为 $K\left(\dfrac{N_k}{N}\right)$。

(7) 各方案进行排序比较。根据上述(1)的统计结果,比较各方案在排序位置 K 的可能度大小,可能度大的排在该位置;若某位置两方案的可能度大小相等,则继续比较下一位置的可能度,可能度大的排在该位置。依此比较,得出最终的方案排列顺序和可能度。

混合型模型需采用仿真方法,因此不能手工进行计算,在具体实施时可以选择任一仿真平台(自主研发或商业软件如 Matlab 等)加以实现,其基本的仿真逻辑如图 3-21 所示。

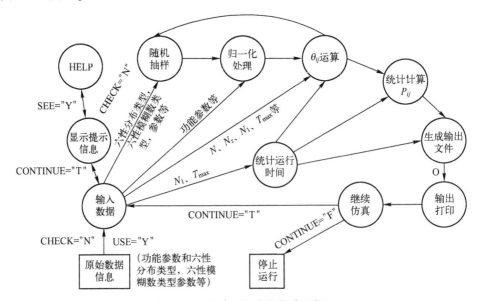

图 3-21 混合型权衡的仿真逻辑

第 4 章

基于功能模型的系统故障识别与控制方法

故障模型实质是产品模型中的一种视图。在不同研制阶段,产品模型体现为不同的形态。相应地,故障模型也会表现为不同状态,包括单元功能故障模型、单元物理故障模型、系统故障模型等。下面我们先界定故障模型的内涵。

定义 4.1 **基于统一模型的故障模型**(UMBFM)是指在产品设计过程中,综合反映 t 时刻产品所有故障特性的一组属性的集合,属性内容包括故障、故障触发条件、故障影响、故障关系等,可记作 $F_{T=t} = \{\{(f_t, Con_t, Eff_t, \cdots)_1, (f_t, Con_t, Eff_t, \cdots)_2, \cdots,\}, Cor_t, |T=t\}$,其中 f_t 表示故障,Con_t 表示故障触发条件,Eff_t 表示故障影响,$(f_t, Con_t, Eff_t, \cdots)_i$ 表示 t 时刻故障 i 的一组属性,Cor_t 表示 t 时刻故障之间的关系。易知,该模型是统一模型的一个子集。

开展 RMS 设计之前,系统地识别单元功能故障、单元物理故障和系统故障是保证 RMS 要求得以实现的重要基础。下面分别给出单元功能故障、单元物理故障、系统故障的系统化识别方法。

4.1 面向功能保持的单元功能故障全域识别

根据 GJB 451A 中的定义,故障是指产品或产品的一部分不能或将不能完成预定功能的事件或状态。据此,可以先界定单元功能故障的定义。

定义 4.2 **单元功能故障**是指使功能域中单一功能实现需求的一部分或全部不能得到满足的事件或状态。

在产品设计过程中,为了使所有功能实现需求得以实现并持续保持,理论上必须识别功能域中功能实现需求的所有可能故障,并将其消减。我们将这种故障全部识别的需求称为故障全域识别,下面给出其精确定义。

定义 4.3 **单元功能故障全域识别**是指在产品设计过程中,从功能域中持续保持功能实现需求的全部项目出发,尽可能全部识别与其关联的单元功能故障。

由定义 4.2 和定义 4.3 可知,如果功能故障发生,则意味着功能实现需求部分或全部不能实现,也意味着保持该功能的能力消失或下降了。因此,我们可以从功能实现需求的保持能力消失或者下降的角度来确定功能故障,其过程如图4-1所示。

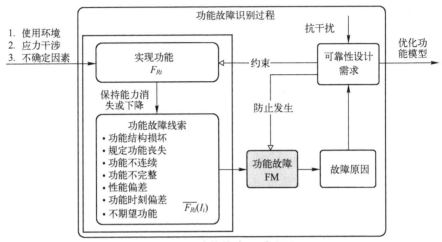

图4-1 功能故障识别过程

对于上述过程,我们可以总结为如下数学表达:假设产品层次 i 包含 n_i 个功能实现需求 $FRR_{ij}(j=1, 2, \cdots, n_i)$,易知,每个功能实现需求有多种状态{正常、功能丧失、不连续、不完整、偏差……}。当功能实现需求处于不连续、不完整、偏差等状态时,意味着功能实现需求持续保持能力下降,此时将对应一个故障发生;同理,当功能实现需求处于状态"丧失"时,也意味着功能实现需求持续保持能力消失,同样对应一个故障发生。因此,基于功能故障线索,我们可以得到每一个功能实现需求可能包含的故障模式。进一步考虑使用时间、使用环境、应力条件等因素影响,可以分析导致每个功能故障发生的可能故障原因,结合产品的功能模型,可继续分析故障发生后对功能实现需求自身的影响及其对其他关联功能的影响、可能的设计改进措施、严酷度类别等。

【例4-1】 利用上述方法,对例2-1中的信号处理器进行故障分析,得到如表4-1所列的功能故障信息表。

表4-1 提供功能故障分析表

序号	功能	故障线索	故障	故障原因	对自身的影响	对其他关联功能的影响	可能的设计改进措施	严酷度类别
1	提供电源	规定功能丧失	无输出	(1) 掉电; (2) 电流欠压/过压/浪涌	电源无输出,功能失效	导致电流传输连接器烧毁	(1) 增加掉电保护,避免掉电引起开路或性能下降; (2) 增强电流欠压/过压/浪涌抑制能力,避免抗尖峰功能丧失	I

续表

序号	功能	故障线索	故障	故障原因	对自身的影响	对其他关联功能的影响	可能的设计改进措施	严酷度类别
2	提供电源	功能不连续	输出电压不稳或有寄生纹波	输入电流信号干扰	电源功能性能下降	无	(1) 增加电流信号过滤； (2) 抑制电源信号受电磁干扰	Ⅱ
3		功能不完整	—	—	—	—	—	—
4		性能偏差	输出高/低于规定电压	(1) 掉电； (2) 电流欠压/过压/浪涌	电源功能性能下降	导致电流传输连接器烧毁	(1) 增强掉电保护，避免掉电引起开路或性能下降； (2) 增强电流欠压/过压/浪涌抑制能力，避免抗尖峰功能下降	Ⅱ
5		功能时刻偏差	—	—	—	—	—	—
6		不期望功能	—	—	—	—	—	—

以二级功能"提供电源"为例，从其功能故障分析结果可知，造成电源无输出和电源品质下降的可能原因包括掉电、电流欠压/过压/浪涌、输入电流信号干扰等。为了避免这些原因发生，需要：

(1) 增加掉电保护，避免掉电引起短路、开路或性能下降。
(2) 抑制电流欠压/过压/浪涌，避免抗尖峰功能丧失或下降。
(3) 增加电流信号过滤。
(4) 抑制电源信号受电磁干扰。

因此，可得到相应的功能保持需求：

(1) 避免掉电产生危险。
(2) 抑制电流欠压/过压/浪涌。
(3) 避免电流输入信号干扰。
(4) 避免电源信号受电磁干扰。

4.2 基于功物映射的单元物理故障全域识别

物理故障主要针对物理域中的物理单元而言，它是导致功能故障发生的根本原因。

定义4.4 单元物理故障是指使物理域中实现功能域功能需求的单一物理单元不能或部分不能实现设计所赋予的功能的事件或状态。

结合上述定义可知,在统一设计过程中,单元物理故障的识别可通过单元功能故障映射得到。物理域中包含两类物理单元:基本物理单元和健壮物理单元。

定义4.5 单元物理故障全域识别是指在产品设计过程中,从物理域和功能域的全面映射关系出发,将全部功能故障通过物理单元的物理参数来定义。

定义4.6 基本功能物理单元是指应用公理设计方法,从"功能实现需求"逐级映射实现的物理单元。

定义4.7 健壮功能物理单元是指应用公理设计方法,从"功能保持需求"逐级映射实现的物理单元。

4.2.1 基本功能物理单元的故障识别方法

基于功能域和物理域的映射关系,功能域中的单元功能故障将被映射为物理单元的故障参数。那么,从功能实体和物理单元的映射关系,可知单元物理故障的影响信息,其过程如图4-2所示。其中单元物理故障发生的根源在于物理单元自身的物理、化学作用以及内外载荷的影响。

对于基于功物映射得到的故障影响信息,可进一步结合下述条件进行识别导致出现这些故障影响的物理故障:

(1) 物理单元的内部工作原理,包括组成结构以及物质、信息、能量在其中的物理化学作用过程等。

(2) 组成物理单元的元器件、原材料、零部件的特性,如金属材料的抗拉、抗弯、抗压、抗震强度、膨胀系数、密度、介电常数等,电子材料的耐温能力、抗磁等。对于元器件/原材料/零部件,根据上述条件,可以构建失效物理分析(PoF)模型进行故障分析并识别。

(3) 物理单元及其组成所承受的内外载荷,包括振动、温度、湿度、电磁、压力、霉菌、盐雾、沙尘、多余物等。

必须指出,通过上述方法得到的物理故障极有可能是重复的,因此还需进行物理故障归并,即物理单元的故障是上述分析所得故障的并集,表示如下:

$$F_{DP_{ik}} = \left\{ \bigcup_{j=1}^{n_{ik}} \overline{F_{DP_{ik}}}|_j \right\} \tag{4-1}$$

式中:$F_{DP_{ik}}$表示物理单元DP_{ik}的故障集合;$\overline{F_{DP_{ik}}}|_j$表示通过功能实现需求$FRR_{ikj}$分析识别的物理故障集合;$n_{ik}$表示与物理单元$DP_{ik}$关联的功能实现需求数量。

以功能域与物理域的映射关系为例,图4-2所示的分析过程可表示为图4-3

第4章 基于功能模型的系统故障识别与控制方法

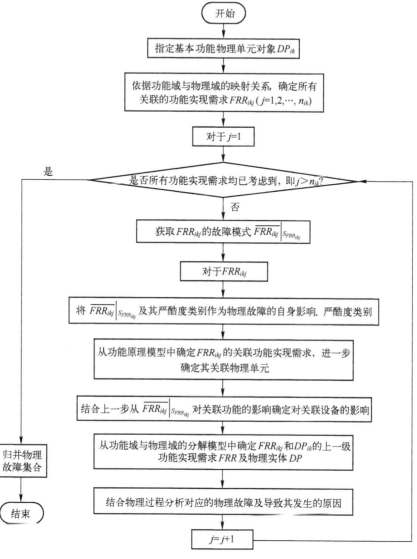

图 4-2 基本功能物理单元的故障识别过程

所示。其中通过图中的路径①可确定对自身的影响及严酷度类别,通过图中的路径②可确定对关联设备的影响,通过图中的路径③可确定对上级设备的影响。待选定一个关联影响后,再从对应物理单元的内部工作原理、元器件/原材料/零部件特性、承受的内外载荷等方面即可确定该物理单元的故障。

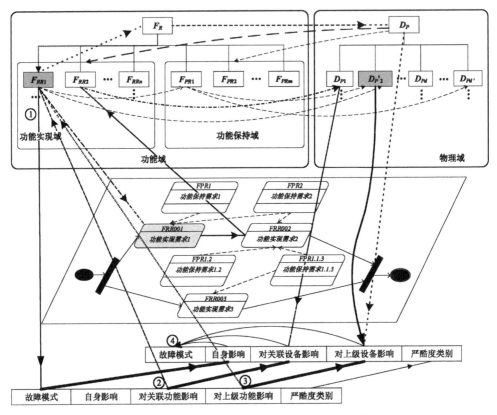

图 4-3 基本功能物理单元的故障识别过程示例

4.2.2 健壮功能物理单元的故障识别方法

健壮物理单元主要是通过功能保持需求映射得到的。由于功能保持需求自身并没有对应的故障,其关联的健壮功能物理单元故障需要从与对应功能保持需求关联的功能实现需求的故障集合中获取。其识别过程可用图 4-4 表示。

同理,通过上述方法得到的单元物理故障同样可能是重复的,因此还需要对物理故障进行归并,表示如下:

$$F_{DP'_{ik}} = \left\{ \bigcup_{p=1}^{n'_{ik}} \overline{F_{DP'_{ik}}}|_p \right\} \tag{4-2}$$

式中:$F_{DP'_{ik}}$ 表示物理单元 DP'_{ik} 的故障集合;$\overline{F_{DP'_{ik}}}|_p$ 表示通过功能保持需求 FPR_{ikp} 分析识别的物理故障集合;n'_{ik} 表示与物理单元 DP'_{ik} 关联的功能保持需求数量。

以功能域与物理域映射关系为例,图 4-4 所示的分析过程可表示为图 4-5 所示。其中通过图中的路径①可确定对自身的影响和严酷度类别,通过图中的路径

第 4 章 基于功能模型的系统故障识别与控制方法

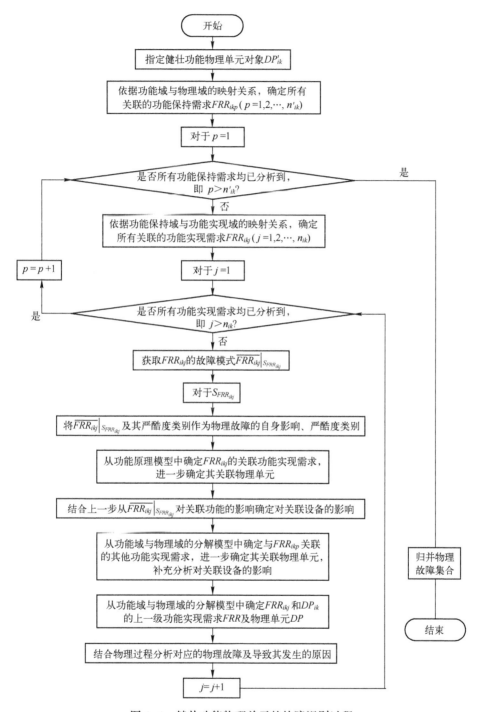

图 4-4 健壮功能物理单元的故障识别过程

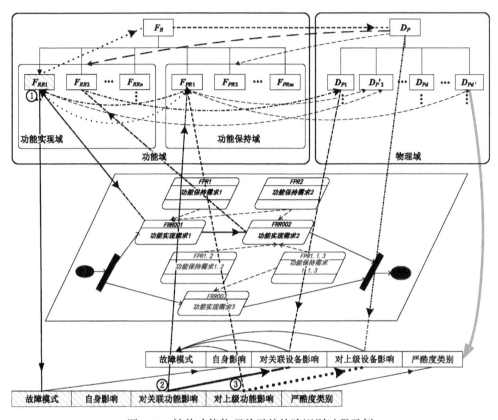

图 4-5 健壮功能物理单元的故障识别过程示例

②可确定对关联设备的影响,通过图中的路径③可确定对上级设备的影响。类似地,待选定一个关联影响后,可从对应物理单元的内部工作原理、元器件/原材料/零部件特性、承受的内外载荷等方面确定该实体的故障。

通过上述过程,可极大程度地避免遗漏物理单元的故障,使设计师能够尽可能全面地分析所有可能的潜在物理故障,但故障分析的全面性与完备性仍然需要设计师通过充分认识该物理单元的物理作用过程来保证。

【例 4-2】 利用上述分析方法,可得到例 2-1 中信号处理器各物理单元的故障分析结果,限于篇幅,部分结果见表 4-2。以输入滤波电路即电容 C1 为例,通过故障分析可知,造成电容 C1 短路、开路、参数漂移的可能原因包括击穿、氧化、腐蚀断裂、污染和介质老化,尤其是飞机在飞行过程中极有可能由于高温烧坏电容。为了避免这些原因在规定使用环境条件下出现,该电容应避免采用电解液的电容,最好采用固体介质的电容,以适应在高温环境下工作。钽电容的工作介质是在钽金属表面生成一层极薄的五氧化二钽膜,它的特点是抗氧化、耐腐蚀。因此,可采用固

表 4-2 信号处理器物理单元故障分析表(局部)

序号	物理单元-虚实体	物理单元-物理单元	关联功能需求	故障	故障原因	对自身的影响	对关联设备影响	对上级设备影响	最终影响	严酷度类别
1	输入滤波电路	电容 C1	避免输入电流信号干扰	短路	击穿	电源无输出	无	电源模件无输出	信号处理功能丧失	Ⅰ
2				开路	氧化、腐蚀断裂	输出寄生纹波或输出低于规定电压	无	电源模件输出品质下降	信号处理功能下降	Ⅲ
3				参数漂移	污染、腐蚀、介质老化	输出电压不稳或输出有寄生纹波	无	电源模件输出品质下降	信号处理功能下降	Ⅳ
4	输出滤波电路	电容 C3	过滤输出电压信号	短路	击穿	+15V 电源无输出	无	电源模件功能丧失	信号处理功能丧失	Ⅰ
5				开路	氧化、腐蚀断裂	+15V 电源输出不稳或有纹波	无	电源模件功能下降	信号处理功能下降	Ⅲ
6				参数漂移	污染、腐蚀、介质老化	+15V 电源输出有寄生纹波	无	电源模件功能性能下降	信号处理功能下降	Ⅳ
7		电容 C4		短路	击穿	-15V 电源无输出	无	电源模件功能丧失	信号处理功能丧失	Ⅰ
8				开路	氧化、腐蚀断裂	-15V 电源输出不稳或有纹波	无	电源模件功能下降	信号处理功能下降	Ⅲ
9				参数漂移	污染、腐蚀、介质老化	-15V 电源输出有寄生纹波	无	电源模件功能性能下降	信号处理功能下降	Ⅳ
⋮	⋮	⋮	⋮	⋮	⋮	⋮	⋮	⋮	⋮	⋮

体钽电容,其详细设计参数如表 4-3 所列。类似地,可以得到其他物理单元的设计参数。按照 GJB 299C—2006 方法预计,该电容的工作失效率为 $0.0365 \times 10^{-6}/h$,其能够满足设计要求。

表 4-3 电容 C1 可靠性相关设计参数

序号	参数名称	参数取值
1	表面贴装	片式固体钽电容
2	额定电压	12V
3	耐压值	20V
4	允许偏差	±20%
5	介质损耗	8
6	串联电阻	$R \geqslant 3.0\Omega$
7	电容量	$C > 500\mu F$,具体 XX
8	质量等级	A2,按质量认证标准,经中国电子元器件质量认证委员会认证合格的产品

4.3 系统涌现性故障综合识别

一个物理单元要完成设计所赋予的功能,必须依赖于其所在的系统整体,系统整体功能不是单元功能的简单叠加,而是各单元功能的整体性涌现。然而,单元物理故障模型在构建时,主要考虑物理单元自身的设计问题,并未考虑物理单元综合后可能涌现的新故障。系统综合过程需要对这些涌现的故障进行识别与分析,以验证系统功能设计和可靠性设计的完备性。系统综合过程中可能存在的涌现性故障或非预期功能如下:

(1) 物理单元综合后,物理单元之间安装固定时可能发生的故障。

(2) 功能参数以物理单元为载体在不同物理单元之间传递的过程中可能发生的故障。

(3) 各个局部都未发生故障,但是由系统综合的放大效应可能导致的故障。

(4) 各物理单元组成系统后,具备功能域以外的非预期且不期望的功能。

针对这 4 类故障,下面给出其定义:

定义 4.8 接口故障(I-F)是指物理单元组成子系统或系统时,存在的 T-I 不协调问题、F-I 不匹配问题、L-I 不符合问题。该类故障可通过接口的一致性和协调性分析来识别。

定义 4.9 传递故障(T-F)是指物理单元故障通过系统接口、作用原理等传递到较高层次系统或者导致其他"相邻"物理单元故障的故障。

易知,传递故障将会逐层、逐级传递,直到系统整体为止,这样由传递故障构成的传播逻辑链条,我们称其为**故障传递链(F-TL)**,简称**故障链**,记为 L,可用下式表示:

$$L = \{(\overrightarrow{F_{\varepsilon i} F_{\xi j}}, P_{\varepsilon i \xi j}) \mid \varepsilon \in (1,2,\cdots,n), \xi \in (1,2,\cdots,n), i \in (1,2,\cdots,n_\varepsilon), j \in (1,2,\cdots,n_\xi)\}$$

(4-3)

式中: $F_{\varepsilon i}$ 表示产品 ε 的故障 i; $F_{\xi j}$ 表示产品 ξ 的故障 j; $P_{\varepsilon i \xi j}$ 表示 $F_{\varepsilon i}$ 促使 $F_{\xi j}$ 发生的概率。

故障链不仅表征了单元故障与系统故障之间的关系,同时也表征了不同单元故障之间的联系。在故障链构建过程中,也可同时考虑 I-F 的影响。传递故障可通过单元物理故障的传递关系分析识别,也可以通过与系统对应的功能故障映射识别。

定义 4.10 误差传播故障(E-F) 是指在组成系统的物理单元及其接口均未发生故障的条件下,由于一个或多个物理单元的输出误差的共同作用,导致系统输出错误超出阈值范围。该类故障可利用误差传播理论进行分析识别。

定义 4.11 潜在功能故障(S-F) 是指为了实现功能域中的功能需求所设计的物理单元,在组成物理系统后,具备了超出功能域范围且不期望出现的功能。

潜在功能故障的典型代表为潜在通路故障,可以通过潜在通路分析发现,已有一套相对成熟的理论方法作为支撑。其他类型的潜在功能故障,可通过物理单元的运行过程,反向分析潜在的有害功能。

定义 4.12 兼容性故障(C-F) 是指组成系统的物理单元之间,由于物理特性不兼容导致单元或系统不能完成规定的功能。

4.3.1 接口故障

产品设计过程,不仅要考虑产品单一功能的物理实现,还需要考虑各种接口关系。据某型飞机的外场故障数据统计表明,接口故障占全机故障的 15%~25%。而目前工业企业在产品设计过程中,无论是新研产品或者改型产品,都局限于对组成系统的主功能载体及其附件进行故障分析,对于其构成的系统,很少分析由于相互交联、干涉(如结构干涉、电磁干扰等)、影响及环境条件对其造成的影响。下面我们基于物理模型中的接口类型,分别给出相应的问题分析方法。

1. T-I

在 T-I 分析的基础上,针对系统中所有包含的物理单元逐项进行传输参数的协调性检查,如表 4-4 所列。如果两个物理单元之间的传输参数一致或者协调,则填写"Y",否则填写"N",无接口则为"×"。在分析时,应结合两个关联物理单元的传输参数进行分析。

表 4-4　T-I 一致性协调性分析表

T类接口矩阵	E_1		E_2		...	E_n		结束	
开始	O	I	O	I	...	O	I		
	Y/N/×		Y/N/×			Y/N/×			
E_1			O	I	...	O	I	O	I
			Y/N/×			Y/N/×		Y/N/×	
E_2	O	I			...	O	I	O	I
	Y/N/×					Y/N/×		Y/N/×	
...	...		...		...	...			
E_n	O	I	O	I	...			O	I
	Y/N/×		Y/N/×					Y/N/×	

2. F-I

针对系统中所有包含的物理单元进行 F-I 的一致性和协调性检查,如表 4-5 所列。该表只要进行右上角或者左下角的检查即可,如果两个物理单元之间的 F-I 一致或者协调,则填写"Y",否则填写"N",无接口则为"×"。在分析过程中,应结合关联物理单元的三维模型进行分析。

表 4-5　物理单元 F-I 一致性协调性分析表

物理单元	$E2$	...	En
E_1	Y/N/×		Y/N/×
E_2			Y/N/×
...			Y/N/×
E_{n-1}			Y/N/×

3. L-I

在分析 L-I 问题时,需要考虑实体的设计应力承受能力和在工作条件下可能承担的应力,两者同样需要一致性和协调性检查,如表 4-6 所列。在分析过程中,应可查看关联物理单元及系统的应力分析结果(注:本书暂未考虑基于模型的环境分析)。

表 4-6　物理单元 L-I 一致性协调性分析表

应力物理单元	振动		高低温		...		电磁	
	可能范围	承受范围	可能范围	承受范围	可能范围	承受范围	可能范围	承受范围
E1	Y/N/×		Y/N/×		...		Y/N/×	

续表

应力物理单元	振动		高低温		…		电磁	
	可能范围	承受范围	可能范围	承受范围	可能范围	承受范围	可能范围	承受范围
$E2$	Y/N/×		Y/N/×		…		Y/N/×	
…	Y/N/×		Y/N/×		…		Y/N/×	
En	Y/N/×		Y/N/×		…		Y/N/×	

基于上述分析得到的接口不协调或者不一致等问题(回答为"N"),需进一步深入分析产品可能的故障表征、故障原因,进而确定设计改进措施。在分析过程中,可利用模型辅助分析,如表 4-7 所列。

表 4-7 接口故障分析表

接口故障	关联实体	故障原因	对关联实体的影响	系统影响	最终影响	严酷度类别	设计补偿

4.3.2 传递故障

4.3.2.1 故障传递过程

1. 不同层次物理单元之间的故障传递

除了从功能故障直接映射得到物理故障之外,物理域分解模型中的子系统/系统还可从其组成部分的故障影响中获取故障相关信息,其传递关系如图 4-6 所示。

(1) 物理单元对应的对上级影响→子系统/系统的故障模式来源。
(2) 物理单元对应的故障模式→子系统/系统的故障原因来源。
(3) 物理单元对应的最终影响→子系统/系统对应故障的最终影响。
(4) 物理单元对应的严酷度类别→子系统/系统对应故障的严酷度类别。
(5) 物理单元对应的模式频数比→由子系统/系统对应故障的频数比的参考值计算得到。

该过程实际上是物理单元故障集合到子系统/系统故障集合的一个映射,其表达式如式(4-4)所列。该集合具有多对一的特点。

$$F_i \xrightarrow{T} F_P \tag{4-4}$$

式中:F_i 表示物理单元 i 的故障集合;F_P 表示子系统/系统 P 的故障集合;T 表示传

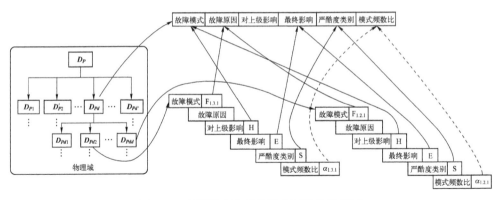

图 4-6 不同层次物理故障之间的传递关系

递函数。

其中,子系统/系统的故障频数比可通过物理单元的故障频数比推算得到。假设子系统/系统 P 包含 n 个物理单元,K 个故障,其中故障 k 是由一个或几个物理单元 $P_j(j=1,2,\cdots,n)$ 的故障 f_{ji} 传递得到的,那么故障 k 的频数比参考值 α_k 可通过式(4-5)计算得到。

$$\alpha_k = T(\lambda_j, \alpha_{ji}) = \frac{\sum_{j=1}^{n}\sum_{i=1}^{K_j}(I_{kji} \times \lambda_j \times \alpha_{ji})}{\sum_{k=1}^{K}\sum_{j=1}^{n}\sum_{i=1}^{K_j}(I_{kji} \times \lambda_j \times \alpha_{ji})} \quad (4-5)$$

式中:λ_j 表示物理单元 $P_j(j=1,2,\cdots,n)$ 的故障率;α_{ji} 表示物理单元 $P_j(j=1,2,\cdots,n)$ 故障 $i(i=1,2,\cdots,K_i)$ 的频数比;I_{kji} 为示性函数,当 $I_{kji}=1$ 时表示物理单元 $P_j(j=1,2,\cdots,n)$ 故障 $i(i=1,2,\cdots,K_i)$ 传递到故障 k;当 $I_{kji}=0$ 时表示故障 k 与物理单元 $P_j(j=1,2,\cdots,n)$ 故障 $i(i=1,2,\cdots,K_i)$ 无关。

2. 相同层次物理单元之间的故障传递

相同层次的物理单元,由于"T"类接口、"F"类接口、"L"类接口的作用关系,使得它们之间也存在故障传递关系,其过程如图4-7所示。物理单元 DP_{ij} 的故障 $F_{DP_{iif_1}}$ 如果会导致物理单元 DP_{pq} 的故障 $F_{DP_{pqf_2}}$ 发生,则故障 $F_{DP_{pqf_2}}$ 应作为故障 $F_{DP_{iif_1}}$ 的"对关联设备影响"的内容之一;反之,故障 $F_{DP_{iif_1}}$ 应作为故障 $F_{DP_{pqf_2}}$ 的故障原因。

4.3.2.2 递模型设计

故障链 F-TL 的核心是故障及其传递关系,而单元的故障并不是唯一的,因此在 F-TL 中需要明确给出是哪个故障触发的故障传递链,并且影响了哪些单元的哪个故障。面向对象的概念,起初源于计算机编程技术,目前面向对象的设计、分析已经渗透到各个领域。它用非常接近实际领域术语的方法把系统构造成"现实

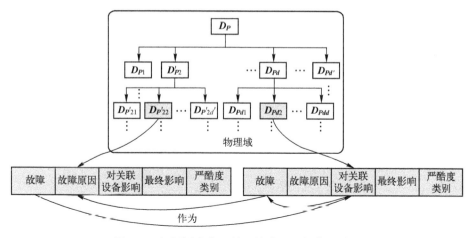

图4-7 相同层次物理单元故障之间的传递关系

世界"的对象。设计师在进行故障分析时,同样可以将故障视作一个对象类,而非产品的一个属性。在设计过程中,设计师首先关注的是故障及其影响和发生概率,通过对故障影响及发生概率的评估确定关键故障,然后制定设计改进措施或者使用补偿措施对其实施消减,直到满足可靠性指标要求为止。因此,可用图4-8所示的图元来表示单元及其故障。首先由用户创建一个产品对象,然后在产品对象下创建产品故障对象。图4-8中S_{i1}表示产品组成部件i第$i1$个故障的严酷度类别;P_{i1}表示部件i第$i1$个故障的故障发生概率;S_i表示部件i故障可能导致自身的最严重后果;P_i表示部件i的故障概率。

(1)图元中的故障内容应可折叠隐藏,显示为单元之间的故障传递链。

(2)图元左右两侧显示为连接端口,左侧输入端口表示导致部件i故障$i1$发生的其他部件故障,即对应的故障原因。右侧输出端口表示部件i故障$i1$触发其他产品故障发生。

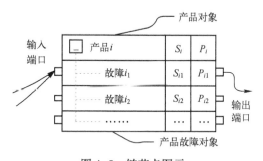

图4-8 链节点图元

易知

$$S_i = \max_{j=1,\cdots,n}\{S_{ij}\} \tag{4-6}$$

$$P_i = \sum_{j=1}^{n} P_{ij} = \sum_{j=1}^{n}(\lambda_i t_i \beta_{ij}) \tag{4-7}$$

式中:n表示部件i的故障数量;λ_i表示部件i的故障率;t_i表示部件i的工作时间;

β_{ij} 表示部件 i 故障 j 的频数比。

【例 4-3】 图 4-9 给出了例 2-1 中信号处理器的"左轴角转换器"故障链节点的图形表示。

从前文的故障分析过程可知,故障传递关系主要来源于两方面:一是相同层次故障影响;二是不同层次故障影响。

3. 相同层次故障影响

假设 DP_{ij} 为第 i 层次的第 j 个实体,包含 K_{ij} 个故障 f_{ijk},与 DP_{ij} 关联的实体有 M_{ij} 个,记为 $DP_{i_c j_c} (i_c = 1, 2, \cdots, M_{ij})$,其下的故障 $f_{i_c j_c k_c}$ 可能是由于 DP_{ij} 的故障 f_{ijk} 发生而导致的,那么其传

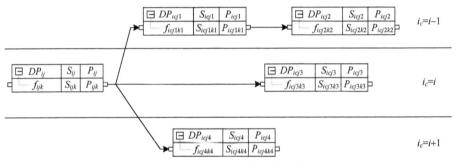

图 4-9 左轴角转换器的图形表示

递链可表示为如图 4-10 所示。故障之间的传递关系用向右箭头的折线连接,不同实体层次之间用横线分割,并于右侧标明层次属性。

图 4-10 相同层次故障传递链

在实际工程中,一般不考虑当前子系统/系统对自身功能分解得到的单元的故障影响。如果同层被传递的故障仍然继续导致其他实体故障发生,那么在故障传递链中应同时表现出来,如图 4-10 中的 $f_{i_c j 2 k 2}$。

4. 不同层次故障影响

假设 DP_{ij} 为第 i 层次的第 j 个单元,包含 K_{ij} 个故障 f_{ijk},其子系统/系统为 $DP_{(i-1)jf}$,其中的故障 $f_{(i-1)j_f k_f}$ 是由故障 f_{ijk} 传递而来的,那么其传递链可表示如图 4-11 所示。同样,故障之间的传递关系用向右箭头的折线连接,不同实体层次之间用横线分割。

【例 4-4】 结合上文的故障分析结果,按照本节给出的故障传递关系模型,可得到信号处理器中信号处理模块的组成部件的故障传递关系图,如图 4-12 所示。

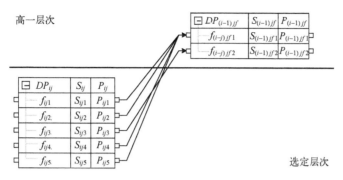

图 4-11 不同层次故障传递链

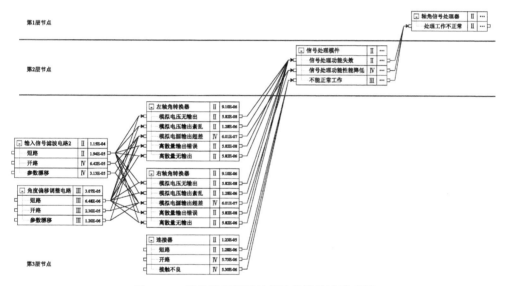

图 4-12 信号处理模块的部件故障传递关系图

4.3.2.3 故障逻辑模型

在前述故障分析过程中,我们假设一个故障发生必定导致子系统/系统对应故障发生,然而在实际工程中,往往是多个故障、环境扰动以及人为因素共同作用才会导致子系统/系统对应故障发生。因此,应进一步分析产品各层次故障之间的逻辑关系,且同时考虑环境扰动和人为因素,以更真实地表达产品的故障逻辑。

在介绍故障逻辑分析方法之前,我们先定义如下事件类型:

(1) 机器故障。

(2) 环境扰动。

(3) 人误操作。

(4) 复合:上述 3 项因素的综合作用。

在产品的功能模型或者物理模型中,每一个功能需求或物理单元,都具有故障属性。在故障逻辑分析时,设计师可选定层次较高的功能需求或子系统/系统及其任一故障,并结合前述分析得到的故障传递关系,则可生成简化的故障逻辑模型。生成规则定义如下:

(1) 上下层次之间的故障传递逻辑定义为"OR"。

(2) 导致故障发生的故障原因定义为事件:

① 若故障原因(作为下一层次的故障)未包含故障原因,则作为基本事件,其事件类型定义为"机器故障"。

② 若故障原因(作为下一层次的故障)仍包含故障原因,则作为中间事件,其事件类型定义为"复合"。

如图 4-13 左侧图形所示,假设上一层次"产品 2"包含 4 个故障,其中"故障 2"则是由其下一层次"产品 2.1""产品 2.2"以及"产品 1"的故障发生导致的,且"产品 2.2"的"故障 2.2.4"则是由其下一层次"产品 2.2.2"的故障触发,那么基于上述规则,可生成如图 4-13 右侧图形所示的故障逻辑模型。

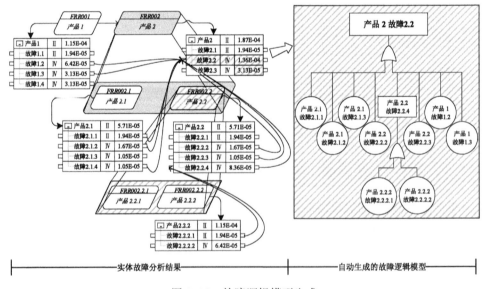

图 4-13 故障逻辑模型生成

【例 4-5】 如图 4-12 所示的传递关系,通过上述生成过程可得到如图 4-14 所示的故障逻辑模型。

基于生成的故障逻辑模型,设计师可继续进行优化。优化内容包含两部分:一是门逻辑;二是事件。

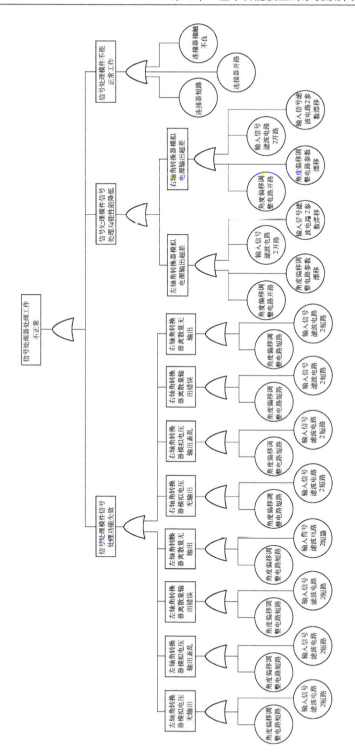

图4-14 信号处理器处理工作不正常事件生成的故障逻辑模型

(1) 门逻辑:目前工程中常用的逻辑门如表 4-8 所列。

表 4-8 典型的逻辑门

组合逻辑	图形表示	时序逻辑	图形表示
与门	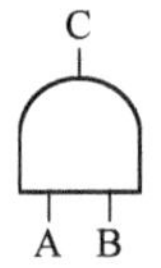 (C, A B)	优先与门	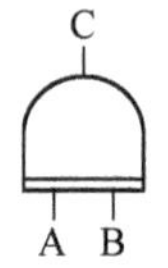 (C, A B)
或门	 (C, A B)	冷储备门（CSP）	 (D, CSP, A B C)
异或门	 (C, A B)	顺序门（SEQ）	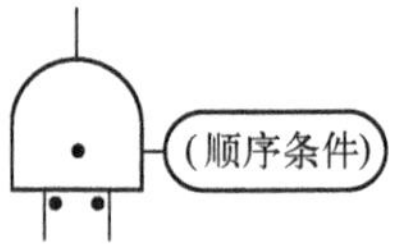 (顺序条件)
r/n 门	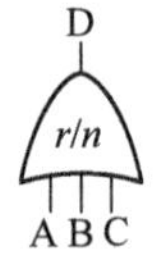 (D, r/n, A B C)	功能触发门（FDEP）	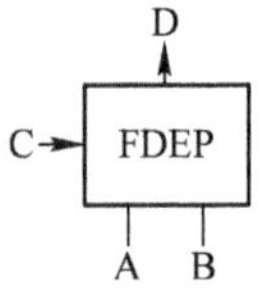 (D, C—FDEP, A B)

(2) 事件:继续增加中间事件、基本事件,尤其是"环境扰动"和"人误操作"方面的基本事件。

4.3.3 误差传播故障

现代产品复杂度越来越高,关联关系越来越多,导致系统组成单元之间交联越来越紧密。对于实际产品而言,前一个单元的输出通常为后一个单元的输入,而每个单元的输出结果并不是唯一不变的,而是会在一定范围产生波动或称误差。当一个单元由于内部缺陷激活误差源,从而导致输出存在误差,尤其当输出与输入之间存在非线性关系(在复杂产品中相当普遍)时,通常会将误差放大。如果此时系统连接了多个单元,也会导致误差随着串联的单元增多而不断放大,最终导致产品或系统出现故障,如图 4-15 所示。而这类故障是无法在设计过程中通过人工分析得到的,需要结合产品作用原理,通过仿真手段来分析。在仿真过程中,我们可将输入和输出参数均作为随机变量,通过提取参数的特征信息进行对比以判断产品是否发生故障。本书以均值和标准差为例进行说明。

第4章 基于功能模型的系统故障识别与控制方法

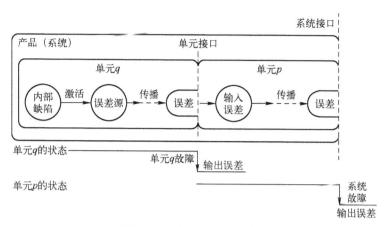

图 4-15 误差传播过程示意

根据误差传播故障的界定,此类故障是因为多个输入误差的共同作用导致系统输出超出阈值范围而产生的故障。假设 $X_i(i=1,2,\cdots,n)$ 表示输入参数;$Err_{Xi}(i=1,2,\cdots,n)$ 表示对应输入参数 X_i 的输出误差;$Y_j(j=1,2,\cdots,p)$ 表示输入参数 $X_i(i=1,2,\cdots,n)$ 经过产品、系统或者组成单元作用后得到的输出参数;$Err_{Yj}(j=1,2,\cdots,p)$ 表示 Y_j 的输出误差。且产品的输出与输入参数之间存在函数关系:

$$Y_j = f_j(X_1, X_2, \cdots, X_n) \quad (j=1,2,\cdots,p) \tag{4-8}$$

其中 $f_j(X_1, X_2, \cdots, X_n)$ 表示输入 $X_i(i=1,2,\cdots,n)$ 到输出 Y_j 的作用关系。

易得输出变量的均值为

$$\mu_{Y_j} = f_j(\mu_{X_1}, \mu_{X_2}, \cdots, \mu_{X_n}) \quad (j=1,2,\cdots,p) \tag{4-9}$$

令

$$\nabla_X = \left[\frac{\partial}{\partial X_1}, \frac{\partial}{\partial X_2}, \cdots, \frac{\partial}{\partial X_n}\right]^T \tag{4-10}$$

$$f(X) = [f_1(X), f_2(X), \cdots, f_p(X)]^T \tag{4-11}$$

可得 $f(X)$ 的梯度算子,即雅克比函数

$$\begin{aligned} F_X &= [\nabla_X \cdot f(X)^T]^T \\ &= f(X) \cdot \nabla_X^T \\ &= \begin{bmatrix} f_1(X) \\ f_2(X) \\ \vdots \\ f_p(X) \end{bmatrix} \left[\frac{\partial}{\partial X_1}, \frac{\partial}{\partial X_2}, \cdots, \frac{\partial}{\partial X_n}\right] \end{aligned}$$

$$= \begin{bmatrix} \dfrac{\partial f_1}{\partial X_1} & \dfrac{\partial f_1}{\partial X_2} & \cdots & \dfrac{\partial f_1}{\partial X_n} \\ \dfrac{\partial f_2}{\partial X_1} & \dfrac{\partial f_2}{\partial X_2} & \cdots & \dfrac{\partial f_2}{\partial X_n} \\ \vdots & \vdots & \ddots & \vdots \\ \dfrac{\partial f_p}{\partial X_1} & \dfrac{\partial f_p}{\partial X_2} & \cdots & \dfrac{\partial f_p}{\partial X_n} \end{bmatrix} \quad (4-12)$$

因而可得输出参数的协方差阵

$$\boldsymbol{C}_Y = F_X C_X F_X^{\mathrm{T}} \big|_{\mu_{X_1},\mu_{X_2},\cdots,\mu_{X_n}}$$

$$= \begin{bmatrix} \sigma_{Y_1}^2 & \sigma_{Y_1 Y_2} & \cdots & \sigma_{Y_1 Y_p} \\ \sigma_{Y_2 Y_1} & \sigma_{Y_2}^2 & \cdots & \sigma_{Y_2 Y_p} \\ \vdots & \vdots & \ddots & \vdots \\ \sigma_{Y_p Y_1} & \sigma_{Y_p Y_2} & \cdots & \sigma_{Y_p}^2 \end{bmatrix} \quad (4-13)$$

式中：$\boldsymbol{C}_X = \begin{bmatrix} \sigma_{X_1}^2 & \sigma_{X_1 X_2} & \cdots & \sigma_{X_1 X_n} \\ \sigma_{X_2 X_1} & \sigma_{X_2}^2 & \cdots & \sigma_{X_2 X_n} \\ \vdots & \vdots & \ddots & \vdots \\ \sigma_{X_n X_1} & \sigma_{X_n X_2} & \cdots & \sigma_{X_n}^2 \end{bmatrix}$ 为输入参数的协方差阵；$\sigma_{Y_l Y_k} = \sum_i \dfrac{\partial f_l}{\partial X_i} \cdot \dfrac{\partial f_k}{\partial X_i} \sigma_{X_i}^2 + \sum_{i \neq j} \sum \dfrac{\partial f_l}{\partial X_i} \dfrac{\partial f_k}{\partial X_j} \sigma_{X_i X_j}$ 为输出参数 Y_l 和 Y_k 的协方差；$\sigma_{Y_k}^2 = \sum_i \left(\dfrac{\partial f_k}{\partial X_i}\right)^2 \sigma_{X_i}^2 + \sum_{i \neq j} \sum \dfrac{\partial f_k}{\partial X_i} \dfrac{\partial f_k}{\partial X_j} \sigma_{X_i X_j}$ 为输出参数 Y_k 的方差。

当 $[\mu_{Y_k} - \sigma_{Y_k}, \mu_{Y_k} + \sigma_{Y_k}]$ 超出输出参数 Y_k 的阈值范围时，则可以认为产品发生故障。

【例 4-6】 通用有源滤波器的工作原理如图 4-16 所示，其输出固有频率 ω_n 是电容 C_1、C_2，电阻 R_1、R_2、R_{F1}、R_{F2} 的函数，其关系式为 $\omega_n = \dfrac{R_2}{R_1 \times R_{F1} \times R_{F2} \times C_1 \times C_2}$。已知电容 C_1、C_2 的均值和允许误差分别为 1000pF、±10%，电阻 R_1、R_2 的均值和允许误差分别为 50kΩ、±10%，电阻 R_{F1}、R_{F2} 的均值和标准差分别为 2.65MΩ、±10%。

通过上述过程，可计算得到固有频率 ω_n 的标准差 ≈ 304，误差将达到±21%。如果在设计时不采取任何措施，那么该有源滤波器的输出精度将不能达到要求。

第 4 章 基于功能模型的系统故障识别与控制方法

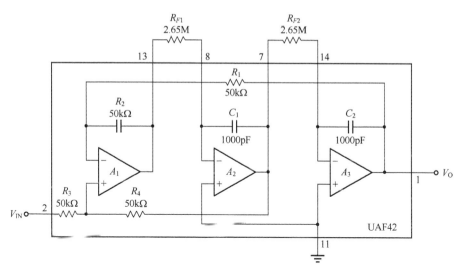

图 4-16 通用有源滤波器工作原理图

4.4 故障闭环消减过程控制

4.4.1 单元故障闭环消减过程控制

定义 4.12 单元故障。由于系统中的产品单元自身原因而不是由相关单元影响,导致单元不能实现预期的功能统称为单元故障,包括单元功能故障、单元物理故障。

为了实现单元故障消减的全面性、合理性和标准化,本书面向产品的可靠性要求实现,结合故障闭环消减过程,建立基于逻辑决断的单元故障消减过程控制模型,如图 4-17 所示。

问题 1:如果该故障在外场使用过程中发生,是否会影响安全?

如果"是",则需要进一步进行风险分析与评价,并回答问题 2;如果"否",则继续回答问题 3。在产品设计早期,可运用风险矩阵进行风险分析与评价。

问题 2:该故障发生时的风险等级及可能性是否在可接受范围内?

如果"否",则必须改进,此时设计师必须明确目前针对该故障的改进措施落实情况,回答问题 5;如果"是",则继续回答问题 3。

问题 3:如果该故障在外场使用过程中发生,是否会影响任务?

如果"是",则需要继续判断故障发生概率(等级)是否在可接受范围内,即回答问题 4;如果"否",则继续回答问题 6。

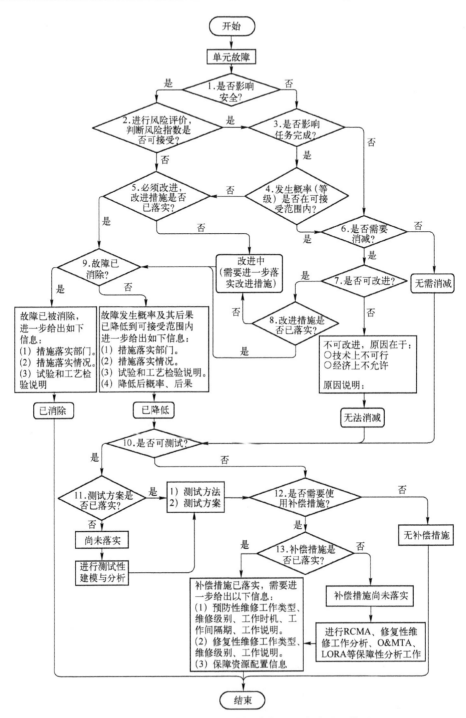

图 4-17 基于逻辑决断的单元故障闭环消减过程模型

问题 4：该故障的发生概率(等级)是否在可接受范围内？

如果"是"，则进一步判断是否需要消减，即回答问题 6；如果"否"，则说明该故障不允许存在，必须进行设计改进，此时需要回答问题 5。

问题 5：必须改进，改进措施是否已落实？

如果"是"，则进一步判断该故障是否被消除，还是故障发生概率及故障后果被降低到可接受范围内，即回答问题 9；如果"否"，则说明针对该故障的设计改进措施尚未确定，目前正处于"改进中"，一旦设计改进措施确定后，需继续回答问题 9。

问题 6：当前故障是否需要消减？

如果"是"，则继续回答问题 7；如果"否"，说明该故障"无需消减"，也说明该故障未来在使用过程中极有可能发生，因此还需进一步判断该故障是否可测试，是否有相应的使用补偿措施，即回答问题 10、12，尤其是针对影响任务但发生概率在可接受范围内的故障。

问题 7：针对该故障，是否有相应的设计改进措施？

如果"是"，则设计师必须确定改进措施是否已落实，即回答问题 8；如果"否"，说明该模式"无法消减"，此时设计师必须从技术上、经济上说明不可改进的原因。对无法消减的模式，说明在未来使用过程中极有可能发生，设计师必须进一步判断该故障是否可测试、是否有相应的使用补偿措施，即回答问题 10、12。

问题 8：针对该故障的设计改进措施是否已落实？

如果"是"，则进一步判断该故障是否被消除，还是通过设计改进将故障发生概率及故障后果降低到可接受范围内，即回答问题 9；如果"否"，则说明针对该故障的设计改进措施尚未确定，目前正处于"改进中"，一旦设计改进措施确定后，需继续回答问题 9。

问题 9：该故障是已消除吗？

如果"是"，则设计师必须进一步说明措施的落实部门、落实情况，并详细说明通过哪些试验或工艺检查手段证明该故障确实已消除，在使用过程中不会发生；如果"否"，说明该故障的发生概率及影响后果降低到了可接受范围内，此时同样需要说明措施部门、落实情况、降低后的故障发生概率以及后果严重程度，同时也需要详细说明证明该故障发生概率及影响后果确实"已降低"的试验或工艺检验手段。

问题 10：若该故障有可能在使用过程中发生，那么需要进一步判断该故障是否可测试？

如果"是"，需要确定测试性设计方案是否落实，回答问题 11；如果否，需要进一步分析在使用过程中是否有相应的补偿措施，即回答问题 12。

问题 11:该故障对应的测试性设计方案是否已经落实?

如果"是",则继续回答问题 12;否则,设计师应该进行测试性建模与分析,确定测试方法、测试手段,并将其落实到产品设计方案中,然后继续回答问题 12。

问题 12:该故障是否需要使用补偿措施?

对于影响安全的、影响任务且未完全消除的故障,必须给定相应的使用补偿措施。对于不影响安全和任务的故障,设计师可根据实际情况判断。如果需要使用补偿措施,那么设计师还要继续回答问题 13。

问题 13:使用补偿措施是否已落实?

如果"是",设计师需要根据设计方案给出详细的预防性维修工作类型、维修级别、工作时机、工作间隔、工作说明,修复性维修工作类型、维修级别、工作说明,以及保障资源配置信息。如果"否",需要进一步开展以可靠性为中心的维修分析 RCMA、修复性维修工作分析、使用与维修任务分析 O&MTA、修理级别分析 LORA 等保障性分析工作,以确定使用与维修保障方案。

对于不同类型的故障事件,其逻辑决断过程是一致的,差异在于设计改进措施及使用补偿措施的确定。对于环境扰动,需要从抗环境干扰方面进行设计改进,使用补偿则无法给定;对于人误操作,需要在标识、防差错等方面进行设计改进,使用补偿则可以通过深度培训实现;对于机器故障,则需要结合产品自身特性进行设计改进,也可通过预防性维修、故障预测等方法预防故障发生。

从图 4-17 的分析结果可以看出,经过逻辑决断向导进行故障消减后,每个故障都有一个消减状态:已消除、已降低、改进中、无法消减、无需消减,对于消减状态为"已消除"的故障,无需再进行维修性、测试性、保障性分析。

4.4.2 系统故障闭环消减过程控制

从 4.3 节分析可知,系统故障的来源主要包括两方面:一是单元故障逻辑传递得到的,我们称此类故障构成的集合为传递故障集(T-FS);二是系统综合新引入的接口故障和误差传播故障,我们称此类故障构成的集合为综合故障集(E-FS)。对于 E-FS,可直接利用 4.4.1 小节提供的逻辑决断过程进行消减控制;对于T-FS,除非完全替换设计方案,否则无法直接实施消减,需要从根本原因即从单元故障开始实施消减控制,同时需要结合故障逻辑关系确定系统级故障的消减状态。

当单元故障实施消减后,系统故障的消减状态将随之产生变化,其判定逻辑如图 4-18 所示。

(1) 当引发系统故障的关联单元的所有故障消减均"已消除",则系统故障消减状态为"已消除"。

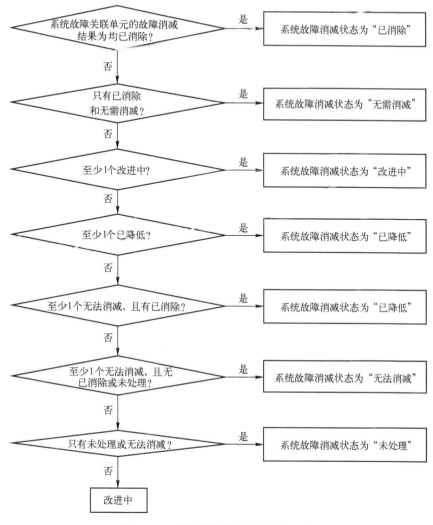

图 4-18　系统故障消减状态判定逻辑

（2）否则，当引发系统故障的关联单元的所有故障消减只有"已消除"和"无需消减"，则系统故障消减状态为"无需消减"。

（3）否则，当引发系统故障的关联单元的所有故障消减至少1个是"改进中"，则系统故障消减状态为"改进中"。

（4）否则，当引发系统故障的关联单元的所有故障消减至少1个是"已降低"，则系统故障消减状态为"已降低"。

（5）否则，当引发系统故障的关联单元的所有故障消减至少1个是"无法消减"且有"已消除"，则系统故障消减状态为"已降低"。

（6）否则，当引发系统故障的关联单元的所有故障消减至少 1 个是"无法消减"且无"已消除"或"未处理"，则系统故障消减状态为"无法消减"。

（7）否则，当引发系统故障的关联单元的所有故障消减只有"未处理"或"无法消减"，则系统故障消减状态为"未处理"。

（8）否则，系统故障消减状态为"改进中"。

4.5　故障消减决策方法

对于一个系统而言，分析所得的潜在故障数量较多，由于技术上或者经济性等方面的原因，设计师无法逐个实施消减，那么我们就需要一种决策方法辅助设计师确定对哪些关键、重要故障加以改进，这样就可以更加经济、高效地实现可靠性目标。如果不考虑故障之间的关联性，则可直接应用目前工程中常用方法，如严酷度类别、危害度、风险优先数等，这些内容此处不再展开。本书主要针对前述分析得到的考虑故障关联性的待消减故障的决策。

4.5.1　考虑传递关系的故障链决策

对由于系统综合产生的传递故障，本书结合基于网络中心性理论的故障点重要性评价方法快速确定关键故障或其集合。故障点重要性越高，消减影响也越高，可认为这些故障点即为产品设计改进的关键点。

从工程实际角度，产品设计师重点关注以下几个方面的故障问题：

（1）最终导致Ⅰ、Ⅱ类故障发生的故障：最终故障严酷度类别。

（2）会引发多个关联产品故障发生的产品故障：取决于该产品故障作为其他产品故障原因的数量。

（3）多个产品故障都能导致该产品故障的发生：取决于其关联故障原因的数量。

（4）故障链发生概率较大的故障：取决于前因故障发生后导致后果故障发生的概率。

如果将故障传递链上的每一个故障视为一个网络节点，两个故障之间的传递关系视作边，那么一个产品的所有故障及其传递关系就构成一个复杂的网络拓扑。结合网络模型中节点重要性评价准则，可知：

（1）引发较多其他故障同时发生的故障：出度。

（2）有较多故障都能导致它发生的故障：经过该故障点的通路数量。

（3）故障传递链发生概率较大的故障：转移概率。

结合上述说明，可分别给出评价故障链中故障节点重要程度的两类指标，分别是故障点中心性和故障链发生概率,下面分别给出。

4.5.1.1 故障点中心性

在故障传递网中,不可能存在度为 0 的故障点,因此后续讨论默认假设节点度≥1。在网络理论中,k-壳是指在原有网络模型中逐步去除度为 $1,2,\cdots,k$ 的节点后,剩余的网络模型。进一步地,由 $k_S \geq k$ 的 k-壳的并集即构成 k-核。一个简单的三层壳网络如图 4-19 所示。

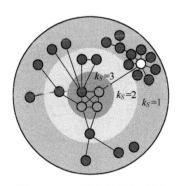

图 4-19 三层壳的网络示例

从 4.3.1 小节可以看出,故障传递网是一个有向图。首先,我们用图 4-20 所示的球体来表示故障。该故障球体保留故障名称、严酷度类别、发生概率、故障影响等属性,去除产品层次属性,从而得到一个有向故障传递网。然而对于产品设计而言,出度(OutDegree)和入度(InDegree)对节点重要性的评价是相同的。因此,在节点重要性评价时,我们可以暂不考虑影响的方向,将故障传递网无向化,转化为一个无向图。图 4-21 所示为信号处理器的无向化故障传递网。

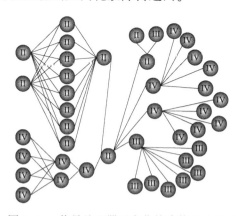

图 4-20 故障球体　　图 4-21 信号处理器无向化故障传递关系网

基于上述定义,我们可以给出故障传递网评价的相关定义。

定义 4.13　故障关联度。在故障传递网中,假设有 k_{i1} 个故障可能导致故障 i 发生,且故障 i 可能导致其他产品有 k_{i2} 个故障发生,那么称故障 i 的关联度为 k_i,且满足 $k_i = k_{i1} + k_{i2}$。

定义 4.14　故障 k-壳。在故障传递网中,逐步消除度为 $1,2,\cdots,k$ 的故障后,得到的新故障传递网即为故障 k-壳。

图 4-21 所示的信号处理器故障传递关系网经过处理后得到的 1-壳、2-壳和 3-壳,如图 4-22 所示。

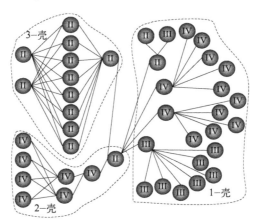

图 4-22　信号处理器故障传递关系网的 k-壳

从图 4-22 可以看出,3-壳中的故障"输入信号滤波器 2 短路和角度偏移调整电路短路"一旦得到消减,即可消除 3-壳内所有的故障。实际工程中,设计师可以从较大 k-壳中严酷度类别最大的故障开始逐一消减,这样更有针对性。

4.5.1.2　故障链发生概率

针对一个具体故障所引发的故障链,要计算其发生概率,需要考虑两方面因素:

(1) 故障链上各故障的发生概率:一般可在故障分析过程中通过计算得到。可知,部件 ε 的故障 $F_{\varepsilon i}$ 的发生概率为 $\lambda_\varepsilon t_\varepsilon \beta_{\varepsilon i}$。

(2) 故障之间的传递概率:实际上,如果故障 $F_{\varepsilon i}$ 导致故障 $F_{\xi j}$ 发生,则故障 $F_{\varepsilon i}$ 将作为故障 $F_{\xi j}$ 的一个故障原因。考虑故障 $F_{\varepsilon i}$ 在故障 $F_{\xi j}$ 所有故障原因中的比重 $w_{\varepsilon i\xi j}$,可将 $P_{\varepsilon i\xi j} = w_{\varepsilon i\xi j}\lambda_\xi t_\xi \beta_{\xi j}$ 作为故障 $F_{\varepsilon i}$ 导致故障 $F_{\xi j}$ 发生的概率。

在同一故障链中,若同一故障引发同层多个产品故障,在故障链发生概率计算时,应视作"或门"关系,因此由同一故障引发的多条传递路径的概率应进行加和计算。那么,在评价过程中主要考察由某一故障引发的故障链的发生概率,因此可以得到由故障 $F_{\varsigma q}$ 引发的故障链 L 的发生概率为

$$P_L = CP_{\varsigma q} \sum_{j=1}^{J} \Big(\prod_{\Theta \in L_j} P_{\varepsilon i \xi j} \Big) \qquad (4-14)$$

式中：C 表示常数；$P_{\varsigma q}$ 表示故障 $F_{\varsigma q}$ 的发生概率；L_j 表示由故障 $F_{\varsigma q}$ 引发的第 j 条传递路径（共 J 条）；Θ 表示 L_j 中的故障节点之间的边。

对于信号处理器，通过外场统计得到信号处理器各部件的数据（由于保密原因，该表数据均经过等比例缩放处理，非真实数据，但不影响最终结果的比较）如表 4-9 所列。

表 4-9 信号处理器数据表

产　品	$\lambda_i(10^{-6}h)$	t_i	故障	ρ_{ij}
信号处理器	0.0251	1	处理工作不正常	—
信号处理模块	0.0141	1	信号处理功能失效	0.3
			信号处理功能性能降低	0.4
			不能正常工作	0.3
左轴角转换器	0.0053	1	模拟电压无输出	0.79
			模拟电压输出紊乱	0.04
左轴角转换器	0.0053	1	模拟电源输出超差	0.05
			离散量输出错误	0.08
			离散量无输出	0.04
右轴角转换器	0.0053	1	模拟电压无输出	0.79
			模拟电压输出紊乱	0.04
			模拟电源输出超差	0.05
			离散量输出错误	0.08
			离散量无输出	0.04
连接器	0.0009	1	接触不良	0.22
			开路	0.44
			短路	0.34
输入信号滤波电路	0.0013	1	短路	0.15
			开路	0.46
			参数漂移	0.39
角度偏移调整电路	0.0013	1	短路	0.15
			开路	0.46
			参数漂移	0.39

取 $w_{\varepsilon i \xi j}$ 为故障 $F_{\xi j}$ 入度的倒数,可计算得到各故障链的发生概率如表 4-10 所列。

表 4-10 故障链发生概率(部分)

部 件	故 障	故障链发生概率
连接器	接触不良	0.007 007
	开路	0.014 015
	短路	0.010 830
输入信号滤波电路	短路	0.000 013
输入信号滤波电路	开路	0.000 006
	参数漂移	0.000 005
角度偏移调整电路	短路	0.000 024
	开路	0.000 010
	参数漂移	0.000 009

由表 4-10 可知,连接器开路导致故障链发生的可能性最大,表明由其发生导致信号处理器处理工作不正常的可能性最高,而按照传统的分析方法,由于连接器开路故障的严酷度类别为Ⅲ类,因此很可能被忽略。根据该产品的外场实际故障统计分析可知,确实是由于连接器故障导致信号处理器功能失效的比重最大。

4.5.2 考虑耦合关系的故障消减影响决策

通过故障链评价,我们可以找到一些关键的故障,设计师需要着重对这些故障进行消减。然而,系统是由多个结构体构成,且结构体又由多个功能单元或物理单元构成,其系统过程并不是元过程的简单叠加,而是需要一个综合的机制,以实现从量变到质变的过程。在系统综合的过程中,需要增加新的过程,来识别单元之间的关联关系,并处理这种关联关系,以便对涌现的新故障模式进行识别和处理。

由于故障的耦合,单元故障消减对系统故障的影响关系是非线性的。不妨设故障模式消减措施都是合理有效的,基于该假设,可知具体针对每一故障模式的消减。由于采取新技术或者系统综合,可能会引进新的故障模式,也可能会对其他故障模式的发生概率造成影响。因此,在确定特定故障消减对可靠性指标的影响之前,需要先确定与该故障消减有关的故障集合,即消减故障关联集。

4.5.2.1 故障消减关联关系

定义 4.15 故障关联集。假设 $f=\{f_1,f_2,\cdots,f_n\}$ 为某产品初始故障集合。已

知 ∀ 故障 $f_i(i \in \{1,\cdots,n\})$，由于采取改进措施，使得 $f_i \notin \boldsymbol{f}'$（$\boldsymbol{f}'$ 为该产品采取改进措施后的新故障集）或其故障发生概率或严重程度被降低。此时若 $\exists \{f_{i_1},f_{i_2},\cdots,f_{i_m}\} \subset \boldsymbol{f}$，$\exists \{f_{j_1},f_{j_2},\cdots,f_{j_b}\} \subset \boldsymbol{f}'$，且满足以下条件：

(1) $i_t \neq i(t=1,\cdots,m)$。

(2) $\forall t \in \{1,\cdots,m\}$，均有 $f_{i_t} \notin \boldsymbol{f}'$ 或者其对应故障发生概率或严重程度被降低。

(3) $f_{j_h} \notin \boldsymbol{f}(h=1,\cdots,b)$。

则称故障集合 $\{f_i,f_{i_1},f_{i_2},\cdots,f_{i_m},f_{j_1},f_{j_2},\cdots,f_{j_b}\}$ 为与 f_i 对应的故障关联集，记作 $\mathbf{FCS}_{fi}$。在无歧义时，可简称为故障关联集，记作 $\mathbf{FCS}$。

结合工程实际，不妨设故障消减措施都是合理有效的，暂不考虑此消彼涨的情况。基于该假设，本书将故障之间的耦合关系分为以下几种类型：

(1) 此消引新型（I型）：故障 f_i 被消除，但引入新的故障集 $\{f_1^{eN},f_2^{eN},\cdots,f_{te}^{eN}\}$，其对应的故障发生概率记为 $\{\bar{\beta}_1^{eN},\bar{\beta}_2^{eN},\cdots,\bar{\beta}_{te}^{eN}\}$。记 I 型 $\mathbf{FCS}_{fi}$ 为 $\mathbf{FCS}_{\mathrm{I}} = \{f_1,f_1^{eN},f_2^{eN},\cdots,f_{te}^{eN}\}$。

(2) 此消彼消型（II型）：故障 f_i 被消除，同时故障集 $\{f_1^{ee},f_2^{ee},\cdots,f_E^{ee}\}$ 也被消除。记II型 $\mathbf{FCS}_{fi}$ 为 $\mathbf{FCS}_{\mathrm{II}} = \{f_1,f_1^{ee},f_2^{ee},\cdots,f_E^{ee}\}$。注意，此时被同时消除的故障并不一定是同一产品的故障，有可能是与其存在接口的其他产品的故障（下同，不予赘述）。

(3) 此消彼减型（III型）：故障 f_i 被消除，故障集 $\{f_1^{ed},f_2^{ed},\cdots,f_{De}^{ed}\}$ 的发生概率也被降低，由原来的 $\{\beta_1^{ed},\beta_2^{ed},\cdots,\beta_{De}^{ed}\}$ 降低为 $\{\bar{\beta}_1^{ed},\bar{\beta}_2^{ed},\cdots,\bar{\beta}_{De}^{ed}\}$。记III型 $\mathbf{FCS}_{fi}$ 为 $\mathbf{FCS}_{\mathrm{III}} = \{f_1,f_1^{ed},f_2^{ed},\cdots,f_{De}^{ed}\}$。

(4) 此减引新型（IV型）：故障 f_i 的发生概率被降低，但引入新的故障集 $\{f_1^{dN},f_2^{dN},\cdots,f_{td}^{dN}\}$，其对应的故障发生概率记为 $\{\bar{\beta}_1^{dN},\bar{\beta}_2^{dN},\cdots,\bar{\beta}_{td}^{dN}\}$。记 IV 型 $\mathbf{FCS}_{fi}$ 为 $\mathbf{FCS}_{\mathrm{IV}} = \{f_1,f_1^{dN},f_2^{dN},\cdots,f_{td}^{dN}\}$。

(5) 此减彼减型（V型）：故障 f_i 的发生概率被降低，故障集 $\{f_1^{dd},f_2^{dd},\cdots,f_{Dd}^{dd}\}$ 的发生概率也被降低，由原来的 $\{\beta_1^{dd},\beta_2^{dd},\cdots,\beta_{Dd}^{dd}\}$ 降低为 $\{\bar{\beta}_1^{dd},\bar{\beta}_2^{dd},\cdots,\bar{\beta}_{Dd}^{dd}\}$。记 V 型 $\mathbf{FCS}_{fi}$ 为 $\mathbf{FCS}_{\mathrm{V}} = \{f_1,f_1^{dd},f_2^{dd},\cdots,f_{Dd}^{dd}\}$。

(6) 系统综合引新型（VI型）：主要考虑接口处故障以及系统综合所激发的严酷度等级较高的故障，记为 $\{f_1^{IN},f_2^{IN},\cdots,f_{tl}^{IN}\}$，其对应的故障发生概率记为 $\{\bar{\beta}_1^{IN},\bar{\beta}_2^{IN},\cdots,\bar{\beta}_{tl}^{IN}\}$。记VI型 $\mathbf{FCS}$ 为 $\mathbf{FCS}_{\mathrm{VI}} = \{f_1^{IN},f_2^{IN},\cdots,f_{tl}^{IN}\}$。

实际工程中，由于所采取措施的不唯一性和综合性，故障关联集并不是唯一存在的，真正的故障关联集应为并集（$\mathbf{FCS} = \mathbf{FCS}_{\mathrm{I}} \cup \mathbf{FCS}_{\mathrm{II}} \cup \mathbf{FCS}_{\mathrm{III}} \cup \mathbf{FCS}_{\mathrm{IV}}$）或者并集（$\mathbf{FCS} = \mathbf{FCS}_{\mathrm{IV}} \cup \mathbf{FCS}_{\mathrm{V}} \cup \mathbf{FCS}_{\mathrm{VI}}$）。在不区分产品层次的情况下，VI型可以归结为 I 型或者IV型，因为它们都是由于故障消减而引入的新故障。

4.5.2.2 故障关联集确定

在工程中,FCS 的确定较为困难,需结合产品功能原理、故障传播等进行分析确定。为了便于应用,本书给出了运用演绎法的思维运动方向逐层分析寻找与特定故障相关联的故障集合的方法。

该方法可分为两个步骤完成:第一步构建可视化的故障消减逻辑树图;第二步计算 FCS。

1. 构建可视化的故障消减逻辑树图

故障消减逻辑树图包含 4 个层次,具体如下:

第一层(消减对象层):指定具体的消减对象,即指定具体要消减的故障。

第二层(消减方式层):结合故障消减定义,可将消减分为两类:一是故障被消除;二是故障发生概率被降低。那么在进行演绎推理时,第一层即为"故障被消减"与"故障发生概率被降低"两种消减方式的"逻辑或"的关系。

第三层(消减措施层):针对具体的故障消减方式,结合导致故障发生的原因,制定需采取的措施和手段,形成演绎推理的第二层,即第二层为各类改进措施或手段的"逻辑与""逻辑或""条件逻辑"等关系。该层次可能包含多个子层,可根据具体情况确定。

第四层(关联模式层):针对具体的改进措施或手段,结合产品的功能原理及接口关系,分析由该措施或手段所确定的所有可能的关联故障。在逻辑树图中应用本书添加的"模式关联门 ⩾"表示,该门与"逻辑与门 •"算法相同,但该门给出了关联故障的消减顺序,即从左到右同时被消除或者故障发生概率被降低的量逐渐减小。

基于上述过程,可建立不同故障消减的逻辑树图,图 4-23 给出了某故障的示例。

2. 计算 FCS,即根据逻辑树图中隐涵的逻辑关系,通过下行法或上行法计算确定具有关联关系的 FCS

【示例分析】信号处理器中输入滤波电路的短路故障,主要是由于电解质老化、原材料缺陷、银离子迁移等原因引起的。利用前文给出的方法,我们可以得到输入滤波电路短路故障消减耦合故障确定的逻辑模型,如图 4-24 所示。

从图中可以看出与输入滤波电路短路故障消减耦合的故障关联集分别为:

(1) {输入滤波电路短路、轴角转换器模拟电压无输出、EMI 模块开路、储能保护电路开路}

(2) {输入滤波电路短路、参数漂移、开路}

(3) {输入滤波电路短路、轴角转换器模拟电压无输出、参数漂移}

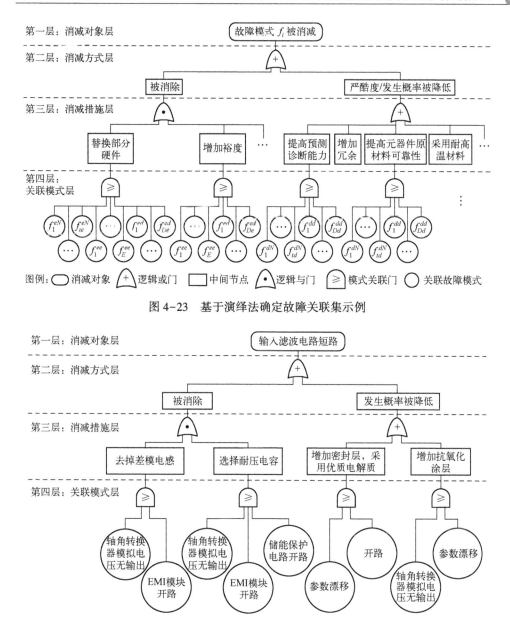

图 4-23 基于演绎法确定故障关联集示例

图 4-24 输入滤波电路短路故障消减关联模型

4.5.2.3 可靠性指标影响模型

根据此消彼消型(Ⅱ型)和此消彼减型(Ⅲ型)的特点,在构建消减对可靠性指标的影响模型时,可利用示性函数将它们合并考虑。对复杂产品而言,常用的可靠性合同参数如表 4-11 所列。

表 4-11 复杂产品常用可靠性合同参数

参数名称	适用范围	
	系 统	单 元
故障率	√	√
平均故障间隔时间 T_{BF}	√	√
平均维修间隔时间 T_{BM}	√	
平均故障前时间 T_{TF}		√
平均致命性故障间隔时间 T_{BCF}	√	
任务可靠度 R	√	

注：√表示适用。

结合故障之间的耦合关系类型，可把故障消减对可靠性指标的影响模型分为两类：一是单元故障消减对其自身可靠性指标的影响模型；二是单元产品综合后对系统可靠性指标的影响模型。

1. 单元可靠性指标影响模型

不妨设单元 p 的寿命分布类型为指数分布，其故障 f_i 的发生概率为 β_i。经消减后，其故障发生概率为 $\bar{\beta}_i I_i \left(I_i = \begin{cases} 1 & (f_i \text{ 发生概率被降低}) \\ 0 & (f_i \text{ 被消除}) \end{cases} \right)$。则单元 p 的故障率 λ_p 增量为

$$\Delta \lambda_p = \bar{\lambda}_p - \lambda_p$$

$$= I_i \left[\sum_{j=1}^{td} \bar{\beta}_j^{dN} - \sum_{j=1}^{Dd} (\beta_j^{dd} - \bar{\beta}_j^{dd}) \right] + \qquad (4-15)$$

$$(1 - I_i) \left[\sum_{j=1}^{te} \bar{\beta}_j^{eN} - \sum_{j=1}^{E} \beta_j^{ee} - \sum_{j=1}^{De} (\beta_j^{ed} - \bar{\beta}_j^{ed}) \right] - (\beta_i - \bar{\beta}_i I_i)$$

式中：$I_i = \begin{cases} 1 & (\text{故障 } i \text{ 发生概率被降低}) \\ 0 & (\text{故障 } i \text{ 被消除}) \end{cases}$。若 **FCS** 中包含其他单元的故障，则按单元分别进行计算，下同。

(1) 若单元 p 可修复，则其平均故障间隔时间 T_{BFp} 的增量可表示为

$$\Delta T_{BFp} = -\frac{\Delta \lambda_p}{\lambda_p (\lambda_p + \Delta \lambda_p)} \qquad (4-16)$$

(2) 若单元 p 不可修复，则其平均故障前时间 T_{TFp} 的增量可表示为

$$\Delta T_{TFp} = -\frac{\Delta \lambda_p}{\lambda_p (\lambda_p + \Delta \lambda_p)} \qquad (4-17)$$

2. 系统可靠性指标影响模型

不妨设系统是由 n 个单元组成,且暂不考虑系统综合所引入新故障的消减。因此,先分析单元故障消减对系统可靠性指标的影响。

结合可靠性理论,可得系统故障率 λ_s 的增量表达式为

$$\Delta \lambda_s = \sum_{p=1}^{n} \Delta \lambda_p + \sum_{j=1}^{tI} \overline{\beta}_j^{IN} \quad (4-18)$$

系统一般可修,那么结合上述公式,其对应平均故障间隔时间 T_{BFs} 的增量可表示为

$$\Delta T_{BFs} = -\frac{\Delta \lambda_s}{\lambda_s (\lambda_s + \Delta \lambda_s)} \quad (4-19)$$

在产品设计过程中,可只考虑固有原因引起的故障,因此结合波音公司的统计参数,对于飞机产品的平均维修间隔时间 T_{BMs} 的增量可表示为

$$\Delta T_{BMs} = K \times [(T_{BFs} + \Delta T_{BFs})^\theta - (T_{BFs})^\theta] \quad (4-20)$$

式中:K 为环境系数;θ 为复杂性系数。二者将随产品而变化,一般由历史数据统计确定。那么将 T_{BM} 视作合同参数时,一般只考虑固有原因引起的故障,因此式(4-20)中可取 $K=0.59, \theta=0.7$。

同样,结合系统的 T_{BFs} 可得其平均致命性故障间隔时间 T_{BCFs} 的增量表达式为

$$\Delta T_{BCFs} = \frac{\lambda_s \times \Delta T_{BFs} + \Delta \lambda_s \times T_{BFs} + \Delta \lambda_s \times \Delta T_{BFs}}{\sum_{i=1}^{k} \beta_{CFi}} \quad (4-21)$$

式中:$\dfrac{\lambda_s + \Delta \lambda_s}{\sum_{i=1}^{k} \beta_{CFi}}$ 为致命性故障因子;β_{CFi} 表示经消减后,致命性(Ⅰ、Ⅱ类)故障发生概率;k 表示致命性(Ⅰ、Ⅱ类)故障总数。

那么,在规定的任务剖面(假设其任务时间为 T)下,对于寿命服从指数分布的复杂产品任务可靠度 R_s 的增量可表示为

$$\Delta R_s = e^{-T/(T_{BCFs} + \Delta T_{BCFs})} - e^{-T/T_{BCFs}} \quad (4-22)$$

再回到本小节开始所作的假设,对于系统综合后引入的新故障,其消减对系统可靠性指标的影响模型构建可参照单元级可靠性指标影响模型构建方法进行处理,不予赘述。

结合上述构建的故障消减对可靠性指标的影响模型,可判断不同 **FCS** 消减对可靠性指标影响的大小,按照可靠性指标提升最多的原则可确定故障消减方案。

理论上,应该考虑所有相关的可靠性指标,然而从影响模型可以看出,由故障率可以直接导出其他可靠性指标,它们之间具有相互依赖的关系。根据属性依赖性约简规则,可直接取故障率作为依据来确定方案即可。经该过程确定的消减方

案可表示如下：

$$\{f_{M1},f_1^{eN},f_1^{ee},f_2^{ee}\} > \{f_{M2},f_1^{ed},f_2^{ed}\} > \cdots \quad (4-23)$$

式中：>表示序关系，$\{f_{M1},f_1^{eN},f_1^{ee},f_2^{ee}\}$ 需优先于 $\{f_{M2},f_1^{ed},f_2^{ed}\}$ 进行消减。易知，在确定消减顺序的同时，也已从各故障的多种备选消减措施方案中选定了一个措施实施消减。

【例4-7】对图4-24给出的示例，根据上述公式计算得到各故障关联集消减后的故障率增量分别为：

(1) {输入滤波电路短路、轴角转换器模拟电压无输出、EMI模块开路、储能保护电路开路}：-0.000 000 39。

(2) {输入滤波电路短路、参数漂移、开路}：-0.000 001 17。

(3) {输入滤波电路短路、轴角转换器模拟电压无输出、参数漂移}：-0.000 000 67。

因此，这3种消减方案应采取"增加密封层，采用优质电解质"的措施优先消减{输入滤波电路短路、参数漂移、开路}。

如果综合考虑故障消减对可靠性、维修性、保障性、测试性指标的影响，可以结合粗糙集、模糊集、层次分析法、理想解等方法进行综合权衡。

第5章

基于物理模型的故障识别与控制方法

单元级产品是实现系统功能的基础,单元级产品故障会导致系统功能无法实现,从而无法完成规定的任务。因此,需要进一步对组成系统的单元级产品的故障进行识别与控制。传统的可靠性分析和试验方法越来越不适应于产品的高可靠需求,这迫使可靠性工程师和设计师把工作的重点转向产品的故障机理研究,以期从根本上改进产品设计,降低故障的发生。与基于概率统计数据方法不同的是,基于物理模型的故障识别与控制方法主要面向单元级产品的故障分析、识别及控制。单元级产品包括电子、机械、液压、机电等类别,该方法适用于并行设计的产品设计理念,是各国竞相发展的高可靠性设计技术。该方法通过建立相应的故障物理模型,利用实物试验或者仿真试验找出故障原因,进行故障识别、故障机理分析及设计改进,并通过反复试验和模拟仿真进行设计验证,在不断地迭代设计过程中优化单元级产品,以提高产品的可靠性,从而确保其寿命期内不出现故障。

5.1 故障物理模型基础

5.1.1 故障发生过程

导致单元级产品发生故障的原因多种多样:有质量控制不当引入的材料、工艺缺陷,有产品设计不当引入的结构设计缺陷,有老化、筛选、装配中应力选择不当或环境控制不当引入的损伤,有使用中工作载荷和环境载荷引起的损伤,有人为因素造成的各种损伤问题等。归结起来,单元级产品的故障是外因与内因共同作用的结果。其中,外因主要包括使用模式、环境条件以及人为因素,而内因主要是在其材料、结构中的一系列物理、化学变化。故障机理就是指导致产品故障的物理、化学变化,是故障发生的内在本质。而外界的环境载荷、工作载荷和人为因素则是导致产品故障的外在条件。随着时间的推移,单元级产品性能参量发生漂移,超出其规定的阈值(特殊情形是直接丧失功能),最终形成单元级产品的故障。因此,单元级产品故障的发生最终是由于产品的环境载荷和工作载荷对微观物理结构或基础电路的物理损伤机理所导致的。如图 5-1 所示,对产品故障发生过程进行了示意性描述。

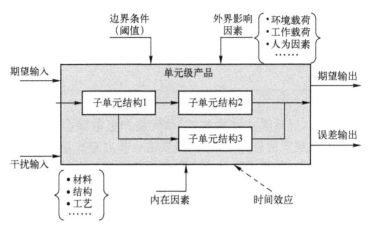

图 5-1 产品故障发生过程示意

单元级产品在理想的使用过程中,是通过输入期望的输入信息,进而得到期望的输出信息。但是在实际使用过程中,受到外界环境的影响,干扰信息会连同期望输入一同输入到单元级产品,从而导致输出结果存在误差。而且在内外因素的作用下,会加速输入结果的偏移,在超过一定的边界条件后,发生产品故障。在对单元级产品进行故障识别与控制时,首先需要对导致产品故障的外因进行分析,开展载荷-效应分析与故障识别,确定对产品故障起关键影响的环境载荷及工作载荷等因素。然后,开展物理模型的时间效应分析与故障识别,通过融合时间效应与故障内因的综合分析,确定产品本身的关键薄弱环节。在已确定的关键载荷影响因素条件下,考虑不确定性并应用相关的故障物理模型对关键薄弱环节开展可靠性仿真分析与评价,确定各个关键薄弱环节对单元级产品故障的影响程度。进而,应用可靠性设计优化或多学科可靠性设计优化方法对关键薄弱环节进行设计优化与故障控制,从而消减在产品使用周期内的故障机理,阻断故障传递影响途径。

5.1.2 故障物理模型

故障物理模型可以定义为:基于对产品故障机理以及故障根原因(root cause)的认知而建立的定量数学模型。图 5-2 给出了该模型的一般性输入参数。在该模型中,故障不再被看作随机事件。相反地,每个产品(或组成单元)对应于不同故障模式和故障位置的寿命或可靠度与其自身的材料属性、几何参数、环境条件以及工作(使用)条件等因素相关。故障物理模型可以考虑特定应用环境下的具体使用条件和环境条件对产品的可靠性进行量化分析。如果故障物理模型的输入参数具有不确定性,那么输出参数的可靠性、寿命或故障前时间 TTF 也具有不确定性。

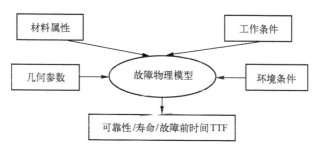

图 5-2　故障机理模型的输入参数

在众多的故障物理模型中,元器件、零部件和原材料的故障物理模型是对单元级产品进行定量故障分析的基础,下面对几类典型故障物理模型进行概要介绍。

5.1.2.1　基础模型

基础模型又称为经典故障物理模型,是指那些在进行故障机理相关研究或进行可靠性试验时经常采用的最基本的模型。用于描述特定产品的特定故障机理的模型最终都可以抽象或简化为这些最基础的模型。基础模型主要有与温度应力相关的阿伦尼斯(Arrhenius)模型,与温度应力和其他应力相关的艾林(Eyring)模型,与电应力相关的逆幂律(inverse law)模型等。此外,对于整个产品考虑多失效机理共同作用情况的处理时还会采用损伤累积模型和故障机理竞争模型等,下面分别予以介绍。

1. 阿伦尼斯模型

一般来说,当对材料、元件有害的反应持续到一定限度,故障即随之发生。这样的模型就是反应(速度)论模型。这里不仅指狭义的化学反应,像蒸发、凝聚、形变、裂纹扩展之类具有一定速度的物理变化,以及热、电、质量之类的扩散、传导现象等,在广义上说,也都属于反应速度论的范畴。

在从正常状态进入退化状态的过程中,存在着能量势垒,而跨越这种势垒所必需的能量当然是由环境(载荷)提供的。并且,越过此能量势垒(称为激活能)进行反应的频数是按一定概率发生的,即服从所谓玻耳兹曼分布。此反应速度 K 与温度的关系,是 19 世纪阿伦尼斯从经验中总结得到的,因而被称为阿伦尼斯方程。

反应速度论模型是在总结化学反应实验数据的基础上提出来的，是应力与时间的关系模型。产品的特性退化直至故障，是由于构成其物质的原子或分子因化学或物理原因随时间发生了不良的变化（反应）。当这种变化或反应使产品的一些特性变化，当反应的结果使变化积累到一定程度时就发生故障。因此，反应速度越快，其寿命越短。19世纪阿伦尼斯从化学实验的经验中总结出来，反应速度与激活能的指数成反比，与温度倒数的指数成反比，阿伦尼斯模型为

$$\frac{\partial M}{\partial t} = K(T) = A e^{-\frac{E}{kT}} \tag{5-1}$$

式中：M 为产品某特征值或退化量；$\partial M/\partial t = K(T)$ 为在温度 T（热力学温度）下的反应速度，反应速度是时间 t 的线性函数；A 为常系数；k 为玻耳兹曼（Boltzmann）常数；E 为对应某种故障机理（化学反应）的激活能（单位：eV），对同类产品的同一故障机理为常数。

2. 艾林模型

在阿伦尼斯模型中，只考虑了单一的温度应力对产品、材料的物理、化学性质变化的影响。在工程实际中，往往有多个应力同时作用，如电压、机械应力及其他环境应力等。

根据量子力学原理推导出的化学反应速率与温度及其他应力之间的关系为

$$K(T, S) = \frac{dM}{dt} = A \frac{kT}{h} e^{-k/ET} e^{S(C + D/kT)} = K_0 f_1 f_2 \tag{5-2}$$

式中：T 为温度应力（热力学温度）；S 为非温度应力；dM/dt 为化学反应速率；$K_0 = A\frac{k}{h}Te^{-E/kT}$ 为只有温度应力时的艾林（Eyring）反应速率；h 为普朗克常数；E 为激活能；k 为玻耳兹曼常数；$f_1 = e^{CS}$ 为考虑到有非温度应力存在时对能量分布的修正因子；$f_2 = e^{DS/kT}$ 为考虑到有非温度应力存在时对激活能的修正因子；A、C、D 为待定常数。

式(5-2)称为艾林（Eyring）模型，艾林模型属于多应力模型，可以对温度或电场等其他应力（多应力）加速试验数据进行建模，比阿伦尼斯模型更具有普遍性。例如，元器件在电压、电流等电应力作用下，内部发生离子迁移、电迁移等效应导致的元器件故障。元器件在恒温高湿情况下工作时，因金属电极系统的电化学反应

而发生腐蚀、剥离等效应所导致的元器件故障。

3. 损伤累积模型

损伤累积模型用于描述产品、材料在不同应力水平作用下的退化过程,其前提假设是认为即使应力大小发生变化而退化机理或故障机理不变。广泛采用的有线性损伤累积模型(又称为 Miner 法则),是由 M. A. Miner 于 1945 年在解释机械材料的循环疲劳时提出的。

产品材料在受到应力作用时,其内部产生的缺陷一般分为两种:一种缺陷是可逆的,即应力消除后缺陷会消失;另一种缺陷是不可逆的,即缺陷始终存在,并且对应所施加的应力水平大小不同,损伤的过程也不同,如机械应力作用在元器件的金属电极材料上。

根据 Miner 线性损伤累积理论:产品工作在应力水平 S_i 下会产生一定量的损伤,损伤的程度与在该应力水平下整个持续时间 Δt 以及在这样的应力水平下正常产品发生故障(退化)所需要的总时间(即寿命)t_i 相关。不同应力水平下的损伤百分比(DR)可以近似由该应力水平下产品的实际工作时间同该应力水平下预计的产品故障前时间的比值来确定,即

$$DR = \sum_{i=1}^{n} \frac{\Delta t}{t_i} \tag{5-3}$$

式中:t_i 为不同应力水平下产品的故障前时间(h)(通常对应于某一特定的故障机理);Δt 为在该应力水平下产品的实际工作时间(h);DR 为产品在 n 个不同应力水平下工作后的损伤累积百分比。当 $DR \geq 1$ 时,就认为该产品发生了故障。

4. 故障机理竞争模型

在应用故障物理方法对产品可靠性进行预计或评估时,对于多机理共同作用下的产品故障问题,通常采用一种简单的模型,即故障机理竞争模型(最弱单元模型)。这种模型中只考虑那些最重要的产品组成单元,认为该单元发生故障,则整个产品故障,即最早故障单元的寿命就是整个产品的寿命(假定不考虑系统的维修)。

在应用故障机理竞争模型时,某个产品的每种故障机理所对应的 TTF 被看作独立的随机变量,而不考虑该产品是器件、集成电路、组件或者分系统,并且不作故障率是常数的假设。如果 $T_1, T_2, \cdots, T_n$ 是某产品 n 个潜在故障机理所对应的故障前时间的随机变量,则有该产品的故障前时间为

$$T_s = \min(T_1, T_2, \cdots, T_n) \tag{5-4}$$

对应于一系列特定的环境负载情况下,该产品的可靠度是时间的函数,某时刻 t 的可靠度可由下式表示:

$$R_s(t) = P(T_s \geqslant t) \tag{5-5}$$

则有

$$R_s(t) = P[(T_1 \geqslant t) \cap (T_2 \geqslant t) \cap \cdots \cap (T_n \geqslant t)] \tag{5-6}$$

如果该产品的 n 个故障机理所对应的 n 个故障前时间随机变量是独立的,则有

$$R_s(t) = P(T_1 \geqslant t) P(T_2 \geqslant t) \cdots P(T_n \geqslant t) \tag{5-7}$$

进而有

$$R_s(t) = R_1(t) R_2(t) \cdots R_n(t) \tag{5-8}$$

$$\lambda_s(t) = \lambda_1(t) + \lambda_2(t) + \cdots + \lambda_n(t) \tag{5-9}$$

式中:$T_i (i=1,\cdots,n)$ 为对应第 $1 \sim n$ 个故障机理的故障前时间(h),可由该机理的故障机理模型计算得到;T_s 为产品的故障前时间(h);$R_s(t)$ 为 t 时刻产品的可靠度;$R_i(t)(i=1,\cdots,n)$ 为对应第 $1 \sim n$ 个故障机理导致产品故障的可靠度;$\lambda_s(t)$ 为 t 时刻产品的故障率(1/h);$\lambda_i(t)(i=1,\cdots,n)$ 为对应第 $1 \sim n$ 个故障机理导致产品故障的故障率(1/h)。

5.1.2.2 典型模型

随着微电子技术的迅速发展,新材料、新工艺、新器件的不断涌现,电子产品的故障机理模型也随之被建立并不断积累起来,例如:电应力方面如电迁移、时间相关的介质击穿(TDDB)、导电细丝形成(CFF)等;机械应力方面如疲劳、腐蚀等;热应力方面如应力引起的扩散空隙(SDDV)等。本节对电迁移、TDDB 和腐蚀模型进行简要简介。

1. 电迁移模型

在强电流流过金属互连线时,金属离子会在电流及其他因素的相互作用下移动并在金属互连线内形成孔隙或裂纹,这一现象称为电迁移。

当大密度电流流过金属薄膜/金属互连线时,具有大动量的导电电子将与金属原子/正离子发生动量交换("电子风"),使金属原子沿电子流的方向迁移(图 5-3(a))。电迁移会使金属原子在阳极端堆积形成小丘或晶须,造成电极间短路;在阴极端由于金属空位的积聚而形成空洞,导致电路开路(其本质是金属化系统中的质量输送过程)(图 5-3(b))。图 5-4 所示为不同部位发生电迁移现象时的显微图片。

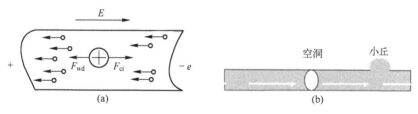

图 5-3 电迁移现象及其机理过程
（a）电迁移机理过程；（b）电迁移现象。

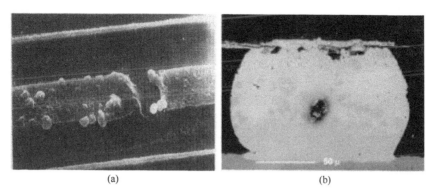

图 5-4 电迁移显微图片
（a）金属互连线；（b）BGA 焊点。

电迁移是由金属离子的扩散引起的。它有 3 种扩散形式：表面扩散、晶格扩散、晶界扩散。不同的金属互连线材料所涉及的扩散形式是不同的，例如：焊盘中的扩散主要是晶格扩散；铝（Al）互连线的扩散主要是晶界扩散；铜（Cu）互连线的扩散主要是表面扩散。导致扩散的外力主要有：由电子与金属离子动量交换和外电场产生的综合力、非平衡态离子浓度产生的扩散力、由纵向压力梯度产生的机械应力以及温度梯度产生的热应力。这些应力的存在会导致离子流密度不连续从而产生电迁移。

除上述的外界应力外，电迁移还受到几何因素的影响。在大电流密度下，金属互连线上会产生机械应力梯度。同时，在一定的小电流密度范围内，电迁移寿命随长度的增加而减小，超过此限度，长度的增加对电迁移寿命的影响不大。此时，当互连线宽变得可以和晶粒大小相比拟甚至更小时，晶界扩散会减少且向晶格扩散和表面扩散转化。此外，转角、台阶、接触孔的存在都会加大局部的应力梯度从而加速电迁移现象的发生。

第三类影响电迁移的因素是金属互连线材料本身，通常合金可有效地抑制电迁移，例如掺一点铜能大大提高铝互连线的寿命，加入少量硅也可提高可靠性，因为铜原子沿晶粒界面的吸收使可扩散的部位减少了。

电迁移故障机理模型建立了电路元器件的电迁移与流过金属互连线的电流密度以及金属互连线的几何尺寸、材料性能和温度分布的关系。流过金属互连线的电流可以是直流电或交流电,交流条件下的电迁移机理模型研究是建立在直流故障机理模型基础上的,通常采用平均电流密度并对电迁移寿命作近似评估。将直流条件与交流条件下的机理模型相结合即得到了通用的电迁移故障机理模型。

$$\mathrm{MTTF} = \frac{WdT^m}{Cj^n}\exp\left(\frac{E_a}{kT}\right) \tag{5-10}$$

式中:W 和 d 为金属互连线的形状参数,一般认为 W 和 d 的乘积为金属互连线的横截面积(mm^2);T 为绝对温度(K);j 为电流密度(A/mm^2);m 和 n 为故障强度指数,在低电流密度时,$n=m=1$,在高电流密度时,$n=m=3$;C 为与金属互连线的几何尺寸和温度有关的参数;E_a 为激活能(eV);k 为玻耳兹曼常数($k=1.381e^{-23}$ J/K)。

2. 与时间相关的介质击穿(TDDB)模型

通常 MOS(金属—氧化物—半导体)器件介质的击穿,是指在加高压以致电场强度达到或超过介质材料所能承受的临界击穿电场的情况下所发生的瞬间击穿。在 MOS 器件及其集成电路中,栅极下面存在一薄层 SiO_2,此即通称的栅氧化层(介质)。栅氧化层的漏电与栅氧化层的质量关系极大,漏电增加到一定程度即构成击穿,导致器件故障。栅氧化层击穿分为瞬时击穿和与时间相关的介质击穿(time dependent dielectric breakdown,TDDB),后者指施加的电场低于栅氧的本征击穿场强,并未引起本征击穿,但经历一定时间后仍发生了击穿。这是由于施加电应力过程中,氧化层内产生并积聚了缺陷(陷阱)的缘故。

栅氧化层击穿与加在氧化层上的外加电场、激活能、温度有关。通常认为氧化层击穿是热应力和电应力共同作用的结果。击穿时间还与栅极电容面积、栅极电压等有关。下面是两种 TDDB 模型。

(1)热化学退化模型(E 模型):

$$\mathrm{TTF}_E = A\exp(\gamma E)\exp\left(\frac{E_{a1}}{kT}\right) \tag{5-11}$$

(2)与空穴注入相关击穿模型(1/E 模型):

$$\mathrm{TTF}_{1/E} = \tau\exp\left(\frac{G}{E}\right)\exp\left(\frac{E_{a2}}{kT}\right) \tag{5-12}$$

式中：A 和 τ 为比例常数；γ 为电场加速参数；G 为常数；F 为加在栅氧化层上的电场强度（V/m）；E_{a1} 和 E_{a2} 为热激活能（eV）；k 为玻耳兹曼常数（$k=1.381e^{-23}$ J/K）；T 为绝对温度（K）。

在实际应用时，通常将这两个模型综合起来，形成一个 E 模型与 1/E 模型相统一的模型，如下式所示：

$$\frac{1}{\text{TTF}} = \frac{1}{\text{TTF}_E} + \frac{1}{\text{TTF}_{1/E}} \tag{5-13}$$

3. 腐蚀模型

材料的化学或电化学性能的退化过程称为腐蚀，腐蚀是一种依赖于时间的耗损型故障机理，如图 5-5 所示为典型外观图片。从宏观来看会导致由过应力引起的脆性断裂，或由耗损导致的疲劳裂纹的扩展；从微观来看，腐蚀可以改变材料的电性能和热性能。腐蚀速率与材料、离子污染物的种类和几何尺寸等因素有关。

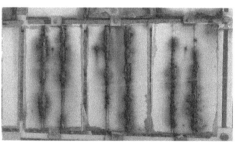

图 5-5 常见腐蚀的外观图片（彩图见书末）

（1）常见的腐蚀类型有：

① 均匀腐蚀，在所暴露的整个表面上都有化学反应进行，材料变得越来越薄，直到被腐蚀掉。

② 原电池腐蚀，多种金属接触时产生，材料的电化学性能差异越明显，腐蚀越严重。

③ 应力腐蚀，在腐蚀和机械应力同时作用下产生。在受到张力的部位，容易发生阳极溶解，溶解后阳极区域面积缩小，促使应力更加集中，形成恶性循环。

（2）根据产品的类型和表面形成的薄膜不同，腐蚀还可以分为：

① 蠕变腐蚀，常见金属与贵金属表面连接时，例如铜和金，由于不能形成氧化

物或薄膜,铜会逐渐"爬"到金的表面,形成腐蚀。

② 小孔腐蚀,水汽凝结在镀层表面,形成由水分子膜和杂质离子组成的电解液,构成原电池腐蚀,它往往在针孔处开始,逐渐扩大成小孔腐蚀甚至缝隙腐蚀。

③ 干腐蚀,当金属暴露在氧化性物质(如氧气、硫磺)中时产生的腐蚀。

腐蚀的故障机理模型如下式所示:

$$\text{MTTF} = A(\text{RH})^{-n}\exp\left(\frac{E_a}{kT}\right) \tag{5-14}$$

式中:A 为与腐蚀面积相关的常数;RH 为相对湿度;n 为经验常数,一般取 3;E_a 为激活能(eV);k 为玻耳兹曼常数;T 为环境温度(K)。

5.1.3 物理故障可视化模型

产品设计师是故障消减设计的实施者,考虑到目前设计师主要运用 UG、CATIA 等三维数字化设计软件进行产品设计,如果要实现六性与专用特性统一设计,产品的故障模式、故障机理与其他故障特性也应该在数字化模型中体现。但以数学方程和不确定性为基础构建的故障物理模型,难以直接在三维数模中体现,鉴于此,本书给出一套基于三维模型的故障特性可视化表征方法,在模型中表达故障的基本特性及其影响传递关系,便于设计师直接利用产品三维数模进行优先消减故障的监控决策。

5.1.3.1 产品三维模型转化

由于实际的产品三维数模十分复杂,不利于故障特征的展现,因此需要对其进行简化抽象。我们需要将不规则产品的三维数字化模型转化为规则的三维线框模型。其原则如下:

(1) 对于三维模型中最低层次的物理单元,利用最小包容原则构造一个长方体线框包住该物理单元,其长、宽、高分别记为 L_g、W_g、H_g。

【例 5-1】 假设现在有一个圆锥体,如图 5-6 所示,利用最小包容原理可得包住该圆锥体的最小长方体,如图 5-7 所示。

(2) 对于三维模型中非最低层次的物理单元,以最小线框包围其下一层次物理单元转化后的长方体,如图 5-8 所示。

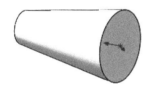
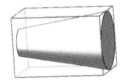

图 5-6　圆锥体示例　　　图 5-7　包住圆锥体的最小长方体线框

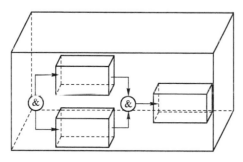

图 5-8　非最低层次的物理单元三维线框

通过三维模型转化得到的长方体线框将继承物理单元的所有属性,包括基本信息、连接关系、故障信息。

5.1.3.2　单元故障信息可视化

1. 可视化属性析取

故障属性包括故障原因、故障影响、严酷度类别、故障发生概率(等级)、设计改进措施、使用补偿措施、故障危害度等,我们称故障的所有属性构成的信息集合为该故障的信息空间。对任一故障,其信息空间都具有多维性。故障可视化的目的是以显性的方式帮助设计师进行故障追踪,进而确定关键故障。因此,我们应从故障信息空间中选择可表征故障特点的且可在信息空间中表示的关键属性,即对故障的原始信息空间进行析取,以降低数据维度和干扰,从而得到可视化数据集。

设计师在确定关键故障的过程中,最关心的故障特性是故障影响的严酷度类别、故障发生概率,因此本书主要针对故障的这两个特性进行可视化设计。

假设产品 ε 包含 n_ε 个故障,每个故障均包含 m 个属性,那么产品 ε 所有故障的属性构成的信息空间可表示为

$$\boldsymbol{O}_\varepsilon = \begin{bmatrix} O_{\varepsilon 1} \\ O_{\varepsilon 2} \\ \vdots \\ O_{\varepsilon n_\varepsilon} \end{bmatrix} = \begin{bmatrix} C_{\varepsilon 11} & C_{\varepsilon 12} & \cdots & C_{\varepsilon 1m} \\ C_{\varepsilon 21} & C_{\varepsilon 22} & \cdots & C_{\varepsilon 2m} \\ \vdots & \vdots & \ddots & \vdots \\ C_{\varepsilon n_\varepsilon 1} & C_{\varepsilon n_\varepsilon 2} & \cdots & C_{\varepsilon n_\varepsilon m} \end{bmatrix} \tag{5-15}$$

经过析取函数 Ev 计算可得到故障特征集:

$$O_\varepsilon = \begin{bmatrix} O_{\varepsilon 1} \\ O_{\varepsilon 2} \\ \vdots \\ O_{\varepsilon n_\varepsilon} \end{bmatrix} = \begin{bmatrix} C_{\varepsilon 11} & C_{\varepsilon 12} & \cdots & C_{\varepsilon 1m} \\ C_{\varepsilon 21} & C_{\varepsilon 22} & \cdots & C_{\varepsilon 2m} \\ \vdots & \vdots & \ddots & \vdots \\ C_{\varepsilon n_\varepsilon 1} & C_{\varepsilon n_\varepsilon 2} & \cdots & C_{\varepsilon n_\varepsilon m} \end{bmatrix} \xrightarrow{Ev} T_\varepsilon = \begin{bmatrix} T_{\varepsilon 1} \\ T_{\varepsilon 2} \\ \vdots \\ T_{\varepsilon n_\varepsilon} \end{bmatrix} = \begin{bmatrix} T_{\varepsilon 1}^S & T_{\varepsilon 1}^P \\ T_{\varepsilon 2}^S & T_{\varepsilon 2}^P \\ \vdots & \vdots \\ T_{\varepsilon n_\varepsilon}^S & T_{\varepsilon n_\varepsilon}^P \end{bmatrix} \quad (5-16)$$

式中:T_ε 表示产品 ε 的故障特征集;$T_{\varepsilon i}^S$ 表示产品 ε 中故障 i 的严酷度类别;$T_{\varepsilon i}^P$ 表示产品 ε 中故障 i 的发生概率(等级);易知 $T_{\varepsilon i} = \begin{bmatrix} T_{\varepsilon i}^S & T_{\varepsilon i}^P \end{bmatrix}$。

2. 可视化图元设计

在故障可视化模型中,本书用一个球表示一个故障。利用球体的颜色及大小分别表示严酷度类别和故障发生概率等级。

1) 严酷度类别

严酷度类别表征了故障后果的严重程度,在实际生活中,人们一般采用红色、黄色等警告色来标识严重或危险。结合这一习惯,本书也以不同的颜色来区分不同的严酷度类别。图 5-9 所示为 4 级严酷度类别的颜色定义。红色表示严酷度高,即 Ⅰ 类灾难的;黄色表示严酷度较高,即 Ⅱ 类致命的;蓝色较为柔和,表示严酷度较低,即 Ⅲ 类临界的;绿色是最自然的,表示严酷度低,即 Ⅳ 类轻微的或无影响。

图 5-9 严酷度类别的可视化图形(彩图见书末)

球体的颜色取值可用 RGB 公式来计算,即

$$T_{\varepsilon i}^S \xrightarrow{RGB} V_{\varepsilon i}^S = \text{RGB}(R_{\varepsilon i}, G_{\varepsilon i}, B_{\varepsilon i}) \quad (5-17)$$

式中:$R_{\varepsilon i}$ 表示产品 ε 中故障 i 的红色取值;$G_{\varepsilon i}$ 表示产品 ε 中故障 i 的绿色取值;$B_{\varepsilon i}$ 表示产品 ε 中故障 i 的蓝色取值;

对于常用的 4 个类别的严酷度 Ⅰ、Ⅱ、Ⅲ、Ⅳ,在计算机处理过程中,我们可以分别用 4、3、2、1 表示,那么 4 个类别的严酷度颜色取值可表示为

$$V_{\varepsilon i}^S = \text{RGB}(R_{\varepsilon i}, G_{\varepsilon i}, B_{\varepsilon i}) = \begin{cases} (0,255,0) & (S_{\varepsilon i}=1) \\ (0,0,255) & (S_{\varepsilon i}=2) \\ (255,255,0) & (S_{\varepsilon i}=3) \\ (255,0,0) & (S_{\varepsilon i}=4) \end{cases} \quad (5-18)$$

2) 故障发生概率(等级)

故障的发生概率可以用球体的半径大小来表示,半径越大表示故障的发生概率越大,如图 5-10 所示。

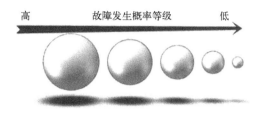

图 5-10 发生概率等级的可视化图形

而在实际工程中,故障发生概率的表示有两种方式:一是定量的,预计其实际发生概率;二是定性的,按照发生可能性分等级表示。为了两者统一,本书将故障发生概率分为 5 个等级,概率从大到小依次为:A、B、C、D、E 或者 5、4、3、2、1。在计算机处理过程中,对于定量概率数据,可用下式进行等级划分:

$$D_i = f_1(P_i) = \begin{cases} 5 & (I_4 < P_i < 1) \\ 4 & (I_3 < P_i \leq I_4) \\ 3 & (I_2 < P_i \leq I_3) \\ 2 & (I_1 < P_i \leq I_2) \\ 1 & (0 < P_i \leq I_1) \end{cases} \quad (5-19)$$

为了在模型中体现故障数量,以及球体在线框中的视觉效果,我们首先需要确定球体半径与长方体之间的关系。在给出计算公式之前,我们先给出基本计算规则:

(1) 所有球体均不能超出其所在产品的代表长方体区域。
(2) 同一长方体中的故障球体应该是随机分布的。
(3) 故障多的区域和故障少的区域需要有明显的视觉差异感。

为了得到产品 ε 的长方体中的球体半径 $V_{\varepsilon i}^p$,首先假设所有球体的半径均为 V_ε^p,且通过下式计算得到:

$$V_\varepsilon^p = \text{Min}\left(\frac{L_\varepsilon}{2}, \frac{W_\varepsilon}{2}, \frac{H_\varepsilon}{2}, \sqrt[3]{\frac{3Cu_\varepsilon}{8\pi N_\varepsilon}}\right) \quad (5-20)$$

式中:$Cu_\varepsilon = L_\varepsilon \times H_\varepsilon \times W_\varepsilon$ 表示长方体 ε 的体积;N_ε 表示长方体 ε 中的故障数量。

进一步结合前面的概率等级划分,可以得到不同等级球体的半径:

$$V_{\varepsilon i}^P = f_2(D_i) = \begin{cases} 1 \times V_\varepsilon^P & (D_i=5) \\ 0.8 \times V_\varepsilon^P & (D_i=4) \\ 0.6 \times V_\varepsilon^P & (D_i=3) \\ 0.4 \times V_\varepsilon^P & (D_i=2) \\ 0.2 \times V_\varepsilon^P & (D_i=1) \end{cases} \quad (5-21)$$

综合以上公式,我们可以得到映射过程:

$$T_{\varepsilon i}^P \xrightarrow{f_2(f_1,\min)} V_{\varepsilon i}^P \quad (5-22)$$

3) 故障位置

假设以长方体 ε 的一个角为原点,与该角关联的长、宽、高为 X 轴、Y 轴、Z 轴,置长方体 ε 于该坐标系的第一象限内,那么对于长方体 ε 中任一故障 $i(\forall 1 \le i \le N_\varepsilon)$,我们可以通过下式计算得到其球心坐标 $U_{\varepsilon i}$:

$$U_{\varepsilon i} = (X_{\varepsilon i}, Y_{\varepsilon i}, Z_{\varepsilon i}) = f_3(V_\varepsilon^P, L_\varepsilon, W_\varepsilon, H_\varepsilon) = \text{rand} \begin{pmatrix} [V_\varepsilon^P, L_\varepsilon - V_\varepsilon^P] \\ [V_\varepsilon^P, W_\varepsilon - V_\varepsilon^P] \\ [V_\varepsilon^P, H_\varepsilon - V_\varepsilon^P] \end{pmatrix}^T \quad (5-23)$$

$$\text{s.t.} \quad d(U_{\varepsilon i}, U_{\varepsilon j}) \ge V_{\varepsilon i}^P + V_{\varepsilon j}^P \quad (\forall 1 \le i,j \le N_\varepsilon; i \ne j)$$

综上所述,我们可以得到任一球体的可视化数据映射过程:

$$\boldsymbol{O}_\varepsilon = \begin{bmatrix} O_{\varepsilon 1} \\ O_{\varepsilon 2} \\ \vdots \\ O_{\varepsilon n_\varepsilon} \end{bmatrix} \xrightarrow{Ev} \boldsymbol{T}_\varepsilon = \begin{bmatrix} T_{\varepsilon 1} \\ T_{\varepsilon 2} \\ \vdots \\ T_{\varepsilon n_\varepsilon} \end{bmatrix} \xrightarrow[f_3]{\substack{RGB \\ f_2(f_1,\min)}} \boldsymbol{V}_\varepsilon = \begin{bmatrix} V_{\varepsilon 1} \\ V_{\varepsilon 2} \\ \vdots \\ V_{\varepsilon n_\varepsilon} \end{bmatrix} = \begin{bmatrix} ((X_{\varepsilon 1}, Y_{\varepsilon 1}, Z_{\varepsilon 1}), V_{\varepsilon 1}^S, V_{\varepsilon 1}^P) \\ ((X_{\varepsilon 2}, Y_{\varepsilon 2}, Z_{\varepsilon 3}), V_{\varepsilon 2}^S, V_{\varepsilon 2}^P) \\ \vdots \\ ((X_{\varepsilon n_\varepsilon}, Y_{\varepsilon n_\varepsilon}, Z_{\varepsilon n_\varepsilon}), V_{\varepsilon n_\varepsilon}^S, V_{\varepsilon n_\varepsilon}^P) \end{bmatrix}$$

$$(5-24)$$

3. 单元故障可视化示例

信号处理器的三维模型如图 5-11 所示,结合前文中给出的故障数据以及信号处理器的三维模型数据,利用上述公式计算得到信号处理器的可视化数据如表 5-1 所列。

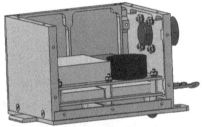

图 5-11 信号处理器的三维物理模型

表 5-1 信号处理器的可视化数据表

编码	L	W	H	V_ε^P	i	$V_{\varepsilon i}^S$	$V_{\varepsilon i}^P$	球心坐标		
								X	Y	Z
0-1-1	38	22	30	7.93	1	(255,255,0)	3.17	16.56	3.30	3.37
					2	(255,255,0)	3.17	7.30	13.26	21.21
					3	(0,0,255)	3.17	30.73	11.26	26.25
0-1-2	40	21	18	6.70	1	(255,255,0)	2.68	16.18	15.75	12.85
					2	(255,255,0)	2.68	32.60	16.07	14.34
					3	(0,0,255)	1.34	33.10	17.53	1.55
0-1-3	15	17	10	3.70	1	(255,0,0)	0.74	11.75	14.80	1.82
					2	(0,255,255)	1.48	12.48	10.36	2.17
					3	(0,0,255)	0.74	4.51	9.23	8.90
0-1-4	30	23	25	7.00	1	(0,0,255)	1.40	27.64	4.58	22.95
					2	(0,0,255)	2.80	26.15	11.25	18.33
0-1-5	20	20	17	5.13	1	(255,0,0)	1.03	3.57	8.60	14.71
					2	(0,255,255)	1.03	15.24	18.25	10.83
					3	(0,0,255)	2.05	2.62	15.55	14.10
0-1-6	30	15	5	2.50	1	(0,0,255)	0.50	20.18	11.11	3.47
	30	15	5	2.50	2	(0,0,255)	0.50	11.87	9.68	1.18
0-1-7	33	24	38	8.43	1	(255,255,0)	5.06	21.22	5.50	12.78
					2	(255,255,0)	3.37	4.58	5.05	29.11
					3	(255,255,0)	1.69	22.27	8.23	34.59
0-2-1	64	35	32	11.26	1	(255,255,0)	2.25	31.22	9.49	12.51
					2	(255,255,0)	4.50	52.84	26.65	6.70
					3	(0,0,255)	2.25	15.53	24.97	14.30
					4	(255,255,0)	2.25	53.74	5.11	23.98
					5	(255,255,0)	4.50	42.26	22.11	11.97
0-2-2	15	17	10	3.70	1	(255,255,0)	1.48	1.90	7.64	4.17
					2	(0,0,255)	2.22	10.30	12.21	3.26
					3	(0,0,255)	1.48	7.38	7.74	6.03
0-2-3	21	29	14	5.54	1	(0,255,255)	2.21	13.97	20.76	4.86
					2	(0,255,255)	3.32	5.03	14.46	10.38
					3	(0,255,255)	1.11	7.50	16.78	3.74

续表

编码	L	W	H	V_e^P	i	$V_{\varepsilon i}^S$	$V_{\varepsilon i}^P$	球心坐标		
								X	Y	Z
0-2-4	33	24	38	8.43	1	(255,255,0)	3.37	23.10	7.77	19.19
					2	(255,255,0)	3.37	21.73	18.75	33.36
					3	(255,255,0)	3.37	17.74	5.76	8.04

将上表数据表现在三维模型中，如图 5-12 所示。

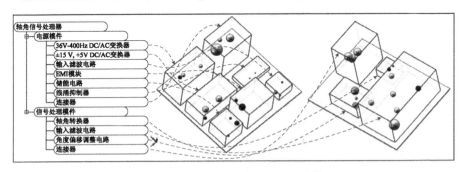

图 5-12　信号处理器单元级可视化模型

5.1.3.3　系统故障信息可视化

设计师在模型中进行故障追踪时，首先需要确定的是哪个系统可能发生严重后果的故障，再深入追踪导致该故障发生的单元级故障或者接口故障。因此，在系统级产品的可视化模型中，我们只需要根据系统级所有故障后果及发生概率，综合体现其故障后果和发生概率即可。

1. 可视化属性析取

由前文分析可知，系统故障包括传递故障、接口故障、误差传播故障和潜通路故障。

1）严酷度类别

对于接口故障、误差传播故障和潜通路故障，其严酷度类别已在故障分析时给定，记为 $\{S_{si}^E | i=1,2,\cdots,n_s^E\}$。对于传递故障，可以通过其故障原因的严酷度类别来确定（其故障原因可通过故障分析表或者故障逻辑模型得到），我们定义公式如下：

$$S_{si}^I = \max_{k=1,2,\cdots,n_{si}^I} \{S_{sik}\} \tag{5-25}$$

式中：S_{sik} 表示导致传递故障 F_{si}^I 的第 $k(k=1,2,\cdots,n_{si}^I)$ 个故障原因的严酷度类别。

2）发生概率

利用故障逻辑计算公式，可以计算得到对应系统级产品 s 各个传递故障的发

生概率,记为 $\{P_{si}^I | i=1,2,\cdots,n_s^I\}$;而接口故障和误差传播故障的发生概率在故障逻辑模型构建时已经给定,记为 $\{P_{sj}^E | j=1,2,\cdots,n_s^E\}$。

利用式(5-19)可以将故障发生概率转化为故障发生概率等级 $\{D_{si}^I | i=1,2,\cdots,n_s^I\}$ 和 $\{D_{sj}^E | j=1,2,\cdots,n_s^E\}$。

2. 可视化属性表征

利用风险矩阵法,我们可以将系统级产品各个故障在风险矩阵(图5-13)中表示出来。进一步地,综合严酷度类别和故障发生概率等级,可以将故障的危害度划分为 B_s 个等级,记为 $\{H_b^s | b=1,2,\cdots,B_s\}$ 且 $H_{B_s}^s > \cdots > H_2^s > H_1^s$。

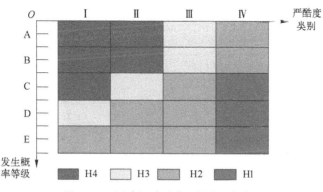

图5-13 风险矩阵示意(彩图见书末)

那么,系统级产品的危害度 H_s 可利用下式计算得到:

$$H_s = \max_{b=1,2,\cdots,B_s} \{H_b^s\} \quad (5-26)$$

同样利用人体视觉神经对颜色的敏感度,我们能够以不同颜色来区分不同的严酷度类别,其可视化数据 V_s 的计算公式如下:

$$H_s \xrightarrow{\text{RGB}} V_s = \text{RGB}(R_s, G_s, B_s) \quad (5-27)$$

其中 R_s、G_s、B_s 分别表示系统级产品的危害度为 H_s 时红色、绿色、蓝色的色度。例如,对于划分为4个等级的风险矩阵,可用下式定义各个等级的色度:

$$V_s = \text{RGB}(R_s, G_s, B_s) = \begin{cases} (0,255,0) & (H_s = H1) \\ (0,0,255) & (H_s = H2) \\ (255,255,0) & (H_s = H3) \\ (255,0,0) & (H_s = H4) \end{cases} \quad (5-28)$$

3. 系统故障可视化示例

对于信号处理器的故障数据,我们通过上述公式计算得到各故障发生概率、严酷度类别的可视化数据,如表5-2所列。

表 5-2 信号处理器故障数据表

编码	故障编码	故障	类型	P	E	D	H
0-1	1	36V400Hz 交流电源不输出	IFM	4.05×10^{-5}	I	C	H4
	2	36V400Hz 交流电源输出品质下降	IFM	9.18×10^{-6}	IV	D	H1
	3	+15V 电源无输出	IFM	3.65×10^{-5}	I	C	H4
	4	-15V 电源无输出	IFM	3.65×10^{-5}	I	C	H4
	5	+5V 电源无输出	IFM	3.65×10^{-5}	I	C	H4
	6	+15V 电源输出品质下降	IFM	4.48×10^{-6}	IV	D	H1
	7	-15V 电源输出品质下降	IFM	4.48×10^{-6}	IV	D	H1
	8	+5V 电源输出品质下降	IFM	4.48×10^{-6}	IV	D	H1
	9	输出无掉电保护功能	IFM	5.82×10^{-8}	III	E	H2
	10	输出掉电保护功能下降	IFM	1.28×10^{-6}	IV	D	H1
	11	电源导线破裂	EFM	5.82×10^{-8}	I	E	H2
0-2	1	左发信号处理功能失效	IFM	1.57×10^{-5}	II	C	H3
	2	左发信号处理功能性能降低	IFM	1.65×10^{-5}	IV	C	H1
	3	右发信号处理功能失效	IFM	1.57×10^{-5}	II	C	H3
	4	右发信号处理功能性能降低	IFM	1.65×10^{-5}	IV	C	H1
	5	左发信号电压零点偏移	IFM	1.53×10^{-5}	III	C	H2
	6	右发信号电压零点偏移	IFM	1.53×10^{-5}	III	C	H2
	7	信号线破损	EFM	5.79×10^{-8}	I	E	H2
0	1	电源供电功能不正常	IFM	1.74×10^{-4}	I	B	H4
	2	信号处理功能不正常	IFM	9.51×10^{-5}	II	C	H3
	3	处理器外观、安装不能满足要求	EFM	6.01×10^{-7}	IV	E	H1

根据式(5-26)可得,$\text{Max}T_{0-1}=\text{H4}$,$\text{Max}T_{0-2}=\text{H3}$,分别用红色和黄色表示,如图 5-14 所示。

5.1.3.4 跨尺度物理故障可视化

从设计师的角度,首先看到的是系统级产品的可视化故障模型,需要他们逐层去追溯故障根源。本节将利用已经构建的故障层级关系网络,给出一套跨尺度追溯、过滤物理故障模型的方法。

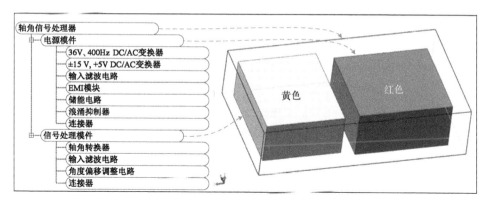

图 5-14 信号处理器系统级可视化模型(彩图见书末)

1. 层级关系网构建

为了对故障层级关系进行可视化,可通过以下步骤将产品模型转化为层级关系网络:

(1) 用小圆圈表示一个故障点,按照层次排列,并从上到下逐层对小圆圈进行编号。

(2) 取故障点的可视化模型中的颜色对小圆圈进行着色。

(3) 按照故障传递关系连接层级网络中的节点。

【例 5-2】 例 2-1 中信号处理器的故障模型通过上述 3 个步骤转化后,得到层级关系网,如图 5-15 所示。

2. 层级关系网聚焦与动态过滤

不失一般性,设计师将优先聚焦于严酷度类别较高的节点(如果有多个节点,可逐个聚焦)。假设选定某个节点聚焦,此时需要将与该聚焦节点无关的同层故障节点及下一层故障节点过滤(如果高层次的故障节点被过滤,则其下层节点同时被过滤),仅保留导致聚焦节点故障发生的故障节点。

【例 5-3】 按照颜色判断,可首先聚焦于信号处理器的故障 1,则经过动态过滤后,可得到图 5-16 所示的层级关系网。

3. 转换为三维故障模型

将上述层级关系网的聚焦与过滤表现在产品的三维模型中进行应用。图 5-17 为信号处理器示例,通过该模型可确定右侧绿色线框中红色标识的故障即为待消减故障,包括输入滤波电路短路、输出滤波电路短路。

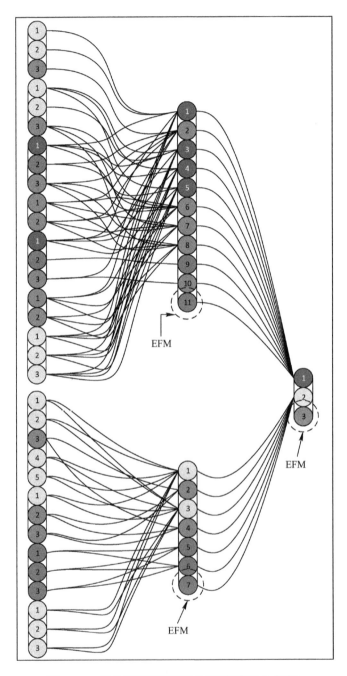

图 5-15 信号处理器的层级关系网(彩图见书末)

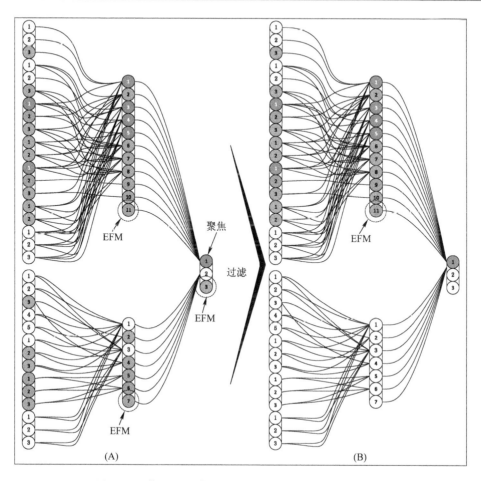

图 5-16 信号处理器聚焦过滤前后对比图(彩图见书末)

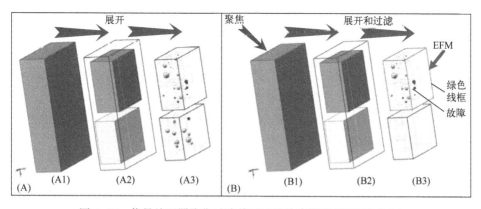

图 5-17 信号处理器聚焦过滤前后三维故障模型(彩图见书末)

5.2 载荷-响应分析与故障识别

5.2.1 基本思想和原理

产品一旦被制造出来,从其筛选、库存、运输到使用、维修的每时每刻都会受到各类载荷的作用,致使产品的物理、化学、机械和电学性能不断发生变化,进而导致产品故障。常见的载荷主要包括环境载荷(如温度、湿度、压力、电荷、振动、冲击等)与工作载荷(如电压、电流等)。产品对载荷会产生相应的响应,这就是产品的应力,即产品为抵抗各类载荷在内部所产生的反作用力。

美国2008年发布的标准ANSI/GEIA-STD-0009《系统设计、研发和生产中的可靠性工作标准》中,明确提出"渐进理解系统级工作载荷和环境载荷及其导致的在整个系统结构中出现的载荷和应力",进而达到"渐进识别产生的故障模式和机理"的目的。

由于产品具有层次性,在每一层分析时都可以相对地划分为系统级与单元级,其中单元级是指无需考虑其内部组成的部分。因此在载荷分析中产生了具有相对性的两个概念:全局载荷-响应与局部载荷-响应。如分析一台计算机机箱时,全局载荷主要是指环境载荷与各类工作载荷,此时主板上的载荷为局部载荷,如果还需对主板上的器件进行进一步分析,则主板上的载荷就变更为全局载荷。

1. 全局载荷-响应

全局载荷-响应通常是指系统级产品寿命周期的工作载荷和环境载荷。其一般来源于当前分析系统级的外部,包括环境、外围设备等,也可能来源于使用人员或维修人员的操作活动。

2. 局部载荷-响应

局部载荷-响应通常是指单元级产品(如分系统、零部件上)的寿命周期载荷。是各单元级产品在全局载荷下的响应或分布,通过全局载荷在系统各个组成结构部分的分解或分析获取。准确评估局部载荷-应力(注:广义应力),有助于设计可靠的部分,为货架产品(COTS)、非研制产品(NDI)以及客户提供设备(CFE)提出准确配套的研制要求。

通常可以认为局部应力集中或者过大的部位是影响产品可靠性的薄弱环节(故障易发点)。可以采用有限元等方法进行载荷-响应分析来确定应力集中部位,及应力相关薄弱环节。考虑到产品实际受到综合应力影响,有时还需要建立基于各类载荷作用的可靠性仿真模型,开展进一步详细分析,以确定产品的可靠性薄弱环节。因此基于载荷分析的薄弱环节识别的基本思路如图5-18所示。

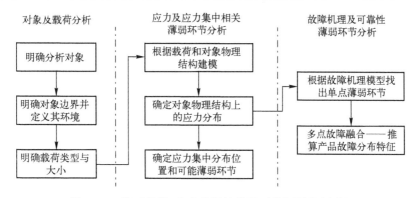

图5-18 基于载荷-应力分析的薄弱环节识别基本原理

5.2.2 载荷-响应分析的有限元法

载荷-响应分析最初来源于力学领域,通常将应力定义为单位面积上所承受的附加内力。但在实际载荷-应力分析过程中,由于产品结构的复杂性,很难采用公式直接计算产品的应力,通常是选择数值方法对各类载荷与应力(如常见的机械应力与热应力)等进行分析和评估。其中,有限元法是目前最成熟最有效的方法。

5.2.2.1 有限元法的基本概念

工程实际中的载荷-应力分析可以转换为微分方程和相应的边界条件构成的定解问题,即微分方程边值问题进行求解。有限元法是求解该问题最普遍应用的一种数值方法,它是将弹性理论、计算数学和计算机软件有机地结合在一起的一种数值分析技术。有限元法的基本思想可归结为两个方面:一是离散;二是分片插值。

1. 离散

离散就是将一个连续的求解域人为地划分为一定数量的单元(element),单元又称网格(mesh),单元之间的连接点称为节点(node),单元之间的相互作用只能通过节点传递。通过离散,一个连续体便分割为由有限数量单元组成的组合体,如图5-19所示。

传统离散处理的目的在于将原来具有无限自由度的连续变量微分方程和边界条件转换为只包含有限个节点变量的代数方程组,以利于用计算机求解。有限元法的离散思想不限于微分方程,而是扩展到对计算对象的物理模型本身进行离散,即使该物理模型的微分方程尚不能列出,但离散过程依然能够进行。同时,有限元法的单元形状并不限于规则网格,各个单元的形状和大小也并不要求一样,因此在处理具有复杂几何形状和边界条件以及在处理具有像应力集中这样的局部特性时,有限元法的适应性更强,离散精度更高。

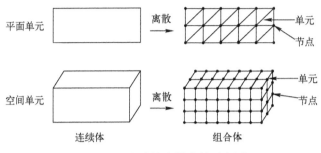

图 5-19 连续体离散化的示意图

2. 分片插值

分片插值的思想针对每一个单元选择试探函数(也称插值函数),积分计算也是在单元内完成。由于单元形状简单,所以容易满足边界条件,且用低阶多项式就可获得整个区域的适当精度。对于整个求解域而言,只要试探函数满足一定条件,当单元尺寸缩小时,有限元解就能收敛于实际的精确解。

有限元法的优越性和实用性,主要表现在:①能够分析形状复杂的结构;②能够处理复杂的边界条件;③能够保证规定的工作精度;④能够处理不同类型的材料。

有限元法目前应用广泛,可以处理绝大多数工程中的载荷-应力分析问题。它不仅可用于线性静力分析,也可用于动态分析,还可用于非线性、热应力、流体、电磁、接触、蠕变、断裂、加工模拟、碰撞模拟等特殊问题的分析。有限元法为产品故障识别分析奠定了较好的基础,是可靠性分析的新手段。

5.2.2.2 有限元分析的基本过程

有限元法的主要工作是进行有限元建模,形成有限元模型(finite element model,FEM),并在此基础上进行有限元分析(finite element analysis,FEA)。FEM是有限元法的关键,模型是否合理将直接影响计算结果的正确性和精度、计算时间的长短、存储容量的大小以及计算过程是否能够完成。尽管各类载荷-应力分析(如静力分析、动力分析、热分析等)的内容不尽相同,相应的有限元方程也不同,但分析过程是相似的。从应用的角度来看,有限元分析过程如图 5-20 所示,可划分为 3 个阶段,即前处理、计算和后处理。

(1) 前处理(pre-processing)的任务就是建立有限元模型,故又称建模。它的任务是将实际问题或设计方案抽象为能为数值计算提供所有输入数据的有限元模型,该模型定量地反映了分析对象的几何、材料、载荷、约束等各个方面的特性。建模的中心任务是"离散",围绕离散需要完成很多与之相关的工作,如结构形式处理、几何模型建立、单元类型和数量选择、单元特性定义、网格划分、单元质量检查、编号顺序优化以及模型边界条件定义等。

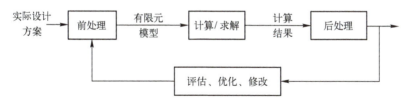

图 5-20　有限元分析的一般过程

（2）计算（solving）的任务是基于有限元模型完成有关的数值计算，并输出需要的计算结果。它的主要工作包括单元和总体矩阵的形成、边界条件的处理和特性方程的求解。由于计算的运算量非常大，这部分工作主要由计算机程序完成。除计算前需要对计算方法、计算内容、计算参数和工况条件等进行必要的设置和选择外，一般不需要人工干预。

（3）后处理（post-processing）的任务是对计算输出的结果进行必要的处理，并按一定方式显示或打印出来，以便对分析对象的性能或设计的合理性进行分析、评估，进一步进行相应的改进或优化。

在有限元分析的3个阶段中，建模（前处理）是其中最为关键的环节，其主要在计算机上通过人机交互的方式进行，图5-21给出了交互式建模的一般步骤，关于每个步骤的主要工作可参看相关书籍，在此不再赘述。

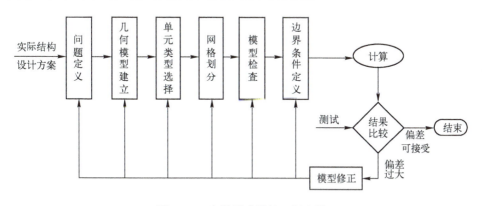

图 5-21　有限元建模的一般步骤

5.2.2.3　常见载荷-应力分析

本节重点介绍与可靠性分析密切相关的静力分析、动力分析、热应力分析，特别介绍其对可靠性分析工作的支撑作用。

1. 静力分析

静力分析是有限元法最简单、最基本也是最常见的一类应用领域。主要用于计算结构(件)在固定不变的载荷(静力)作用下的响应,如位移、应力、应变和力,它不考虑惯性和阻尼的影响。静力分析可以是线性的也可以是非线性的。其中非线性的情形包括大变形、塑性、蠕变、应力钢化、接触单元以及超弹性单元等。图 5-22 所示是某轴承支座在静载荷作用下的应力分布情况。

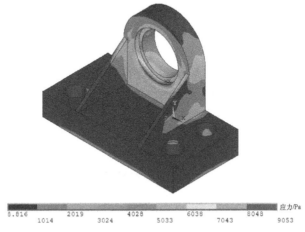

图 5-22　机械零件的静力分析结果(彩图见书末)

结构(件)是各种装备的重要组成部分,有些结构件的工作条件相对比较恶劣,如长期工作在满载、振动与冲击载荷下。寻求有关这些结构(件)正确而可靠的设计与计算方法是提高装备工作性能、可靠性以及寿命的主要途径之一。在可靠性分析工作中,静力分析的结果(包括应力、应变等)可直接作为进一步进行其他深入分析的基础数据,如在机械可靠性中的应力-强度分析、结构件的耐久性分析、产品封装的故障机理分析等。

2. 动力分析

工程中有许多承受动载荷(随时间变化)作用的产品,如受道路载荷的汽车、受风载的雷达、受海浪冲击的海洋平台、受偏心离心力作用的旋转机械等。一方面需要对其进行动态分析,了解其动态特性;另一方面,还要对其在动载荷作用下的可靠性进行分析(如机载设备、结构在气动载荷下的可靠性)。

动态分析又称动力分析,包括固有特性分析和响应分析。固有特性由固有频率、模态振型、模态刚度和模态阻尼比等一组模态参数定量描述,它由结构本身(质量和刚度分布)决定,而与外部载荷无关,但决定了结构对动载荷的响应。固有特性分析就是对模态参数进行计算,其目的有两个:一是避免结构出现共振和有害的振型;二是为响应分析提供必要依据。响应分析是计算结构对给定动载荷的各种响应特性,包括位移响应、速度响应、加速度响应以及动应力和动应变等。

在动态分析中,结构的各种响应常常用时间历程曲线表示,结构的振型常用变形图或动画显示,其他模态参数可通过列表方式列出。

在可靠性分析工作中可应用的情形包括零部件受振动、冲击载荷作用、飞机结构受气动载荷作用、电子封装结构受跌落冲击作用等。图5-23所示为某产品封装结构在冲击载荷作用下的动态响应分析结果示意。

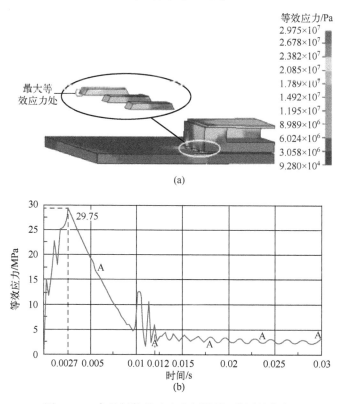

图5-23 产品封装的动力分析结果(彩图见书末)
(a)等效应力分布图;(b)等效应力动态响应过程。

3. 热应力分析

进行产品热分析的目的是确定产品及其组成部分的温度及分布,并对热设计的成果进行检验和优化。通过热分析可以计算在给定热边界条件(热环境)下结构或区域内部的温度分布,进而求出由于温度变化引起的热变形和热应力。获得产品温度场的途径主要有数字分析计算和热测量两种方式。热场的数字分析计算方法,又称热模拟,是利用数学手段获得产品中温度分布的方法。主要适用于产品的设计过程,此时尚无实物产品可供测量(如产品的初步设计阶段)。采用热测量的方式确定实物产品表面温度及温度场是很方便的,所得结果也较为准确。

热场的数字分析计算必须考虑热交换的 3 种途径:热传导、热对流、热辐射。热分析需要建立产品温度场和流场的数学模型,并对其进行求解。由于求解的复杂性,通常需要借助计算机数值程序和软件工具,既可以选用通用的有限元仿真分析软件工具,也可以采用专用的热分析软件工具。

在可靠性分析中,主要是解决热传导问题。在热传导分析中,一般首先计算每个节点的温度值(即温度分布);然后计算结构的热变形和热应力。结构温度变化时将发生热变形,如果热变形是自由的,它不会引起内部应力。但如果结构内部受热不均匀或受有外界约束时,其热变形就要受到内部各部分的相互制约和外界的限制,从而在结构内部产生应力,这种由温度变化而形成的应力称为热应力。相应地,可以将产生热应力的温度变化视为一种载荷,称为温度载荷。这是一种典型的热-应力两场耦合问题。

在热传导分析中,还可以按一定方式显示结构的温度、热变形、热应力分布和热流情况,进一步研究分析结果的合理性和精度,用以评估设计的优劣,并采取相应的改进或控制措施。

在热设计与热分析工作中,主要分析产品或结构内部的温度分布情况,并据此采取一些针对性的改进和优化措施。进一步地,可以对上述温度场条件下的应力场进行计算和评估。由于热应力对产品及其封装互连结构的可靠性有着重要影响。很多产品的可靠性问题最终都可以归结为热应力(包括高低温循环、温度冲击等)造成的断裂或疲劳故障。因此,热分析的结果还可以支持对产品进行故障机理分析以及辅助建立其故障机理模型等。图 5-24 为某产品封装焊点的热应力分析结果。

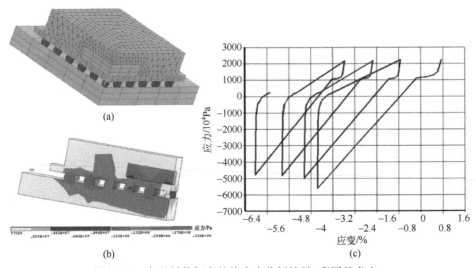

图 5-24　产品封装焊点的热应力分析结果(彩图见书末)

(a) 封装焊点有限元模型;(b) 等效应力分布云图;(c) 应力-应变循环图。

5.2.3 基于仿真分析的故障识别

5.2.3.1 基于仿真分析的故障识别基本思想和目的

基于仿真分析的故障识别以故障物理（PoF）方法为基础，利用有限元软件建立产品的几何特性、材料特性、边界条件及实验剖面，计算出产品各节点/单元的位移、加速度及应力等，最后结合相关 PoF 模型评估产品的可靠性水平（如平均故障首发时间），同时可以发现设备可能的故障点并指导改进设计。

基于仿真分析的故障识别将可靠性设计与性能设计相结合，将可靠性仿真分析与模态、随机振动、热测试试验相结合，有效解决了一些工程上较难处理的问题，目前主要用于机电产品或电子产品领域。

5.2.3.2 基于仿真分析的故障识别基本过程

基于仿真分析的故障识别包括设计信息采集、数字样机建模、应力分析、潜在故障识别 4 个步骤，如图 5-25 所示。

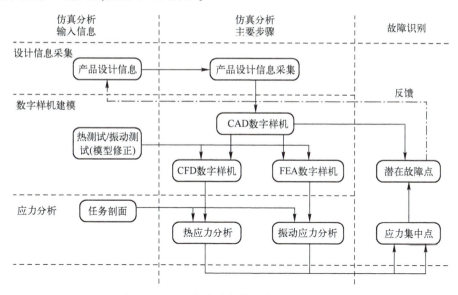

图 5-25 基于仿真分析的故障识别基本过程

1. 设计信息采集

在对仿真分析对象进行分析前，应收集产品对象的设计信息。该项工作由可靠性仿真分析人员负责收集，并由产品相关设计人员提供。可靠性仿真分析人员在进行设计信息的采集时，可向产品相关设计人员提供信息采集表。为便于信息采集，可预先制订设计信息采集表的格式。产品相关设计人员应如实、准确地填写采集表中的相关内容，并及时提供相关设计资料。

2. 数字样机建模

在产品设计信息采集的基础上，建立对应数字样机模型。其中数字样机包括CAD数字样机、FEA数字样机和计算流程动力学（computational fluid dynamics，CFD）数字样机。上述数字样机中，应首先建立和完善CAD数字样机。在CAD数字样机的基础上，可同时建立FEA数字样机和CFD数字样机。

3. 应力分析

在有限元模型的基础上完成样机的振动应力分析、热应力分析或静力/动力分析。

1）振动应力分析

振动应力分析的输入信息包括FEA数字样机、产品寿命周期工作状态、产品寿命周期振动环境条件。其中产品寿命周期工作状态和产品寿命周期振动环境条件，可从采集的产品设计信息中的产品环境剖面分析获得，并可用于确定产品振动应力分析所需的振动输入条件。其主要输出为振动分析报告和故障预计所需振动分析信息。

2）热应力分析

热应力分析的输入信息包括CFD数字样机、产品寿命周期工作状态、产品寿命周期热环境条件。其中产品寿命周期工作状态和产品寿命周期热环境条件，可从采集的产品设计信息中的产品环境剖面分析获得。产品寿命周期工作状态和产品寿命周期热环境条件可用来确定产品热应力分析的环境温度条件。其主要输出为热分析报告和故障预计所需热分析信息。

4. 潜在故障识别

针对应力分析得到的应力分布情况，找到样机的应力集中点，如应力、应变、温度等最大的区域，并结合重点分析该区域在实际任务剖面中的工作状态，结合相应元器件/零部件的故障物理模型，识别出对应的位置可能发生的故障，如疲劳、断裂、裂纹等。根据识别出的潜在故障，反馈到样机设计方案中，指导改进设计或将故障发生概率降低到可接受范围内。

5.3 物理模型的时间效应分析与故障识别

产品的可靠性除了存在一定的随机性，另外也存在着一定的时变性。因为其本身结构、材料特性以及环境载荷的变化可能都与时间相关。在产品的服役过程中，其可靠性是会随着时间而变化的。目前，工程人员已经建立了在考虑时间效应下的产品可靠度模型，通过将极限状态函数转化为经典的结构可靠性问题来计算可靠度。主要过程如下：

(1) 产品的故障模式分析。
(2) 建立时变可靠性模型。
(3) 外穿率公式计算。
(4) 极限状态函数确定。
(5) 基于退化过程的模型参数确定。

5.3.1 产品的故障模式分析

在产品的寿命周期内,分析人员通过各种目的的 FMECA 即可掌握产品的全部故障模式,但首先遇到的问题是在产品研制初期如何分析产品可能的故障模式。一般来说,可通过统计、试验、分析、预测等方法获取产品的故障模式。主要原则如下:

(1) 对于现有产品,以该产品在过去使用中发生的故障模式为基础,根据该产品使用环境条件的异同进行分析修正,进而得到该产品的故障模式。

(2) 对于新产品,可根据该产品的功能原理和结构特点进行分析、预测,进而得到该产品的故障模式,或以与该产品有相似功能和相似结构的产品所发生的故障模式作为基础,分析判断该产品的故障模式。

(3) 对于引进的国外货架产品,应向外商索取其故障模式,或以相似功能和相似结构产品发生的故障模式作为基础,分析判断其故障模式。

(4) 对常用的元器件、零组件,可从国内外某些标准、手册中确定其故障模式。

(5) 当按(1)~(4)条原则中的方法不能获得故障模式时,可以参看典型故障模式表,确定被分析产品可能的故障模式。

5.3.2 时变可靠度模型

由于产品的强度和应力都属于随机过程,传统结构设计需要选定一个设计基准期来制定产品设计规范,在此基准期内将应力的随机过程模型转化为随机变量模型。但是建立结构可靠性计算模型时,结构强度随时间的退化衰减过程没有考虑在设计大纲内,因而其可靠性模型是静态的。现役产品的特点导致使用静态模型计算可靠度存在着很大误差,因此必须考虑产品强度和应力的时变规律,建立考虑时间效应的可靠性模型。

引起产品可靠度随机时间退化的因素包括很多方面,用变量 $X(x_1,x_2,\cdots,x_3)$ 来表征引起变化的众多随机因素,其中的变量 x_i 可以是工作或环境载荷、产品材料性能、几何尺寸、边界条件等的随机变化过程。而时变的过程则可以用时间 t 来表征。根据产品的随机和时变两个性质,可建立其时变极限状态函数 $G(t,X)$,且 $G(t,X)$ 为随机过程,若:

$G(t,X)>0$,则产品安全;
$G(t,X)<0$,则产品故障;
$G(t,X)=0$,两种状态的边界,称为极限状态。

产品的极限状态,即当其超过该状态,便不能满足其规定的性能功能要求。产品极限状态是其工作可靠与不可靠的临界状态,是进行可靠度分析设计的依据。

在$[0,T]$内产品的故障概率等价于时变极限状态函数 $G(t,X) \leq 0$ 的概率,因此衍生出首次上穿的概念,首次上穿定义为:在$[0,T]$内,首次发生 $G(t,X) \leq 0$ 的事件称为首次上穿事件。对应首次发生上穿的时间称为故障时间,首次发生 $G(t,X) \leq 0$ 的概率即为首次上穿概率。

图5-26是$G(t,X)$的一个样本函数,令 $G(t,X)=G_0-g(t)$。G_0 为极限状态函数初始值,$g(t)$为极限状态函数的退化过程。$g(t)$在时段 $[0,T]$ 内与安全界限 G_0 的交叉次数为8,其中以正、负斜率交叉的次数各为4次。

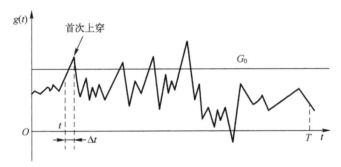

图5-26 随机过程作用下首次上穿过程

首次外穿的产品即发生故障,即

$$v^+(t)\mathrm{d}t = P\{G(t,X)>0 \cap G(t+\Delta t,X) \leq 0\} \quad (5\text{-}29)$$

在产品可靠性分析中,外穿率 $v^+(t)$ 即表示在 t 时刻产品正常工作受载,而在 $t+\Delta t$ 时刻产品发生故障的概率。综上,$v^+(t)$ 可以表示为

$$v^+(t) = \lim_{\Delta t \to 0^+} \frac{P(A \cap B)}{\Delta t}, \begin{cases} A=\{G(t,X)>0\} \\ B=\{G(t+\Delta t,X) \leq 0\} \end{cases} \quad (5\text{-}30)$$

假设外穿事件服从泊松分布,那么可以近似计算得到

$$P_{f,c}(0,T) \approx 1 - \exp\left[-\int_0^T v^+(t)\mathrm{d}t\right] \quad (5\text{-}31)$$

综上,产品故障概率计算的关键在于外穿率的计算。

5.3.3 外穿率计算公式

上节中将$[0,T]$内的时变可靠性转化为$[0,T]$内的外穿概率,因此本节重点针对外穿率计算模型建立产品时变可靠性模型。

式(5-30)中的 Δt 取值很小,可以用有限差分法进行离散,即

$$v^+(t) = \frac{P\{G(t,X)>0 \cap G(t+\Delta t,X) \leq 0\}}{\Delta t} \quad (5-32)$$

利用一次二阶矩法将 t 时刻和 $t+\Delta t$ 时刻的极限状态函数在各自的验算点处线性化,如图 5-27(在图中取 $n=2$)所示,可得

$$\begin{cases} G(t,X) = \boldsymbol{\alpha}^{\mathrm{T}}(t) \cdot \boldsymbol{x} + \beta(t) \\ G(t+\Delta t,X) = \boldsymbol{\alpha}^{\mathrm{T}}(t+\Delta t) \cdot \boldsymbol{x} + \beta(t+\Delta t) \end{cases} \quad (5-33)$$

式中:$\boldsymbol{x} = [x_1, x_2, \cdots, x_n]$ 为标准正态化后的随机过程矢量;$\boldsymbol{\alpha}(t)$、$\boldsymbol{\alpha}(t+\Delta t)$ 为极限状态超曲面的切面的单位法向量;$\beta(t)$、$\beta(t+\Delta t)$ 为相应的可靠度指标。

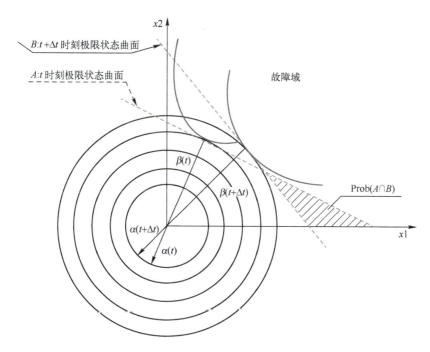

图 5-27 极限状态函数在验算点处线性化过程

图 5-27 中,$\beta(t)$ 和 $\beta(t+\Delta t)$ 分别为该时刻极限状态超曲面到 U 空间原点的最短距离。$\boldsymbol{\alpha}(t)$ 为极限状态超曲面的切面的单位法向量。图中阴影部分即为式(5-30)中的事件概率,即 $v^+(t)\Delta t$。

5.3.4 极限状态函数

在进行产品的时变可靠度分析时,需要同时研究产品的强度与应力的时间变

化规律。在服役期间,由于长期受载荷、环境效应、腐蚀及材料性能下降等因素作用,产品结构强度和截面尺寸将会发生变化,且均表现为衰减。

产品的强度 R 是指产品承受作用效应的能力,即抵抗破坏、变形等的能力,它与产品的材料性能、几何形状、尺寸以及外界的作用效应有关。产品所用的强度数据都是通过力学试验得到的,具有随机性,另外产品的强度在外界的作用效应下会产生退化,强度 $R(t)$ 是随机过程。产品所承受的应力 $S(t)$ 为由内部载荷包括产品自身重量、其他部件传递的作用力等,产生的固定应力,也包括由外部环境载荷直接作用产生的应力,由此可写出产品的极限状态函数:

$$G(t,X) = R(t) - S(t) \tag{5-34}$$

由一次可靠度 FORM 方法,可知

$$\beta(t) = \frac{\mu[G(t,X)]}{\sigma[G(t,X)]} \tag{5-35}$$

式中:$\mu[G(t,X)]$ 为随机过程 $G(t,X)$ 的期望;$\sigma[G(t,X)]$ 为随机过程 $G(t,X)$ 的标准差。

5.3.5 基于退化过程的模型参数确定

时变可靠度模型的计算依赖于极限状态函数 $G(t,X)$ 的均值和标准差的确定。确定极限状态函数的均值和标准差首先要对产品强度和截面模量的退化过程进行研究。

5.3.5.1 退化过程模型选择

退化故障是指产品在贮存或工作过程中,其性能表征量随时间逐渐下降,最终导致无法完成规定的功能,且一般为单调非负过程。在自然环境效应作用下,产品的强度和几何尺寸均为退化过程。退化量的数据,即退化数据,可由定周期的自然环境加速试验获取,并通过对其进行异常数据剔除、数据平滑、数据特征识别等方法进行统计分析得到,但由于在实际试验过程中由于试样数量、周期设置等限制,得到的数据不能很好地体现其参数特征,因此,需要选用适当的模型来描述退化过程。模型确定过程如图 5-28 所示。

5.3.5.2 退化过程模型参数估计

下面以基于伽马退化过程模型的产品强度退化试验为例说明退化模型参数估计过程。

设共有 n 个样品参加试验,计划在 $t_1 < t_2 < \cdots < t_q$ 时刻定周期进行性能测量,共设置 q 个测量周期,即每个样品均进行 q 次性能测量,则强度退化数据为

$$\{r_{ij}; i=1,2,\cdots,n; j=1,2,\cdots,q\} \tag{5-36}$$

写出对数似然函数为

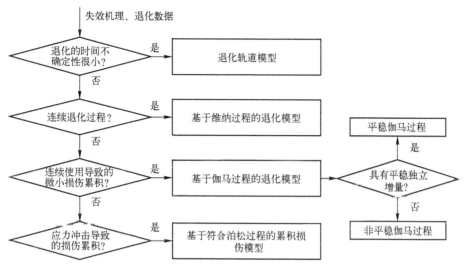

图 5-28 退化过程模型选择

$$l(m(t),\eta) = \sum_{i=1}^{n}\left(\sum_{j=1}^{q}(m(t_j)-1)\ln r_{ij} - m(t_q)\ln\eta - \sum_{j=1}^{q}\ln\Gamma(m(t_j)) - \frac{r_{iq}}{\eta}\right) \tag{5-37}$$

将 $m(t)=at^b$ 代入式(5-37),对该似然函数进行参数估计,令

$$\begin{cases} \dfrac{\partial l}{\partial a} = \dfrac{\partial l}{\partial m}\cdot\dfrac{\partial m}{\partial a} = \sum_{i=1}^{n}\sum_{j=1}^{q}(\ln r_{ij} - \psi(at_j^b) - \ln\eta)t_j^b = 0 \\ \dfrac{\partial l}{\partial b} = \dfrac{\partial l}{\partial m}\cdot\dfrac{\partial m}{\partial b} = \sum_{i=1}^{n}\sum_{j=1}^{q}a\ln b(\ln r_{ij} - \psi(at_j^b) - \ln\eta)t_j^b = 0 \\ \dfrac{\partial l}{\partial \eta} = \sum_{i=1}^{n}\left(\dfrac{r_{iq}}{\eta^2} - \dfrac{at_q^b}{\eta}\right) = 0 \end{cases} \tag{5-38}$$

式中:$\psi(\cdot)$ 是 digamma 函数(对数伽马函数的导数)。

联立上述 3 个等式所得到的结果即是对参数的极大似然估计值 $\hat{a},\hat{b},\hat{\eta}$。

5.4 基于故障物理模型的故障仿真分析与评价

基于故障物理模型的故障仿真分析与评价(简称可靠性仿真分析)以故障物理方法为基础,它利用有限元软件建立产品的几何特性、材料特性、边界条件及试验剖面,计算出产品各节点/单元的位移、加速度及应力等,最后结合相关 PoF 模型评估产品以某种机理可能发生的故障,并估计故障的发生时间(如平均故障首发时间),同时,可以发现设备的可靠性薄弱环节并指导设计改进。

故障仿真分析可以实现产品的可靠性设计与性能设计相结合,可将故障仿真分析与载荷-响应分析、时间效应分析相结合,能够有效解决一些工程上较难发现和处理的物理故障问题,受限于现有的建模能力和算法工具水平,故障物理方法难以分析系统级产品,其目前主要用于机电单元产品或电子单元产品。

5.4.1 分析的基本过程

故障仿真分析主要包括故障预计、可靠性评估两个步骤,如图 5-29 所示。以下将针对不同步骤,介绍其输入信息、主要工作和输出信息,以指导相应工作的展开。

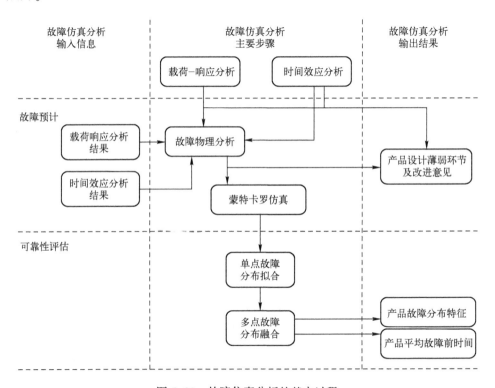

图 5-29 故障仿真分析的基本过程

5.4.2 故障预计

故障预计的输入信息包括载荷-响应分析结果以及时间效应分析结果。产品详细设计参数以及工艺参数,如元器件类型、位置、尺寸、重点、管脚、功耗等,电路板的层数、厚度、镀通孔信息等。主要输出包括:

(1) 产品设计薄弱环节。
(2) 产品的故障信息矩阵。
(3) 各故障机理的故障时间蒙特卡罗仿真值。

其中,故障信息矩阵包含了故障位置、故障机理以及影响故障前时间的各类因素。故障信息矩阵和各故障机理的故障时间蒙特卡罗仿真值可用于之后的可靠性仿真评估。

基于故障物理模型的故障预计方法在选择进行故障预计的故障机理时,充分考虑了电子元器件所处环境和所承受载荷,确定可能诱发的故障机理及其导致的故障模式。利用故障物理分析获得单个元器件对应故障机理的故障前时间,进行规定可靠性门限值的筛选,最终可以确定产品在元器件方面的设计薄弱环节。

5.4.3 可靠性评估

可靠性评估的输入信息包括产品的故障信息矩阵以及各故障机理的故障时间蒙特卡罗仿真值。最终可以获得设备的故障仿真评估数值。其主要输出包括产品的故障分布特征,或者产品的平均故障前时间。故障仿真评估包括单点故障分布拟合和多点故障分布融合。

1) 单点故障分布拟合

针对每一故障点的大样本故障时间数据,采用统计数学方法对这些故障时间数据进行分布拟合,以获得其故障密度分布。

2) 多点故障分布融合

对于多点故障采用故障机理的竞争失效方法,将产品的每个故障机理对应的故障分布进行融合得到产品的故障分布,通过计算得到产品的故障分布特征和平均故障前时间。

5.5 基于故障物理模型的优化设计与故障控制

本节主要介绍基于故障物理模型进行产品优化设计与故障控制的原理和方法。

设计优化(design optimization,DO),是指通过充分探索和利用系统中相互作用的协同机制和各种原因造成的不确定性来设计复杂系统和子系统,从系统全局的角度进行设计优化,从而实现产品设计的最优。系统中出现故障是不可避免的,在设计阶段对于系统中可能出现的故障模式进行预防与控制,能够极大地节约研发成本同时缩短研发时间。在建立了系统故障物理模型之后,能够通过故障物理模型实现系统设计优化,同时对系统中的故障进行预防与控制。

5.5.1 基于正交试验和灰色关联模型的参数敏感性分析

进行系统基于故障物理的优化设计和故障控制需要先对系统参数及其对于性能和可靠性的敏感性进行分析。由于要综合考虑系统性能和可靠性,需要在敏感性分析时同时存在确定性与不确定性参数,故常采用正交试验和灰色关联模型相结合的方法。

正交试验法是一种数理统计方法,是利用正交表来安排多个因素试验,并对结果进行统计分析的一种科学方法。常采用极差分析法对正交试验结果数据进行分析。假定 X 和 Y 分别为试验中的两个不同影响因素;t 为影响因素的水平数;X_i 表示因素 X 在第 i 个水平的值 $(i=1,2,\cdots,t)$;M_{ij} 表示因素 j 的第 i 个水平值 $(i=1,2,\cdots,n;j=X,Y,\cdots)$。在 M_{ij} 下进行 n 次试验得到 n 个试验结果 $N_k(k=1,2,\cdots,n)$。

$$K_{ij} = \frac{1}{n}\sum_{k=1}^{n} N_k - \overline{N} \tag{5-39}$$

式中:K_{ij} 为因素 j 在 i 水平下试验结果的平均值;n 为因素 j 在第 i 个水平下的试验次数;N_k 为第 k 个试验值,$\overline{N}$ 为所有试验结果的平均值。利用极差法分析因素的敏感性程度是通过极差值 R_j 来评价的,其计算公式为

$$R_j = \max\{K_{1j}, K_{2j}, \cdots\} - \min\{K_{1j}, K_{2j}, \cdots\} \tag{5-40}$$

极差值 R_j 越大,表明该因素的水平改变对试验指标的影响越大,即该因素的敏感性越大;相反,极差值 R_j 越小,因素的敏感性越小。

灰色关联决策是灰色关联理论最常用的决策方法之一,其基本思想是依据问题的实际背景,找出理想最优方案对应的效果评价向量,根据决策问题中各个方案的评价向量与理想最优方案的评价向量间关联度的大小来确定问题的最优方案及其优劣排序。

应用灰色关联模型之前,需要先对需要评价的参数进行模糊化表达。模糊集理论应用模糊数来对主观和不确定的信息进行定量化描述。模糊数的形式有很多种,其中三角模糊数较为通用,三角模糊数可以表示为 $A=(a,b,c)$,其隶属度函数是:

$$\mu_A(x) = \begin{cases} 0 & (x \leq a) \\ (x-a)/(b-a) & (a < x \leq b) \\ (c-x)/(c-a) & (b < x \leq c) \\ 0 & (x > c) \end{cases} \tag{5-41}$$

模糊语言术语对应的三角模糊数,可以采用德尔菲方法借助专家的知识和经验来确定。假设有 n 个专家,第 i 个专家的能力为 β_i,该专家对失效模式某一变量

的模糊评价术语为 x_i，用三角模糊数的形式表示为 $x_i = (u_i, b_i, c_i)$，则按照专家意见，该变量的模糊语言术语对应的三角模糊数为

$$a = \sum_{i=1}^{n} \beta_i a_i, b = \sum_{i=1}^{n} \beta_i b_i, c = \sum_{i=1}^{n} \beta_i c_i \tag{5-42}$$

式中：$\sum_{i=1}^{n} \beta_i = 1, \beta_i \in (0,1)$。

在模糊环境下，模糊数的非模糊化是应用灰色关联理论计算的基础。国内外有许多学者对非模糊化算法进行了深入的研究，如肖钰和李华提出的非模糊化方法，公式如下：

$$A(x) = \frac{1}{2(1+N)} * a + \frac{N+2NM+M}{2(1+N)(1+M)} * b + \frac{1}{2(1+M)} * c \tag{5-43}$$

式中：M、N 的值根据 a、b 与 c 的偏离程度来确定，分别表示 b 的可能性大小是 c 的 M 倍，是 a 的 N 倍。

对影响因素进行灰色关联分析的第一步是建立比较矩阵。假设某一产品或系统有 n 种影响因素，分别记为 $x_1, x_2, \cdots, x_j, \cdots, x_n$，$x_j$ 为第 j 种影响因素，假设每种影响因素均有 3 个变量，因此反映第 j 种失效模式的数据列可表示为 $x_j = \{x_j(1), x_j(2), x_j(3)\}$，其中 $x_j(t)$（$t=1,2,3$）表示专家对 3 个变量的评价，其代表的数值通过非模糊化公式计算得到。按照上述方法，可以得到反映 n 种失效模式比较矩阵 $\boldsymbol{A}$：

$$\boldsymbol{A} = \{x_j(t)\} = \begin{bmatrix} x_1 \\ x_2 \\ \vdots \\ x_n \end{bmatrix} = \begin{bmatrix} x_1(1) & x_1(2) & x_1(3) \\ x_2(1) & x_2(1) & x_2(1) \\ \vdots & \vdots & \vdots \\ x_n(1) & x_n(1) & x_n(1) \end{bmatrix} \tag{5-44}$$

第二步是建立参考矩阵。敏感度排序是相对于一定的参考基准而言的，从产品或系统故障的角度考虑，参考矩阵应该选择失效模式各变量的最优或最差值作为参考基准。

$$\boldsymbol{A}_0 = \{x_0(t)\} = \begin{bmatrix} VH & VH & VH \\ \vdots & \vdots & \vdots \\ VH & VH & VH \end{bmatrix} = \begin{bmatrix} 10 & 10 & 10 \\ \vdots & \vdots & \vdots \\ 10 & 10 & 10 \end{bmatrix} \tag{5-45}$$

第三步是计算灰色关联系数。依据灰色关联理论，根据下式可以计算出失效模式各变量与参考基准的关联系数：

$$\xi(x_0(t), X_j(t)) = \frac{\min_j \min_t |x_0(t) - x_j(t)| + \zeta \max_j \max_t |x_0(t) - x_j(t)|}{|x_0(t) - x_j(t)| + \zeta \max_j \max_t |x_0(t) - x_j(t)|} \tag{5-46}$$

式中：ζ 为分辨系数，$\zeta \in (0,1)$。

第四步是计算灰色关联度。由于在衡量影响因素的敏感度排序时各变量的影

响程度不同,因此,设影响因素 3 个变量指标间的权重分别为 λ_t,则第 j 种影响因素与参考基准的关联度可由下式计算得到:

$$\gamma(x_0, x_j) = \sum_{t=1}^{3} \lambda_t \{\zeta(x_0(t), x_j(t))\} \quad (5-47)$$

式中:$\sum_{t=1}^{3} \lambda_t = 1$,$\lambda_t$ 由专家根据事先情况确定。

5.5.2 可靠性设计优化

在系统的设计过程中,满足可靠性要求通常是必要的设计约束,为了达到追求复杂产品性能最优的同时,综合提高设计方案的稳定性和可靠性,需要开展基于可靠性设计优化(reliability-based design optimization,RBDO),通过在优化过程中充分考虑不确定性对于约束的影响,得到满足可靠性要求的优化结果。基于故障物理模型开展基于可靠性的设计优化,需要完成两项工作:建立基于故障物理的可靠性模型和进行同步优化,重点是建立基于故障物理的可靠性模型。

1. 建立可靠性模型

传统可靠性模型描述的是系统可靠性与单元故障率、单元余度数等之间的关系,而无法描述系统可靠性与关键设计参数(如结构外形参数、材料特性、元器件额定值等)之间的关系。关键设计参数又称设计依赖参数(design dependency parameters,DDP)。在系统的故障物理模型已知的基础上,能够建立基于故障物理的可靠性模型,描述系统关键设计参数与可靠性之间的关系,进而支持可靠性定量设计和优化。可靠度学科模型的数学表达式为

$$R_S = f(\text{DDP}) \quad (5-48)$$

式中:R_S 是系统可靠度;DDP 是与系统可靠性密切相关的关键设计参数。

构建基于故障物理的可靠性模型主要包括以下几个步骤:

(1) 通过敏感性分析,从故障物理模型包括的 DDP 中筛选出影响系统可靠性的关键设计参数,关于敏感性分析的方法详见 5.5.1。

(2) 通过试验设计方法,产生一组关键变量的样本点。

(3) 将上述样本点依次输入故障物理模型,通过仿真计算得到一组可靠性指标。

(4) 选择适当的近似模型,利用上述样本回归得到可靠性学科模型。

(5) 对可靠性学科模型进行精度验证。

上述步骤中,最关键的是选择合适的近似模型。构造近似模型一般需要 3 个步骤:首先,用某种试验设计方法产生设计变量的样本点;其次,用计算模型(仿真软件)对这些样本点进行分析,获得一组输入/输出的数据;最后,用某种拟合方法

来拟合这些输入/输出的样本数据,构造出近似模型。图 5-30 形象地说明了近似模型的生成过程。

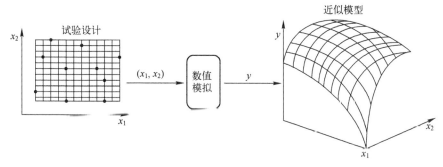

图 5-30　近似模型生成过程

目前,主流近似模型主要包括响应面模型(response surface method,RSM)、人工神经网络模型(artificial neutral network,ANN)、Kriging 模型等。RSM 模型、ANN 模型、Kriging 模型的综合比较如表 5-3 所列。

表 5-3　RSM 模型、ANN 模型、Kriging 模型的综合比较

模　　型	特征/适用情况
RSM 模型	● 技术成熟,具有系统的模型验证方法,在工程上得到广泛应用; ● 适合于具有随机误差的情况; ● 处理的问题规模小(<10 个变量)
ANN 模型	● 处理高度非线性或大规模问题(1~10 000 个变量); ● 适用于对确定性问题建模; ● 计算成本高(经常需要>10 000 个训练样本)
Kriging 模型	● 模型非常灵活,但是也很复杂; ● 适用于对确定性问题建模; ● 处理的问题规模中等(<50 个变量)

2. 进行同步优化设计

在现代设计过程中,经常采用优化的手段,通过选择合理的 DDPs 来提高系统的关键性能。在建立了基于故障物理的可靠性模型的基础上,需要首先明确优化的目标、约束和变量,然后利用商业化优化软件中提供的各类标准优化算法,开展可靠性与性能同步优化。

1) 优化模型

本节仅给出 3 种常用的一体化优化模型。当产品涉及的学科较多且耦合关系复杂时,则需要根据多学科设计优化方法(multidisciplinary design optimization,MDO)来建立模型,详见 5.5.3。

(1) 以可靠性为目标的设计优化模型。

基于可靠度学科模型,以可靠度最大化为优化目标,以关键设计参数为优化变量,考虑性能要求、资源约束(空间、重量、成本等)和关键设计参数的设计空间约束,构建的设计优化模型为

$$
\begin{aligned}
&\text{find} \quad \boldsymbol{X} \\
&\max \quad f(\boldsymbol{X}) \\
&\text{s.t.} \quad g_j(\boldsymbol{X}) \geq g_j^* \quad (j=1,2,\cdots,m) \\
&\qquad\quad h_k(\boldsymbol{X}) \geq h_k^* \quad (k=1,2,\cdots,l) \\
&\qquad\quad x_i^l \leq x_i \leq x_i^u \quad (i=1,2,\cdots,n)
\end{aligned} \quad (5\text{-}49)
$$

式中:$\boldsymbol{X}=(x_1,x_2,\cdots,x_n)^\mathrm{T}$ 为关键设计参数 n 维向量;$f(\boldsymbol{X})$ 为系统可靠度关于 $\boldsymbol{X}$ 的函数;$g_j(\boldsymbol{X})$ 为第 j 个性能关于 $\boldsymbol{X}$ 的函数;g_j^* 为第 j 个性能的设计要求;m 为性能约束指标的数量;$h_k(\boldsymbol{X})$ 为第 k 个资源约束关于 $\boldsymbol{X}$ 的函数;h_k^* 为第 k 个资源约束的设计要求;l 为资源约束的数量;$[x_i^l,x_i^u]$ 为第 i 个关键设计参数的设计空间。

在优化过程中,$g_j(\boldsymbol{X})$ 和 $h_k(\boldsymbol{X})$ 一般可以通过 CAE 仿真程序直接计算。当计算过程非常复杂时,也可以通过构建响应面以提高优化过程的效率。

(2) 以性能为目标的优化设计模型。

以性能最大化为优化目标,以关键设计参数为优化变量,考虑可靠性要求、性能、资源约束(空间、重量、成本等)和关键设计参数的设计空间约束,构建的设计优化模型为

$$
\begin{aligned}
&\text{find} \quad \boldsymbol{X} \\
&\max \quad G(g_j(\boldsymbol{X})) \quad (j=1,2,\cdots,m) \\
&\text{s.t.} \quad f(\boldsymbol{X}) \geq R^* \\
&\qquad\quad g_j(\boldsymbol{X}) \geq g_j^* \quad (j=1,2,\cdots,m) \\
&\qquad\quad h_k(\boldsymbol{X}) \geq h_k^* \quad (k=1,2,\cdots,l) \\
&\qquad\quad x_i^l \leq x_i \leq x_i^u \quad (i=1,2,\cdots,n)
\end{aligned} \quad (5\text{-}50)
$$

由于有多个性能指标需要优化,因此该模型为多目标优化,优化目标 $G(g_j(\boldsymbol{X}))$ 为多个性能指标的价值函数,通常使用较为简单的加权函数。R^* 为可靠性指标要求值。

(3) 可靠性和性能共同作为目标的设计优化模型。

以可靠性与性能最大化为优化目标,以关键设计参数为优化变量,考虑性能、资源约束(空间、重量、成本等)和关键设计参数的设计空间约束,构建的设计优化模型为

$$\begin{aligned}
&\text{find} \quad \boldsymbol{X} \\
&\max \quad G(f(\boldsymbol{X}), g_j(\boldsymbol{X})) \quad (j=1,2,\cdots,m) \\
&\text{s.t.} \quad f(\boldsymbol{X}) \geqslant R^* \\
&\quad \quad g_j(\boldsymbol{X}) \geqslant g_j^* \quad (j=1,2,\cdots,m) \\
&\quad \quad h_k(\boldsymbol{X}) \geqslant h_k^* \quad (k=1,2,\cdots,l) \\
&\quad \quad x_i^l \leqslant x_i \leqslant x_i^u \quad (i=1,2,\cdots,n)
\end{aligned} \quad (5\text{-}51)$$

2) 优化算法

在一体化设计中,优化的目标函数和约束条件一般是非线性函数,从而构成了复杂的非线性优化问题。一般可以采用经典非线性规划方法以及现代智能优化算法来加以求解。经典方法计算较为省时,但容易陷入局部最优解。现代算法主要包括遗传算法、模拟退火算法、蚁群算法、禁忌搜索算法,如表 5-4 所列。

表 5-4 主要现代智能优化算法

算　　法	主　要　特　点
遗传算法	借鉴生物学中染色体和基因等概念,模拟自然界中生物的遗传和进化等机理。使用适应度函数值确定进一步搜索的方向和范围,不需要目标函数的导数值等信息,在多点进行信息搜索,具有天生的并行性
模拟退火算法	模拟统计物理中固体物质的结晶过程。在退火的过程中,如果搜索到好的解接受;否则,以一定的概率接受不好的解(即实现多样化或变异的思想),达到跳出局部最优解的目的
蚁群算法	模拟蚂蚁群体搜索食物的行为。具有很强的发现较好解的能力,不易陷入局部最优解。算法本身很复杂,一般需要较长的搜索时间
禁忌搜索算法	采用了禁忌技术,禁止重复前面的工作,它避免了局部邻域搜索陷入局部最优的主要不足。对于初始解具有较强的依赖性

5.5.3 多学科可靠性设计优化

多学科可靠性设计优化(reliability-based multidisciplinary design optimization, RBMDO)是将可靠性分析与 MDO 进行有机结合,使得复杂产品的设计在满足可靠性要求的同时获得产品的最优设计。在一个设计问题中涉及多个工程学科,其中每个学科均可以基于相关理论或仿真工具得到各自的分析结果,并且学科分析之间存在复杂耦合关系。RBMDO 就是要充分考虑这种耦合关系,保证设计的复杂产

品能够在不确定性的波动下具有足够的可靠性。

进行 RBMDO 需要综合考虑系统参数的随机、模糊和区间混合不确定性。混合不确定性下的 RBMDO 中,无论是两类还是更多类不确定性同时存在的情况,都存在着严重的耦合问题,如确定性优化与可靠性分析的耦合、确定性优化与多学科分析的耦合以及可靠性分析与多学科分析的耦合等,使得其计算过程中出现了两层、三层,甚至是更多层的嵌套求解,导致其计算效率较低。需要采用协同优化策略对其进行简化。

协同优化(collaborative optimization, CO)把原始的设计优化问题分解成两层优化问题,即系统级优化和子系统级优化。随着优化迭代过程的进行,对应于子系统级响应的线性近似作为一致性约束的替代被不断地添加到系统级优化中,这些累积的线性近似成为系统级优化的约束条件,因此,需要基于线性近似过滤(linear approximation filter, LAF)策略开展联合线性近似协同优化(collaborative optimization combined with linear approximation, CLA-CO),在 CLA-CO 中系统级的等式约束被累积的子系统目标函数的线性近似所替代,因此 CLA-CO 有着较高的计算效率。CLA-CO 的一般表达形式为

系统级优化:

$$\min f(x_s, x_1, x_2, \cdots, x_N)$$

$$\text{当} \bigcup_{i=1}^{n} [L_i^{(1)}(x_s, x_i) \leq 0, \cdots, L_i^{(k)}(x_s, x_i) \leq 0] \quad (5-52)$$

式中:f 是全局的优化目标函数;x_s 是向量形式的共享设计变量;x_i 是第 i 个子系统局部变量在系统级的副本形式;n 和 k 分别代表了子系统个数和迭代次数;$L_i^{(k)}$ 表示第 i 个子系统在第 k 次迭代的线性近似。

子系统级优化:

$$\min J_i = \|x_{si} - x_s\|^2 + \|x_i - \hat{x}_i\|^2$$

$$\text{当} c_i(x_{si}, x_i) \leq 0 \quad (5-53)$$

式中:$c_i(x_{si}, x_i) \leq 0$ 是第 i 个子系统约束函数的向量表达形式。

其具体计算步骤如图 5-31 所示。

步骤 0:初始化。

设置循环次数 $k=0$,并设置设计变量的初始值,包括 $x_s, \hat{x}_1, \hat{x}_2, \cdots, \hat{x}_n$。

步骤 1:子系统级优化。

系统级优化获得的设计变量值 $x_s^\#$ 和 $\hat{x}_i^\#$ 被分配到各子系统中,对于第一次迭代,设计变量的初始值作为系统级目标被分配到各子系统中。结合系统级分配的目标值,求解子系统级优化问题。在该步骤中,各子系统级的优化是并行执行的。

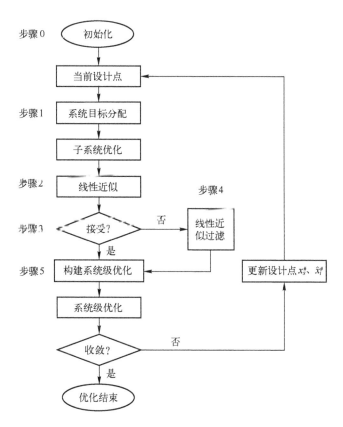

图 5-31 基于 LAF 策略的 CLA-CO 整体计算流程

步骤 2:线性近似。

在步骤 1 中获得的子系统的设计变量值处,获得对应于子系统级响应的线性近似。

步骤 3:判断线性近似是否接受。

应用线性近似冲突判断程序对线性近似是否形成了可行域进行判断,这些线性近似既包括当前循环中步骤 2 获得的线性近似,也包括前面循环已经累积的线性近似。如果形成了可行域,当前的线性近似将被接受,并被添加到系统级;否则,当前的线性近似将不被接受,并被送到 LAF 结构。

步骤 4:线性近似过滤。

采用 LAF 结构可以从不被接受的线性近似中获得最小约束违反的线性近似。其后,最小约束违反的线性近似将取代其他累积的线性近似作为系统级优化新的约束条件。

步骤 5：系统级优化。

利用已经构建的线性近似约束系统级可以快速地执行优化问题的求解。当系统级优化满足收敛条件时，整个优化过程结束。基于 LAF 策略的 CLA-CO 的收敛条件为

$$\left|\frac{f^{(k)}-f^{(k-1)}}{f^{(k)}}\right|\leq\varepsilon \tag{5-54}$$

式中：ε 是一个预先给定的很小的正实参数。

第6章

基于模型的可靠性系统工程研制流程模型

6.1 基于模型的系统工程过程与研制流程

6.1.1 系统工程过程演变

基于模型的系统工程(model-based systems engineering,MBSE)是系统工程的最新发展阶段。本质上仍是系统工程。其逐级向下分解,再逐级向上综合的基本思路并没有发生变化。MBSE 的核心是采用形式化、图形化、关联化的建模语言对系统工程过程进行改造,实现以文档为中心系统工程向以模型为中心系统工程的飞跃,从而提升整个研制过程的严密性、可跟踪性和可重复性等效果。

系统工程是一门组织管理的技术,从诞生起就关注系统工程过程。20世纪60年代霍尔提出系统工程超细结构,1970年 Winston Royce 提出著名的系统工程"瀑布模型",1978年 Kevin Forsberg 和 Harold Mooz 提出系统工程 V 模型,1991年 Kevin Forsberg 和 Harold Mooz 在 INCOSE 第一届年会上又提出系统工程双 V 模型。如图 6-1 所示,这些开发模型从不同的视角反映了系统工程过程某一方面的特征,它们彼此并不矛盾,并还在不断地发展迭代中。

霍尔超细结构从时间维与逻辑维两个角度描述系统开发过程,侧重于描述多个研制阶段之间的衔接关系,并给出适用于各研制阶段的技术逻辑。在相同的技术逻辑下,各阶段工作对象和内容有所差异,前一阶段的设计结果是后一阶段的输入。瀑布模型则强调产品寿命周期过程中各阶段工作之间的正向推进与反向迭代,是并行工程理念的雏形。V 模型是被广泛认知的模型之一,强调系统工程的分解与综合过程以及需求与验证的对应关系。这些模型都经过了实际工程项目的验证,证明了其有效性。

至 20 世纪末,一个较为成熟的系统工程过程模型成型了,如图 6-2 所示。该模型面向产品全寿命周期过程,重点考虑管理过程以及各类基线。其中需求基线是随着需求工程等理念和方法的发展,最后一个补充进系统工程过程的一个基线,它形成了包含需求基线、功能基线、分配基线、生产基线和产品更新基线的五大基线。该模型同样遵循 V 模型的原理。

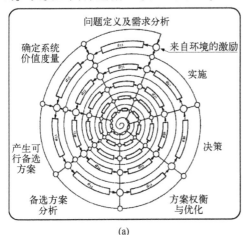
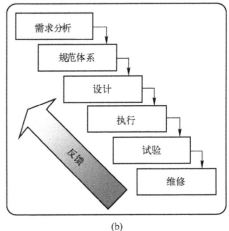

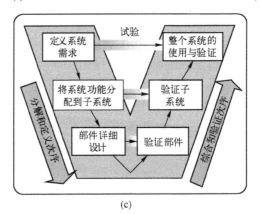

图 6-1 系统开发模型
(a) 霍尔超细结构;(b) 瀑布模型;(c) V 模型。

随着系统工程进入基于模型的时代,MBSE 系统设计过程围绕需求模型、功能模型、逻辑模型以及物理模型 4 个模型(RFLP)展开。从 V 模型来看,其左半边体现出显著的模型演化特征,其右侧的验证方法也呈现出实物与虚拟验证相结合的趋势,这使得系统工程过程更加科学、精确和严密,如图 6-3 所示。

在 MBSE 模式下,系统设计的关键转换为在对应的设计时机构建相应的模型,通过各层次模型之间的关联性,实现对用户需求的追溯与实现,有效支持系统设计全过程。与传统开发过程相比,强调基于各类模型开展虚拟验证,同时各阶段基线考核将从以文档为主转变为以模型为主。

第6章 基于模型的可靠性系统工程研制流程模型

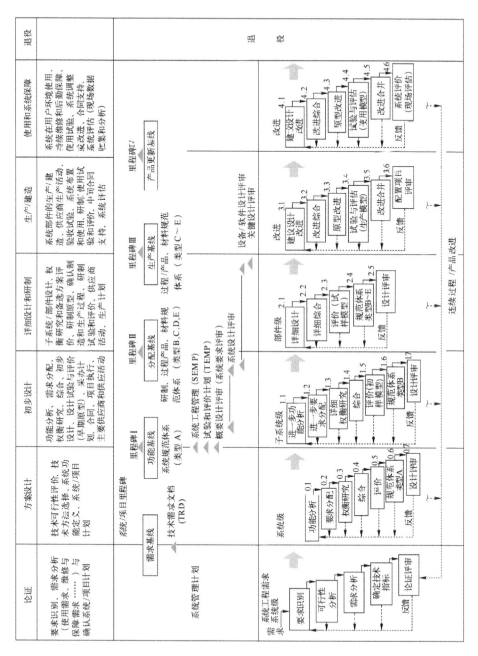

图 6-2 系统工程过程模型

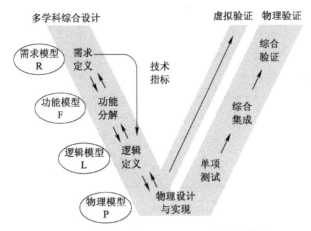

图 6-3 基于 V 模型的 MBSE 开发过程模型

6.1.2 系统研制流程

流程通常指由两个及以上的业务步骤,完成一个完整的业务行为的过程。为实现系统设计,需要在系统开发过程模型的基础上,如 V 模型进行细化,形成具有可操作性的产品研制流程,即活动应该由特定人员在特定资源的支持下开展。

绝大多数研究者普遍认为难以采用单一视图对流程进行描述,而需要通过多视图集成建模的方式对流程进行建模。一个简单的公式可以形象地描述流程内容:P=5W1H,即流程(Process)=谁(WHO)做什么(WHAT),什么时间(WHEN),在哪儿(WHERE),为什么(WHY)以及怎么做(HOW)。在描述其研制流程时,需要通过不同的视图对其不同侧面进行描述,如功能视图、行为(关系)视图、组织视图、信息视图、资源(约束)视图等。现代装备研制是一个复杂的系统工程,目前还没有一个建模方法或工具能对所有视图进行完整的描述。大多数研究倾向建立多视图的系统模型,从不同的角度进行描述。

图 6-4 是集成化多视图流程模型的概念模型,在此定义了 5 个主要的视图,即流程(行为)视图、功能视图、组织视图、信息视图以及资源视图。不同的视图可以描述流程的不同方面内容。在简化描述时,可以仅给出活动以及活动之间逻辑所构成的流程视图。

其中,流程(行为)视图为核心,用于描述产品整个研发过程中的状态变化,也可以对流程的相关活动进行描述。组织视图用于描述参与产品整个研发过程中的团队(部室)、角色以及人员的组织结构和权限等。功能视图主要描述产品整个研发过程中各步骤的工作内容(活动),即做了什么处理,还包括对活动其他相关信息的描述。信息视图,负责对产品整个研发过程中的信息结构以及信息之间的关系进行描述,如产品树的相关信息可以在该视图中进行描述。资源视图用于描述

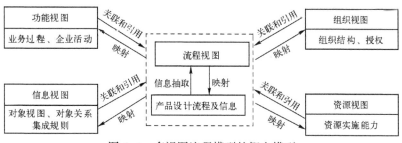

图 6-4 多视图流程模型的概念模型

产品整个研发过程中涉及的人力、设备、工具、物料等资源的产生、使用和释放的关系与管理,还包括对流程活动的起止时间以及进度等进行描述。

一个示意性的电路板设计流程模型如图 6-5 所示,图中仅给出行为视图。可见里面包含了电子产品的各类设计活动,以及设计活动之间的各类逻辑关系,如顺序、反馈和判断等。

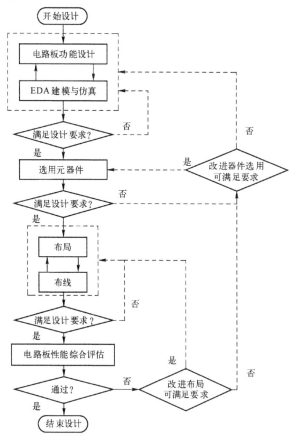

图 6-5 电子产品示意性研制流程行为视图

6.2 MBRSE 模式下的功能性能与六性综合设计流程构建理念

6.2.1 功能性能与六性综合设计流程

产品六性是产品重要的设计特性,需要有机地融入产品研发过程。虽然很多研制单位已经按照"系统工程"思想建立了分阶段、并行迭代的总体研制流程,但在流程中对六性项目的考虑明显不足甚至根本没有考虑。需要通过对已有研制流程进行程度较大的重组或程度较小的改进,构建功能性能与六性综合设计流程,才能够将六性工作有机融入产品研制过程。为有效开展性能与六性综合设计,必须在并行工程思想的指导下对设计流程进行有效的改进与重组。

构建功能性能与六性综合设计流程可以遵循一个具有普遍适用性的流程重组模型,如图 6-6 所示。它将产品研制过程的重组过程分成了 8 个部分,在具体执行过程中需要进行多轮的迭代,每一轮的实践一般从过程重组需求分析开始。

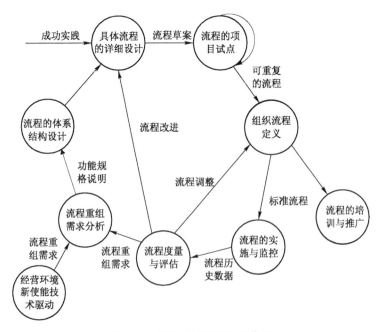

图 6-6 产品研制过程重组模型

构建功能与六性设计流程的基本思想以六性指标要求的确认与实现过程为牵引,以六性设计准则的贯彻和实施为基本设计要求,以故障的闭环消减和控制为驱动,将六性工作项目合理地融入现有以功能和性能为主线的研制过程,从而实现功能性能与六性工作的一体化协同,规范有序地开展,如图6-7所示。

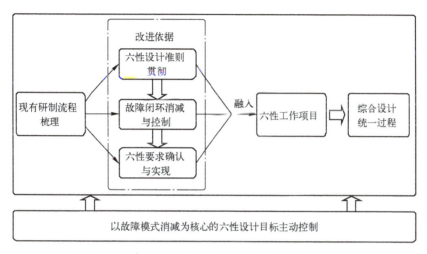

图6-7 构建功能性能与六性综合设计流程的基本思想

六性设计准则是根据六性的基础理论与方法,同时总结已有或相似产品的设计、生产、使用的经验教训,经归纳、总结、提炼和条理化而形成的,在设计中切实贯彻六性设计准则有助于提高产品的六性水平。常见的六性设计准则包括简化设计、余度设计、元器件优选、降额、可达性、防差错、BIT、耐腐蚀设计等。六性设计准则应直接融入产品研制过程,不构成具体的工作项目,但六性设计准则的制定及符合性检查可以作为具体的工作项目融入产品研制过程。

六性指标要求是研制方开展产品设计的重要牵引和约束,所有六性工作的最终目的都是为了到达要求的六性指标和要求。根据六性指标的确定情况,可选取相应的六性工作项目。如提出明确的可靠性指标,则增加可靠性工作项目;明确了维修性指标,则需增加维修性工作项目。

研究发现,需要闭环消减与控制的故障及其数量和六性故障指标直接存在着定量化的关系,可根据六性要求、故障风险和各类技术经济约束条件,对需要消减的故障模式进行决策。以故障模式为核心,可将研制阶段中的各项工作有机联系起来,形成统一的技术逻辑。

在装备研制的各阶段中,功能性能与六性综合设计的技术逻辑是类似的,都是由设计要求确认、要求实现和要求验证3类工作中的若干工作项目构成,区别只是六性工作的侧重点和相应的监控要点不同。产品研制各阶段综合设计流程技术逻辑如图 6-8 所示。

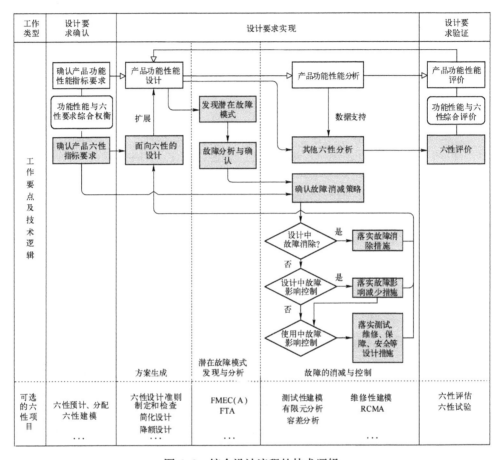

图 6-8　综合设计流程的技术逻辑

根据上述理念,可以构建具体的综合设计流程。以现有国军标中的代表性六性方法或工作项目为流程节点,可形成典型研制阶段(以工程研制阶段为例)的流程如图 6-9 所示,其他研制阶段的流程可据此进行剪裁,如要求论证阶段更关注指标的确认,方案阶段更关注功能原理实现,设计阶段更关注产品的实现,详细和批产阶段更关注六性要求的验证。

第6章 基于模型的可靠性系统工程研制流程模型

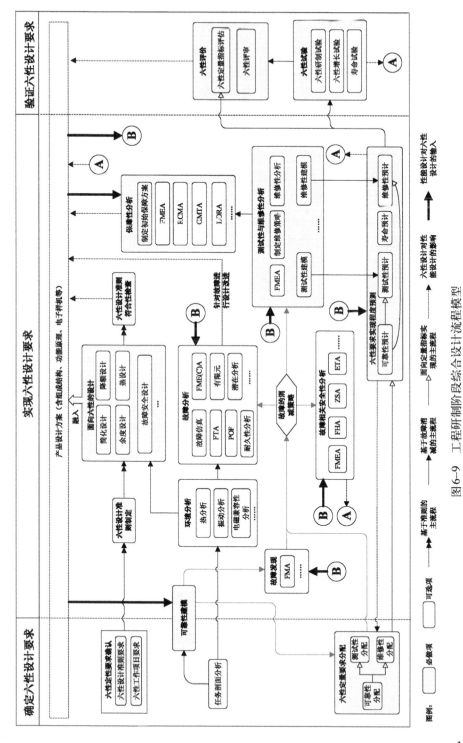

图6-9 工程研制阶段综合设计流程模型

6.2.2 MBRSE 对综合设计流程的影响

MBRSE 是 MBSE 思想在六性领域的进一步发展，其重要变化是以统一建模为中心，将六性要求的实现转换为模型的演化过程。其以故障闭环消减控制为核心的理念未发生变化，其对已有综合设计流程的最大影响是对六性工作的控制更加精确而有针对性，传统的六性工作项目数量将大幅减少，相关的工作项目将以模型的构建、分析和演化为核心。

考虑模型演化的 MBRSE 的并行设计流程如图 6-10 所示，借鉴并行工程的思想，4 个环节环环相扣，每两个环节之间都有重叠交互的部分。

MBRSE 模型相当于在 MBSE 模式下对已有的功能性能与六性综合设计流程的进一步改进和重组。首要工作是确定典型的 MBRSE 工作项目，并梳理它们之间的逻辑关系。在此基础上，结合这些工作项目及其内在逻辑对已有综合设计流程进行改进。该改进过程仍可遵循图 6-6 所示过程。

在 MBRSE 模式下，由用户方最初提出的六性需求可与功能性能需求一并管理。在此基础上，基于模型的六性工作，涉及需求分解、通用建模、学科建模、多学科综合建模、综合设计等内容，如图 6-11 所示。其中，基于仿真模型的六性分解分配工作的目的是将用户初始需求从顶层逐渐向更低层次分解分配，从而为六性设计提供依据。

通用建模是基础性建模工作，可为六性设计分析建模提供基础信息。面向六性设计的产品建模主要是建立并维护可与六性关联的产品模型，可支持需求模型、功能模型以及物理模型，并保持它们之间的演化关系和技术状态一致。任务与载荷建模，负责根据产品的使用任务过程，建立产品的任务剖面，并结合产品的性能参数、环境温度\湿度、整机振动谱等，通过仿真等手段生成温度剖面、振动剖面等典型载荷剖面，支持仿真分析或实物试验。故障建模的目标则是建立功能故障模型、物理故障模型和系统故障模型，并保持它们之间的演化关系。

单学科建模主要是六性相关专业的仿真建模与分析，可以基于产品的逻辑/物理模型展开相应特性的工作，每类特性的模型应尽可能统一到同一个标准化的模型中。

多学科综合建模，是在功能性能和六性单学科模型的基础上，对六性进行综合的分析、评估，确定是否满足用户需求，也可基于多学科模型进行设计优化，在确保六性要求实现的前提下，系统寿命周期费用低、效能高。

综合设计的核心线索是基于模型的故障/缺陷闭环消减控制，基于该过程，将传统的六性设计统一到故障系统化识别、故障风险分析、故障消除设计、维修性设计、测试性设计、安全性设计、保障性设计等，为设计改进提供辅助支持。基于模型的设计决策与优化主要为六性指标实现过程提供多视图决策支持，为多个改进方案的权衡优选提供支持。

第6章　基于模型的可靠性系统工程研制流程模型

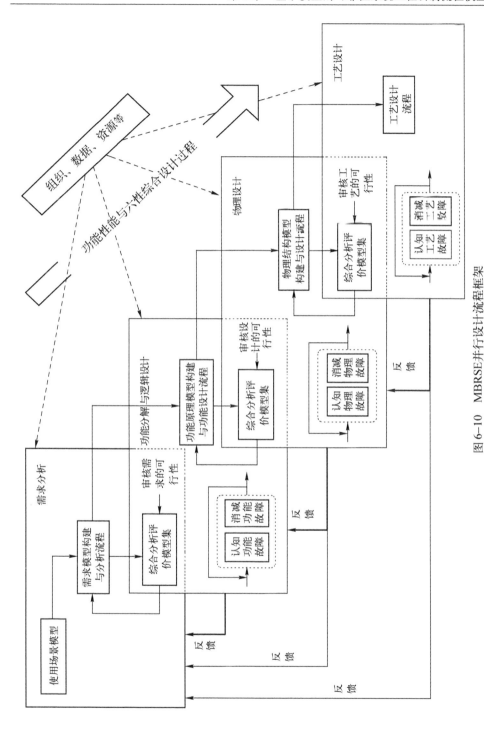

图6-10　MBRSE并行设计流程框架

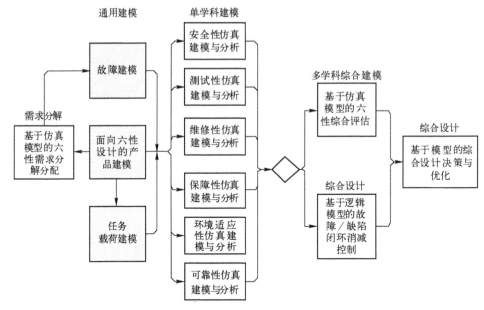

图 6-11 典型 MBRSE 工作项目与逻辑关系

此外,为满足多视图的分析需求,还应该提供将统一模型转换为特定工作项目的能力,比如在故障统一建模基础上,实现故障树、FMEA 等经典模型的转换。

6.2.3 MBRSE 流程的多视图描述方式

对 MBRSE 中的多个学科进行综合的流程规划,意味着难以用单一的视图进行描述,本书建立了 MBRSE 流程的多种视图描述方式。

1. 行为视图

行为视图一般通过普通的流程图即可描述。当流程中的并行或迭代信息较多时,可以采用设计结构矩阵(design structure matrix,DSM)进行描述。利用 DSM 易于分块与组合的特性可以有效地描述设计流程的层次特征。针对同一层次的流程,可以通过综合应用一组扩展 DSM 描述其行为视图。对于 MBRSE 的并行迭代特征(行为),可以采用预发布、迭代概率、迭代影响等 3 个扩展的数字 DSM 进行描述,如图 6-12 所示。元素的取值范围均为 [0,1]。

预发布 DSM 主要用于描述产品设计过程的并行特征,如果活动 i 进行到全部工作的 $k/10$ 时,可以开展活动 j,那么元素 $a_{ij}=k/10(0 \leqslant k \leqslant 10)$。迭代概率与迭代影响 DSM 用于描述设计过程的迭代与反馈,前者描述了活动输出改变的可能性,后者描述发生迭代反馈后对设计过程的影响。如果设计活动 i 结束后,有概率 l 返回活动 j,那么迭代概率 DSM 的元素 $a_{ij}=l(0 \leqslant l \leqslant 1)$。如果由活动 i 返回活动 j,对

活动 j 造成的影响是 m，那么迭代影响 DSM 的元素 $a_{ij}=m(0\leqslant m\leqslant 1)$。

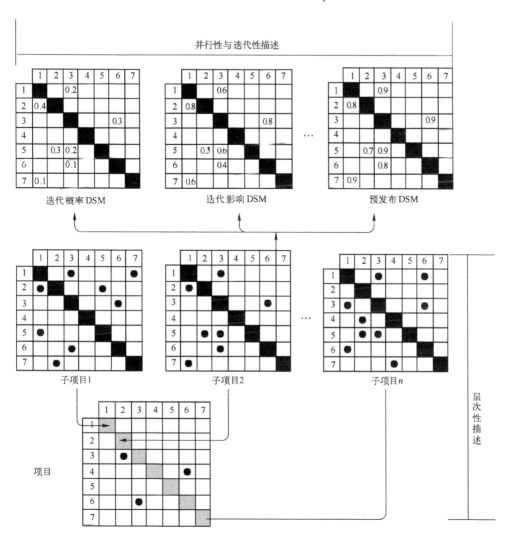

图 6-12　基于 DSM 描述性能与六性综合设计流程的行为视图

2. 功能视图与信息视图

对于 MBRSE 流程中各项活动的行为特征，以及各个设计活动之间的先后顺序关系、反馈迭代关系等可用 DSM 进行描述。对于综合设计流程以及设计活动本身的其他数据，如活动的描述、活动的相关属性、活动的参与人员、活动的占用资源等，可采用"递阶层次结构"与"活动功能表"相结合的方式来描述 MBRSE 流程的功能视图，如图 6-13 所示。

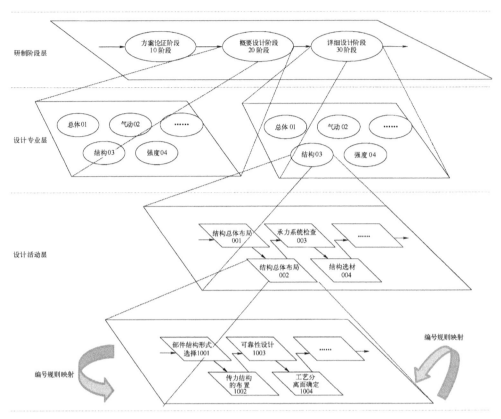

图 6-13 基于活动功能表描述功能性能与六性综合设计流程的功能视图

对于 MBRSE 这类复杂流程的功能视图建模,采取"横向分阶段、纵向分层次、表格为补充"的方式进行。首先,按照前述分阶段的总体层次流程模型,按产品研制单位的专业设置以及待研装备的专业结构划分等,构建分阶段的递阶层次结构。并且,随着阶段的深入(如概要设计阶段进入详细设计阶段),专业划分更细致,包括的设计活动也越来越多,越来越细致,直到划分至最低层次的可由具体综合设计人员执行的工作项目单元。

接着,对上述分阶段分层次结构中的各个设计活动(层次结构中的叶节点)进行编号。可以制定相应的编号规则为"研制阶段号+专业号+层次号+设计活动号"等,便于下一步的记录和描述。

最后,对于上述各个编号后的设计活动,辅以活动功能表进行一一详尽描述,以当前活动编号为唯一 ID,包括活动的名称、活动的描述、活动参与人员、前导活动、后继活动等。所有这些数据项的具体确定都需要结合研制单位以及研制产品的具体情况进行。

需要说明,功能视图与行为视图不是孤立的,而是紧密集成的。在实际建模过程中,这两个视图也是相辅相成建立起来的。这样,可以建立起整个功能性能与六性综合设计流程中的所有设计活动的功能描述,这种分阶段、分层次的活动功能表结构也便于流程模型的进一步实施和运行管理,易于融入典型的数字化设计环境(如产品数据管理系统 PDM)。

3. 组织视图

综合设计的组织视图用于描述整个 MBRSE 中所涉及的团队(部室)、角色以及人员的组织结构和权限等。在确定组织视图时,通常要结合综合设计流程的行为视图和功能视图共同进行,这些视图之间是相互联系、紧密集成的。一般来讲,在综合设计流程的功能视图、研制单位的组织视图的基础上,结合综合设计的实际情况可以映射得到综合设计流程的组织视图。此外,可对各团队成员进行"聚类分析",确定哪些成员更应该在一起工作,然后按照与设计活动规划相同的思路对组织结构进行规划和分析。

4. 综合设计的资源视图

资源视图用于描述整个装备性能与六性综合设计流程中涉及的设备、工具、物料、费用、时间以及人力等资源的产生、使用和释放的关系。其中,时间资源主要是指流程活动的起止时间以及进度等。在对其进行描述时可以利用 Gantt 图方式进行形式化的描述。人力资源是一类特殊的资源,与上述组织视图中的人员有相同的主体。可以建立每一个活动的资源消耗数据表,并通过活动被其他视图引用。此外,各种资源方面的约束是影响流程运行可达性的重要因素。

6.3 MBRSE 流程构建的关键技术

6.3.1 MBRSE 流程的规划技术

针对 MBRSE 模式下,各类新的六性工作融入产品研制过程的问题,推荐使用设计结构矩阵,并综合应用分割算法与撕裂算法完成相关任务的排序,进而完成 MBRSE 设计过程的重组。

1. 确定设计任务间的信息依赖关系

在确定工作项目的基础上,首先确定各工作项目之间的信息依赖关系。判定信息依赖强度时,除了灵敏性与可预测性外,还可选择信息数量、信息交互频率等,并可根据实际需要采用多指标的方式描述这种任务间的信息依赖关系。设采用 n 个指标 $P_1(i,j), P_2(i,j), \cdots, P_n(i,j)$,那么可按相乘效用函数法将多个指标转化为单一综合指标 $[P_1(i,j) \cdot P_2(i,j) \cdot P_n(i,j)]^{1/n}$,然后针对各单一综合指标,按 9 级标度给定一个 $[0,1]$ 区间的模糊数。

2. 耦合集识别

可以证明有向图的节点与弧可以与 DSM 中的任务及联系进行相互转化与映射。因此,可以利用图论中的强连通分支算法计算 DSM 的耦合集。首先将 n 阶 DSM 矩阵转化为邻接矩阵 A(当任务之间具有信息传递关系时元素为 1,否则为 0),然后,对邻接矩阵进行幂运算并与单位阵求和获得可达性矩阵 $P(P = I \cup A \cup A^2 \cup A^3 \cdots \cup A^n, I$ 为单位阵)。计算可达矩阵与其转秩矩阵 P^T 的"乘积" $P \cap P^T (q_{ij} = p_{ij} p_{ji})$。如果任务 i 所在行(列)的元素除 $q_{ii} = 1$ 外,其余元素均为 0,则任务 i 为独立任务,否则在同一行(列)中所有为 1 的元素所对应的任务构成一个强连通分支,也就是在同一耦合集中。对这些强连通分支进行合并,可以确定相应的耦合集以及剩余的非耦合任务。

3. 耦合集处理

(1) 分割。性能与六性综合设计过程识别出的耦合集往往规模很大,无法进行有效的撕裂。根据信息联系的紧密程度,可以对大规模耦合集进行分割。应选择信息联系薄弱处进行分割,从而减少不必要的信息损失。分割的实质是一个模糊聚类问题。耦合任务 $T_1, T_2, \cdots, T_n$ 构成一个论域 U。根据信息依赖关系所确定的模糊 DSM 中,经常存在 $a_{ij} \neq a_{ji}$ 的情况,按照效用理论构建函数 $x_{ij} = (a_{ij}+a_{ji})/2$ 来衡量两个任务之间的信息依赖关系。采用模糊聚类中应用广泛的夹角余弦方法计算任务之间的相似系数,即

$$R_{ij} = \sum_{k=1}^{n} x_{ki} x_{kj} / \left[\left(\sum_{k=1}^{n} x_{ki}^2 \right) \left(\sum_{k=1}^{n} x_{kj}^2 \right) \right]^{1/2} \tag{6-1}$$

由 R_{ij} 构成的矩阵 R 是 U 上的模糊关系矩阵。当 i 不满足模糊等价关系时,需要计算传递闭包函数 $t(R) = R^K$,并且对于一切大于 K 的自然数 l,满足 $R^l = R^K$。因此 $t(R)$ 满足模糊等价关系,选择合理的聚类水平 λ 计算截集 $[t(R)]_\lambda$,即可进行动态聚类,$[t(R)]_\lambda$ 中的元素 $r_{ij}^* \lambda$ 可按式(6-2)计算,r_{ij} 为 $t(R)$ 中的元素。

$$r_{ij}^* \lambda = \begin{cases} 1 & (r_{ij} \geq \lambda) \\ 0 & (r_{ij} < \lambda) \end{cases} \tag{6-2}$$

选择聚类结果时,主要考虑三方面的因素:信息损失程度;独立性;工程经验。

信息损失程度体现为上三角矩阵的元素,也就是耦合集间的迭代反馈的信息量。独立性可以由耦合集分割的数目来表征,独立性越好,整个流程的并行程度越高。可以构建效用函数 $f:IFL/ID->u$ 同时表征信息损失程度与独立性,IFL 代表信息损失程度,ID 表示独立性,效用函数 u 越小表示耦合集分割方案越好。通过效用函数 u 可进行定量分析。如果此时得到的方案不止一种,可以参考工程经验进行定性的分析与决策。分割后的耦合任务集可以进行聚合、撕裂等操作。

(2)聚合。过程解耦的主要目的是消除无意迭代。由于六性设计具有较强的有意迭代特征,在特定条件下可以采用聚合方式处理,也就是说将这些任务视为一个"整体",并将这些任务与其他任务关系转化为"整体"与其他任务的关系。聚合出的"任务"交给相应团队开发,可以从全局降低耦合程度。

(3)撕裂。对于仍未处理的耦合集,可以采用撕裂算法进行割裂,计算任务的信息输入强度 S_i 以及信息输出强度 S_o,利用它们的商 F_i 表征信息依赖强度,将信息依赖强度最小的任务排到最前,假定其从矩阵中"撕裂",对剩余任务构成的缩减矩阵执行重复操作,直到所有任务规划完毕。

4. 任务排序与分级

将各耦合集视为一个"任务",与非耦合任务构成一个新的缩减矩阵。

(1)除主对角线外所有元素为空的行(列)对应的任务向前(后)排列。

(2)直到所有剩余的行与列除主对角线外均含非空元素,执行任务(3),否则重复(1)。

(3)"删除"除主对角线全为空的行以及该行对应的列,记录该节点为第一级任务。对于缩减矩阵重复同样操作,记录对应节点为次一级任务,最终可获得任务的等级划分(层次)和拓扑排序。

6.3.2 MBRSE 流程运行冲突的分析方法

在 MBRSE 流程模型执行过程中,设计是由分布在不同位置的多学科小组来完成的。多学科小组间及多学科小组内部各组成人员之间存在大量的相互依赖关系,它们的活动交互在一起,相互影响、相互制约,因此,如若处理不好以上各种关系,极易引起流程运行过程中的冲突。在产品研制过程中,有诸多因素可以造成冲突,例如设计决策不同、设计不兼容、产品数据错误、评价标准不同、技术术语不同等。对于功能性能与六性综合设计流程而言,可能由于重组后的流程模型自身存在错误,或者随着产品综合设计流程的执行,由于各种资源及条件的改变,产品综合设计流程模型已无法如实反映实际的产品综合设计过程,均会造成运行时的冲突。此外,当多个产品开发任务竞争使用同一个有限的资源(如人力、设备)时,也会发生冲突,如图 6-14 所示。

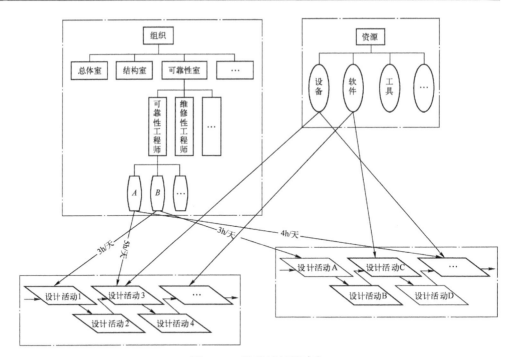

图 6-14 流程运行的冲突

在假定资源及条件的现状不发生改变的前提下,可能主要存在如下两类冲突,直接影响流程运行的可行性。

(1) 人员任务安排在时间上的冲突,即有限的人力在有限的时间内不能完成分配的多项任务。

(2) 设备、工具等资源安排的冲突,即有限的设备、工具等资源不能完成分配的多项任务。

在功能性能与六性综合设计流程模型运行之前,要对其在上述两方面的冲突情况进行分析和检查。对于人员任务安排在时间上的冲突分析来讲,一般可以通过对人员所承担的任务时间进行遍历累加,再与该人员的能力及自然时间规则进行比较,如果超过该人员的承受能力或超出自然时间限制(如在一个工作日内的工作时间超过 24h),则必然存在冲突。进行分析的算法流程如下:

(1) 设某组织有 i 个设计人员 $A_i(i=1,\cdots,n)$,对于每个设计人员 A_i,在多个综合设计流程中遍历其所承担的设计活动任务 $S_{ij}(j=1,\cdots,m)$。

(2) 根据设计活动任务 S_{ij} 所对应的角色及人力安排,确定完成该项设计任务所需的工作时间 T_{ij}。

(3) 根据工作习惯、规章制度以及历史经验等确定时间冲突判据 T_{max}。

(4) 统计设计人员 A_i 的所有工作时间 $\sum_{j=1}^{m} T_{ij}$，与(3)中的冲突判据进行比较判断是否存在运行冲突，如 $\sum_{j=1}^{m} T_{ij} \leq T_{\max}$。

而对于设备、工具等资源安排的冲突分析，可以采取与上述相类似的步骤进行检查，对其承担的所有任务时间进行遍历，再与其自身能力比较是否存在冲突，这类分析此处不再赘述。

6.3.3 基于仿真的 MBRSE 流程运行能力评价

为获得一个优化的可执行的 MBRSE 综合设计流程模型，需要在考虑资源有限的约束下对流程的可运行性以及运行能力进行分析和评价。但是，综合设计流程中存在着大量并行与迭代环节，这种复杂性使得难以使用解析算法对其进行完整有效的分析。因此，基于仿真技术对综合设计流程进行建模和分析是一种比较可行的流程综合分析方法，如图 6-15 所示。

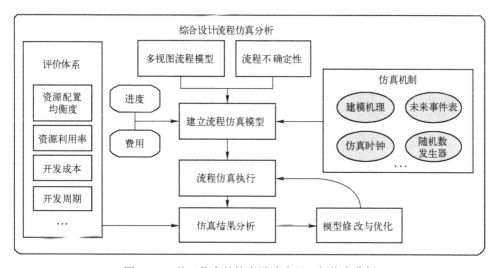

图 6-15 基于仿真的综合设计流程运行能力分析

基于仿真的流程分析的核心是描述流程组成与状态变化的功能视图和行为视图。在综合设计流程仿真需要考虑的主要要素包括：

1. 流程仿真的不确定性因素

在功能性能与六性综合设计流程中，通常存在两类不确定因素。流程仿真的目的就是在考虑这些不确定因素的情况下进行流程的模拟执行。

（1）设计活动执行时间的不确定性。由于功能与六性综合设计活动是一个涉及客户需求、设计人员能力、设计资源等多方面因素的智力型活动,因此设计活动执行时间很难用一个明确的数字表达。设计活动执行时间存在由最短(优)时间、最长(差)时间组成的设计活动完成时间区间。设计活动在该区间内某个时间段的完成概率组成了完成设计活动的时间概率模型。

(2) 设计活动输出分支决策的不确定性。一个设计活动在执行完成后,可能触发多个后续设计活动同时执行,也可能是多个后续设计活动中的唯一性选择,也可能是返回到上游设计活动的迭代运行。对于这类问题,一般是建立设计活动执行队列,将可能会执行的设计活动加入该队列中。然后建立一定的业务规则,根据规则确定设计活动的优先级别并排序,构成设计活动分支,每种分支都有其执行的概率。

2. 流程仿真分析的评价体系

功能性能与六性综合设计流程仿真分析的主要目的是评价功能性能与六性综合设计流程。为了实现这个目的,首先要根据装备功能性能与六性综合设计流程建模的需求和要求,以及仿真系统所能够提供的仿真分析能力,建立评价功能性能与六性综合设计流程的定量化评价(指标)体系。一般来讲,企业期望通过重新设计经营过程来降低生产成本、缩短产品开发周期、提高产品及服务质量、提高工作质量和雇员满意程度。而对于设计型企业的装备研制单位则更关注如何协调各个综合设计人员的工作,降低装备设计成本,缩短新装备设计周期,同时提高装备的质量特性水平等。因此,在建立定量化的评价体系时,通常采用进度、费用、效率、资源利用率以及设计活动的等待队列等指标来衡量性能与六性综合设计流程的性能(能力)。按照功能性能与六性综合设计流程改进和重组的目标和需求,这些评价指标可以作为功能性能与六性综合设计流程综合分析的目标,也可以作为功能性能与六性综合设计流程运行可达性的约束(即不能存在运行冲突)。

(1) 进度是衡量功能性能与六性综合设计流程优劣的一个重要指标,宏观的进度体现了研制单位响应市场需求的速度;微观的设计活动进度(活动的执行时间和等待时间)则体现了设计活动的执行效率。

(2) 费用是衡量功能性能与六性综合设计流程的另一个重要指标。根据费用与装备或组织单元关系的密切程度,可以将费用化分为直接费用或者间接费用。

(3) 效率反映了功能性能与六性综合设计流程处理各种设计活动等的综合能力。

(4) 资源利用率反映了研制单位资源(包括人力、物料、设备设施等)的利用效率。利用率太低说明资源的使用不充分,利用率太高说明该资源容易形成资源瓶颈(资源是一种约束)。

(5) 设计活动的等待队列可以分析设计活动处理事务的能力。

6.3.4 MBRSE 流程评审和确认方法

在上述对 MBRSE 流程模型运行的可行性和运行能力进行定量化综合分析的结果基础上,还需要进一步结合领域专家经验的定性知识,将定性的评审与定量的分析结合起来,对所搭建的综合设计流程模型进行评审和确认,以便最终在典型装备的研制过程中得以实施和应用。

1. 流程评审指标的分层体系结构

装备功能性能与六性综合设计强调如何使专用质量特性与通用质量特性的多领域(如六性、性能等)设计人员协调有序地开展设计工作,同时,又要保证降低装备设计成本,缩短新装备设计周期等。据此设计了如下分层的流程评审指标体系用于流程评审和确认,如图 6-16 所示。

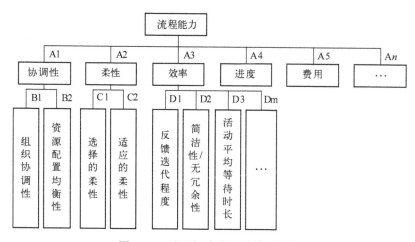

图 6-16 流程评审指标的体系结构

在图 6-16 中,"流程能力"作为一级指标是所有各种类型流程模型的通用总体目标(总指标)。对于不同的流程模型实施单位、不同的流程模型实施目标等,流程评审的目标域(二级指标)有所不同。对于性能与六性综合设计而言,应考虑其运行的协调性、柔性以及效率等,进度和费用则是所有流程都要考虑的通用评审指标。进一步地,在二级指标的基础上,考虑到流程评审指标的实际可操作性等因素,将其进一步分解为三级指标,如组织协调性、资源配置均衡性、反馈迭代程度等。本书提出的各类评审指标并不是固定不变的,在实际实施流程评审时,应根据流程实施单位的实际情况、流程实施的追求目标等进行相应的调整和补充,以使流程评审结果更能反映实际运行的可行性和能力。

2. 流程评审指标的权重与综合

对于不同的流程模型实施单位、不同的流程模型实施目标以及组织追求目标,所考虑的上述不同指标的权重是不尽相同的。在实际评审过程中,首先对最低一级指标(叶节点指标)进行专家评审,然后根据各指标的权重不同,采取一定的综合方法得到一个综合的流程评审结果,以便进行领导决策,即所建立的流程模型是否具有可行性以及足够的运行能力,以满足组织的目标要求。在实际操作时可采取层次分析法,此处不予展开。

3. 流程评审指标的定量化

流程评审指标见表 6-1。

表 6-1 流程评审指标

评审指标	评审指标说明	评审分值(10分制)
组织协调性	参与流程运行的各类人员需要在现有以部门为主的组织结构中配以相应的角色,来完成特定流程的人员组织构建,组织协调性较好,可以减少人员在流程中的冲突	协调性最好评10分,最差评1分
资源配置均衡性	流程运行中需要使用各类资源(包括文档、设备、工具、程序等),现有各类资源在流程中的均衡安排有助于提高流程的运行效率	均衡性最好评10分,最差评1分
选择的柔性	流程有很多可以替代的有效路径,每一条路径都是正确的,在不同的情况下执行的路径不同,具有可选择性	选择的柔性最大评10分,最小评1分
适应的柔性	流程可以根据具体情况灵活地改变,具有适应性	适应的柔性最大评10分,最小评1分
反馈迭代程度	综合设计流程中要求尽量降低反馈迭代程度,反馈迭代越少,则流程的运行效率越高	反馈迭代最少评10分,最多评1分
简洁性/无冗余性	综合设计流程要求具有无冗余性,尽量减少那些不必要的冗余,进而在进度、费用、资源消耗等方面得到明显改进	流程最简洁/冗余最少评10分,冗余最多评1分
活动平均等待时长	在流程的运行过程中,流程中的某项活动由于其前导活动未及时完成,而造成人员、资源等的占用,存在等待时间。一般而言,要求活动的等待时间越短越好,流程的整个进度和效率最高	等待时长最少评10分,最长评1分
进度	这是各类流程的通用考虑要素评价指标,一般而言,要求整个流程的进度越快越好	进度最快评10分,最慢评1分
费用	这是各类流程的通用考虑要素评价指标,一般而言,要求整个流程完成或消耗的费用越少越好	费用最少评10分,最多评1分

4. Delphi 法确定每项流程评审指标的专家综合评分

由于要组织多领域的专家参加流程评审和确认工作,属于"群决策"问题,可以采用 Delphi 专家评判法。该方法应在匿名状态下进行,并对专家的意见进行反馈。在实施 Delphi 法时应注意:

(1) 为保证一定的样本量,应选定 10 位以上具有丰富工程经验的专家对综合设计流程进行评审。

(2) 专家的评审标准必须保证一致,如参照前述提出的"流程评审指标",并注意这些指标不是唯一不变的,而应考虑流程模型具体实施单位的实际情况以及该单位的组织目标进行调整。

(3) 专家评审过程应采取"背对背"的方式进行,不允许相互间的讨论。

(4) 对获得的数据(评审分值)应采用统计方法进行处理,并将结果反馈给各位专家。

利用 Delphi 法对综合设计流程进行评审的实施要点如下:

(1) 制定流程评审指标集 $U=\{u_1,u_2,\cdots,u_n\}$,设计综合设计流程专家评审表。

(2) 组织领域专家(假定 m 个)进行流程评审,获得第一轮评审数据。

(3) 对获得的评审数据进行统计分析,按预定的评价指标来评价评审结果的协调一致性,常用到的数理统计指标有

$$E = \frac{1}{m}\sum_{i=1}^{m}a_i, \quad \delta^2 = \frac{1}{m-1}\sum(a_i - E)^2 \tag{6-3}$$

式中:m 为专家人数;a_i 为第 i 位专家的评审分值(对某项评审指标)。

$$Q = \frac{S_r}{S_{\max}} = \frac{(m \times n) \times \sum a_i^2 - (\sum a_i)^2}{(m \times n) \times (m \times n - 1)} \bigg/ \frac{m^2 \times (n^3 - n)}{12} \tag{6-4}$$

进一步利用如下 χ^2 检验来检验统计结果的协调一致性:

$$\chi^2 = 12 \times [n \times \sum a_i^2 - (\sum a_i)^2]/[m \times n^2 \times (n-1)] \quad (\text{自由度为 } n-1) \tag{6-5}$$

如不满足协调一致的指标要求,则将统计分析结果数据反馈给各位专家,重新进行下一轮评审,经过反复迭代,直到所有专家的评审结果满足一致性要求为止。

第7章

基于模型的可靠性系统工程综合设计平台

7.1 MBRSE 综合设计集成平台的工程需求

7.1.1 复杂系统研制的使能技术概述

为支持复杂系统的工程研制过程,相应的使能技术(辅助支撑技术)不断涌现和发展。随着产品日益复杂,参与人员不断增多,研制周期不断缩短,使能技术在现代工程产品研制中扮演着越来越重要的角色,甚至可以说离开了配套的使能技术,现代复杂工程无法取得成功。按照其在复杂系统研制中所扮演的不同角色,可将使能技术分为多种类型,如产品数字化建模与分析、产品数据共享与管理、产品生命周期过程管理、工程信息分析与处理、技术及管理决策支持等,如图7-1所示。

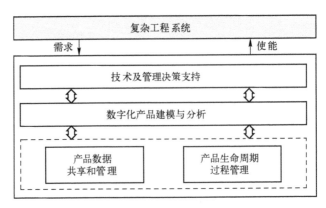

图 7-1 复杂系统研制的使能技术

1. 数字化产品建模与分析

数字化产品建模与分析是指利用计算机进行工程产品信息与数据表达及工程

分析。数字化产品建模不仅为快速出图提供便利,而且使产品的设计者、使用者和制造者能够在产品研制的早期,在虚拟的数字化环境中直观形象地对虚拟的产品原型进行设计优化、性能测试、制造过程模拟和使用过程模拟等,以便提前发现和解决设计问题,减少设计反复,进而节约研制成本,加快研制进度。

2. 产品数据共享与管理

由于 CAD/CAE/CAPP/CAM 工具在数据结构、存储格式等方面存在独立性,会产生"信息孤岛"问题,设计数据不能实现完整一致。数据共享与管理是为了解决该问题而产生的。数据共享与管理的最终目标是实现多学科、多方法数据的综合集成,支持产品全生命周期数据的有效共享。

3. 产品生命周期过程管理

产品生命周期过程管理是指通过流程建模、分析、重组等手段,构建出符合工程方法论的研制流程。复杂系统的工程过程十分复杂,需要利用计算机系统使流程自动化运行并对其进行监控,从而辅助工程系统的各类参与者能够协调有序地开展工作。产品生命周期过程管理的目的是在企业数据集成的基础上实现研制过程的集成。

4. 技术及管理决策支持

决策是工程系统的重要活动之一,其贯穿于产品研制的全过程。决策支持是指利用计算机应用系统,辅助设计者通过数据、模型和知识,以人机交互方式对问题的解决方案进行取舍。典型的使能工具是决策支持系统(decision support system,DSS),它能够为决策者提供分析问题、建立模型、模拟决策过程和方案的环境,调用各种信息资源和分析工具等功能,帮助决策者提高决策水平和质量。

7.1.2 RSE 综合设计的使能技术需求

传统的六性使能技术主要体现在具体方法或工作项目的辅助上,国内外有大量的商品化软件,如国产的 ARMS、CARMES,美国的 Relex、Isograph,以色列的 ALD、CARE 等。这些软件的出现,为高效开展六性工作提供了有力的支持。但六性工作并不是工作项目的累加,需要有效协调六性工作项目,控制产品的六性设计过程,并与性能设计集成化地协同开展,这也是六性工作能够取得实效的关键,显然,传统的六性使能工具不能满足需要。六性使能技术不应孤立地存在和应用,它应依托产品设计使能技术的发展。其基础模型的建立,集成环境和软件工具等是对产品性能设计使能工具的继承和拓展,其使用过程需紧密融入产品研制环境。

传统性能设计环境经过多年的发展已逐渐成熟,其核心是产品数据管理系统,近年来发展为产品生命周期管理(PLM)系统。产品生命周期管理的主要内容是实现数据和过程的集成化管理,但由于不同单位、不同产品的数据需求和管理过程各不相同,需要对基础的集成环境进行定制,形成面向特定设计需求的集成环境,定制的核心是数据模型和流程模型。从理论上来看,六性基于 PLM 开展是必要与可行的,但国内外基于 PLM 开展六性的集成还处在探索的阶段,没有成熟的解决方案。

六性工作过程难以在设计过程中体现,六性工具难以实现与性能设计环境的有效融合,综合设计环境难以构建,其主要原因也在于缺乏统一的模型。基于综合设计的集成机理、统一过程模型和集成方法模型,为六性工具与数字化设计环境的融合提供了理论依据,实现了六性使能技术的跨越,能够在统一模型的支撑下,将六性工作过程和各类六性工具有机融入产品研制环境,从而与性能设计全面协同,实现对全系统、全过程六性技术和管理工作的全面支撑。

7.2 MBRSE 综合设计集成平台的基础模型

7.2.1 综合设计集成平台框架

故障本体模型奠定了数据互操作的理论基础,为了实现六性设计与性能设计的互操作,本书以故障本体为核心,将系统工程过程中与六性工程活动相关的"过程""方法"紧密地集成到统一的"环境"——集成平台下开展。该平台以 PLM 为基础平台,实现面向六性的扩展。对方法的物化支持体现在数据的统一管理和集成化的软件工具上,对过程的物化支持体现在综合设计工作流程管理和故障模式的消减与控制上,由此形成的综合设计集成框架如图 7-2 所示。

因此,功能性能与六性综合设计集成平台不是独立存在的,而是对性能设计集成环境根据综合设计需求的扩展。其中综合设计"过程控制"是整个集成框架的核心,其定义了过程的实现是如何通过产品设计过程中辨识和消减故障模式展开的,通过构建故障本体及其全过程的映射关系,将产品研制各阶段的可靠性设计与再设计活动与系统工程过程综合起来;方法包括一切支持故障模式识别分析、全过程应力分析和可靠性设计方法,如故障模式分析、事件树分析 ETA、有限元分析 FEA、故障物理 POF、基于可靠性的多学科设计优化 RBMDO 等。这些方法定义了执行过程任务所需的各类技术,这些技术之间的"互操作"可以通过统一模型的定义来保证;工具一般是辅助过程和方法的软件,如进行温度、冲击和振动分析的 CAE 软件,进行系统可靠性设计分析的软件工具、决策分析软件工具和多学科优化软件工具等。过程、方法和工具需要在统一的环境下综合运用实现可靠性系统工程过程,PLM 是实现这种需求的理想平台,利用 PLM 系统的数据集成和流程集成的功能。过程控制的实现依托于 PLM 系统的工作流程驱动与监控,数据共享基于故障本体,依托于 PLM 系统面向对象的客户化工作来实现,方法利用软件工具来实现。

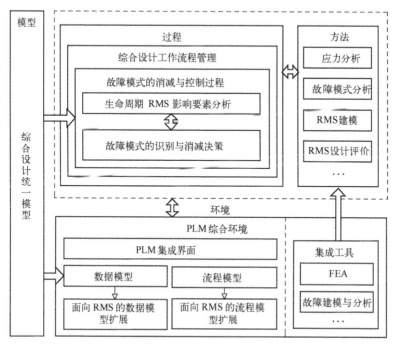

图 7-2　MBRSE 综合设计集成平台框架

7.2.2　综合设计集成平台功能组成

MBRSE 综合设计集成平台的总体功能组成结构如图 7-3 所示。

(1) 设计过程管理模块:负责维护六性设计分析人员的组织结构以及操作权限,做到权责明确。同时,提供"三员"管理模式以及密级权限管理,以符合企业内部的信息化建设需求。实现项目统一管理,六性要求及规范指南统一配置,产品技术状态统一管理,六性分析所需基础模板、字典内容统一配置。支持六性设计分析流程以及设计分析状态控制。

(2) 面向六性设计的产品模型构建模块:提供统一的产品模型构建环境,用于构建统一的产品功能模型、物理模型(含结构模型),以及模型之间的演化交联关系,跟踪设计变更点及其引起的设计更改面。

(3) 故障模型构建与风险评价模块:为不同技术状态的产品模型提供统一的故障建模环境,用于系统化识别功能故障、物理故障、系统故障,建立故障影响传递模型以及不同类别故障模型之间的演化关系,同时综合评价故障风险,以确定设计薄弱环节。

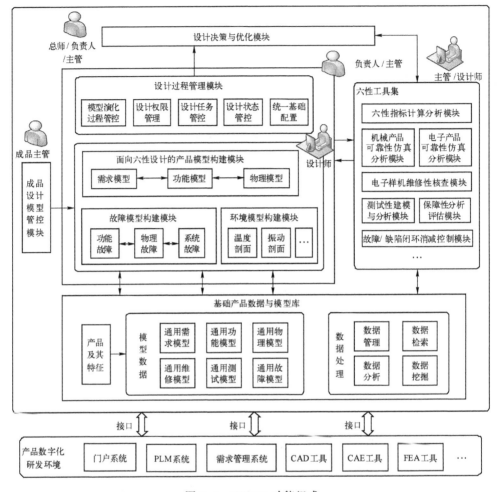

图 7-3 MBRDP 功能组成

(4) 成品设计模型管控模块:提供成品设计要求和设计模型统一管理环境。即将设计指标确定的结果,按照成品进行归并,将系统分配的六性指标通过成品设计模型管控模块发放给成品单位,待成品单位阶段性完成成品设计后,仍然通过成品设计模型管控模块将成品设计模型返回总体单位,由此建立与外协配套单位的统一产品模型交互渠道。

(5) 工具集:建设六性设计分析工具,主要是围绕 3 个核心模块"面向六性设计的产品模型构建模块、环境模型模块、故障模型构建与风险评价模块"所建立的产品模型、载荷剖面、故障模型,展开可靠性、维修性、测试性、保障性设计与分析。

(6) 设计决策与优化模块:提供多视图动态可视化监控环境,通过多视图(可通过多个终端)展示系统不同层次、不同技术状态产品模型以及各类模型之间的交联关系和动态演化过程,分析设计影响传播过程,寻找设计薄弱点,确定最佳设计方案,为设计决策与优化提供支持。

(7) 基础产品数据与模型库:通过产品族管理基础产品通用设计模型,包括通用需求模型、功能模型、物理模型、故障模型、维修模型、测试模型,将其作为统一产品建模系统的基础。同时,针对模型库中的数据,提供数据管理、数据分析、数据挖掘等功能,这样做一方面能够确保数据有效性,另一方面能够基于数据发现知识、再利用知识。

(8) 与数字化环境接口:打通 MBRDP 与门户系统、产品生命周期管理 PDM 系统、需求管理系统、CAD 建模环境、CAE 建模软件及有限元分析 FEA 软件等企业或研究所内部已有数字化设计环境的数据流,建立无缝衔接的一体化设计环境。

各模块之间的数据交联关系如图 7-4 所示。

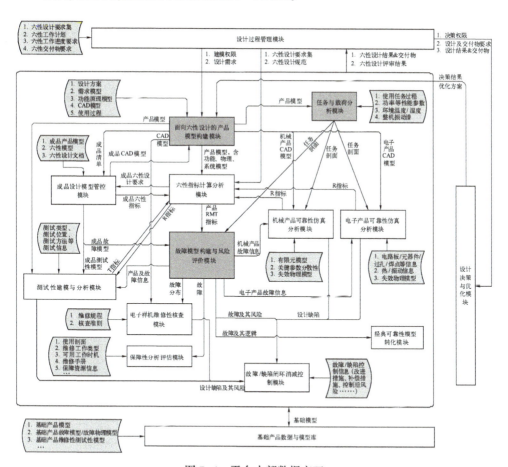

图 7-4 平台内部数据交互

7.2.3 面向综合设计的产品数据模型扩展

1. 考虑六性的产品设计视图

在传统的 PLM 系统中,有较完善的数据基础模型,其核心是产品类。根据本书第 2 章中建立的故障本体,以产品类为中心,进行了六性相关本体的拓展。本体中关于产品的概念,是一个抽象的概念,不同的研制阶段,不同的设计分析方法,从不同的设计角度对产品元进行组织,形成不同的产品结构体视图,简称产品视图。

传统的产品设计过程主要包含两类核心视图,即功能视图与物理视图,数字化环境也是基于两类视图进行产品构型的。功能视图主要应用于概念设计阶段和初步设计阶段,关注产品功能的表达,产品元逐级构成的结构体,形成了产品的功能层次。物理视图则主要应用于初步设计阶段和详细设计阶段,它以功能视图为基础,体现功能实现的物理结构。性能与六性综合设计仍以功能视图到物理视图的演进为中心,但要考虑六性的影响,对已有视图进行扩展,各视图之间的关系如图 7-5 所示。一方面,基于功能视图,通过参考定性的六性准则或知识库,考虑故障、维修、保障的影响开展面向六性的设计,这些设计并不存在独立的视图,但其影响应体现在功能视图到物理视图的转换当中。另一方面,从六性不同的视角出发,建立面向六性分析的领域视图及其映射机制,支持六性分析与评价。

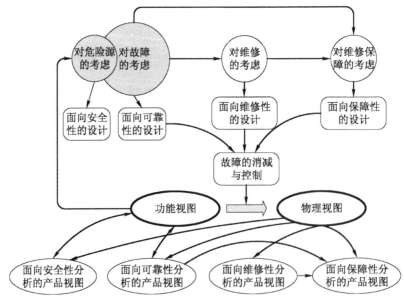

图 7-5 综合设计多视图关系模型

六性是与故障做斗争的学问,其研究的重点是认识故障发生的机理与规律,并运用这些规律预防或控制故障。因此,六性工作的视角都与故障直接相关或间接相关,如可靠性关注的是各类故障对系统完成规定功能的影响,维修性则重点描述系统预防和修复故障(含故障检测)的能力。而保障性则与故障具有部分相关性,本书的研究限于相关的维修保障部分,即关注系统故障特性及计划资源满足平时战备及战时使用要求的能力。

如本书2.5节所述,六性工作种类较多,国军标中规定的六性工作项目就高达157项。为确认六性工作项目需要的视图,按照图7-5所示思路,采用工作项目—视图矩阵的形式系统梳理国军标规定的各类六性工作项目,其结果如图7-6所示(仅列出了典型六性工作项目)。其中:

特性域 $P=\{$可靠性(P_1),维修性(P_2),保障性(P_3),安全性$(P_4)\}$。

方法域 $W=\{$故障模式影响分析(w_{11}),可靠性预计(w_{12}),结构/热设计有限元分析(w_{13}),测试性预计(w_{21}),维修性预计(w_{22}),虚拟维修验证(w_{23}),以可靠性为中心的维修分析(w_{31}),修理级别分析(w_{32}),使用与维修任务分析(w_{33}),事件树分析(w_{41}),功能风险分析(w_{42}),区域安全分析$(w_{43})\}$。

归并后的视图论域 $V=\{$功能视图(v_1),物理视图(v_2),故障逻辑视图(v_3),检测/维修单元视图(v_4),区域视图(v_5),保障单元视图$(v_6)\}$。

特性领域	工作项目	视图					
		v_1	v_2	v_3	v_4	v_5	v_6
P_1	w_{11}	●	◎	●	○	○	○
	w_{12}	●	●	●	○	○	○
	w_{13}	◎	●	●	○	○	○
P_2	w_{21}	◎	●	●	●	○	○
	w_{22}	◎	●	●	●	●	○
	w_{23}	○	●	●	○	●	○
P_3	w_{31}	●	●	●	●	○	●
	w_{32}	●	●	◎	●	○	◎
	w_{33}	◎	●	◎	○	○	●
P_4	w_{41}	●	●	●	●	◎	○
	w_{42}	●	◎	●	●	○	○
	w_{43}	◎	○	◎	●	●	○

●表示与视图强相关　◎表示与视图弱相关　○表示与视图不相关

图7-6　六性工作项目—视图矩阵分析结果

从上述分析结果可以发现 $v=v_1\cup v_2\cup v_3$ 与 w_{ij} 整体表现为强相关,因此认为产品(功能/结构)和故障是六性领域视图的交集,其构成了性能与六性数据及知识共享的纽带。

2. 基于本体的综合设计多视图数据模型

六性领域的知识建模均以产品/故障为核心,但侧重点各有不同。在产品综合设计过程中,可靠性领域关注的是产品要素故障的机理、故障的演变过程、故障的扩散方式及后果等内容。维修性领域关注产品要素故障的可发现和可定位特性,以及故障件的可更换和可修复特性。保障性领域关注产品要素预防故障和修复故障的维修方式以及配套的资源分布情况。

从上述分析可知,产品及故障的知识在六性领域具有较高重用及共享要求。为此,本书采用了层次化的本体来描述多视图模型,主要包含参考本体及应用本体两类要素,如图7-7所示。其中参考本体并不是为任何专门领域的应用而设计的,目的是在多应用背景下的知识重用,侧重于描述产品数据中最基础、最顶层、最抽象的概念。而应用本体则是面向特定应用领域的详细概念,通常由领域专家建立。其中,参考本体的部分或全部可以在多个领域(应用本体)中使用。

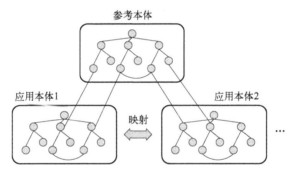

图7-7 参考本体与应用本体的关系

首先考察并选取一般产品设计的顶层概念(如产品、结构、功能、故障等)建立多视图模型的参考本体。然后,再选取六性领域的各类详细的概念建立各领域的应用本体,进而以这些应用本体为基础建立六性领域的数据/知识模型。根据这一思路可以建立如图7-8所示的多视图模型框架。其中,参考本体是应用本体间映射的有机联系,也是实现综合设计各领域数据及知识共享的核心。构建这些本体时,使用了本体的基本关系,即视角关系(is-a)与组成关系(part-of),并扩展了实现、对应、使用等一元关系,以及不能完成规定功能、检测故障等二元关系。

在参考本体视图中,物理与功能是产品的两个不同视角,相当于产品的子概念。结构与功能之间存在着实现关系。同时,物理结构不能完成规定功能则意味着故障。物理结构及物理结构之间的组成关系构成了产品物理视图,功能与功能之间的组成关系构成了产品功能视图。

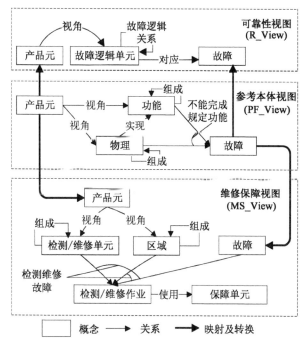

图 7-8 基于本体的综合设计多视图模型

在可靠性视图中,从故障逻辑单元及其关系的视角观察产品。因此建立产品在可靠性视图中的子概念,即故障逻辑单元,并且故障逻辑单元之间存在着组成关系。在维修保障视图中,可以从检测/维修单元或区域两个视角观察产品。因此建立产品的两个子概念区域及检测/维修单元,并通过检测/维修作业建立产品与故障之间的二元关系。

需要注意的是,图 7-8 仅建立了多视图模型中的基础框架。无论是参考本体还是应用本体中的概念都可根据需求进行扩展,如描述故障的概念可从故障机理、故障传播、故障后果等角度进行扩展,包括故障位置、故障时间、故障影响等多个组成部分。

3. 多视图之间的映射机制

为利用图 7-8 所示框架实现多视图的映射:一方面需确定功能与结构的映射机制;另一方面需建立产品与故障从参考本体到其他视图的映射机制。通过将结构与功能的概念实例化,再扩展它们之间的实现关系,即可建立功能与结构间的映射机制,如图 7-9 所示。图中的 F 代表功能,S 代表结构,共包含 4 类结构到功能的实现关系,即直接实现、与关系组合实现、或关系组合实现、一对多实现。

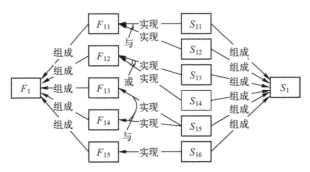

图 7-9　结构与功能的映射机制

在此基础上,给出产品与故障在多视图中的映射机制。产品在参考本体中和六性视图中均可表示为分层结构,主要差别在于节点及其关系的不同。产品到其他视图的映射主要包含两类:唯一映射或多重映射(即多个结构/功能节点对应着六性视图中一个节点,如故障逻辑单元、区域或检测/维修单元),这两种映射可以运用转换矩阵方式给予较好的描述。以参考本体到可靠性视图的映射为例。设产品在参考本体中包含的节点(结构或者功能)集合为 $A=\{a_1, a_2, \cdots, a_n\}$,在可靠性视图中包含的故障逻辑单元为 $B=\{b_1, b_2, \cdots, b_m\}$ $(m \leqslant n)$,转换矩阵为 T(如下式所示),其元素取值范围为 $(0,1)$,那么可知 $B=A \times T$。假设求解出的 $b_1=a_1+a_2$,即表示 a_1,a_2 共同映射为故障逻辑单元 b_1。

$$T=\begin{pmatrix} T_{11} & T_{12} & \cdots & T_{1m} \\ T_{21} & T_{22} & \cdots & T_{2m} \\ \vdots & & \ddots & \vdots \\ T_{n1} & T_{n2} & \cdots & T_{nm} \end{pmatrix}$$

而故障在多个视图中的区别表现为观察故障视角(表现为故障属性)的差异。其映射仍可采用矩阵转换的方式进行。设参考本体中故障的属性集为 $P=\{p_1, p_2, \cdots, p_k\}$,其他视图中故障的属性集为 $Q=\{q_1, q_2, \cdots, q_l\}$ $(l \leqslant k)$。首先利用 k 阶方阵 M 将 P 转化为中间矩阵 $P'=P \times M$,M 中元素的取值范围是 $(0,1)$,但任意行或列中至多包含一个为 1 的元素。然后删除 P' 中所有元素为 0 的行或列,即可获得 Q。

4. 综合设计多视图模型在集成平台构建中的应用

下面以 PLM 产品 TeamCenter 为例,论述 PLM 产品下综合设计多视图模型的实现。按照 TeamCenter 客户化的实施方法学实现上述目标,需要扩展 PLM 的数据层、对象管理框架层(对象模型及对象服务)以及界面层,其核心是对类及关系的扩展,如图 7-10 所示。

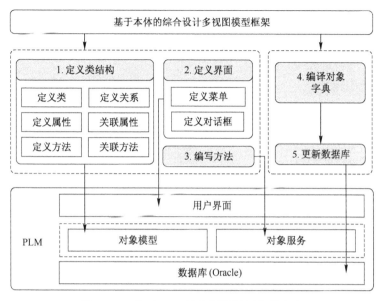

图 7-10 基于 PLM 的多视图框架实现方法

（1）定义类结构。参照本体框架，使用 TeamCenter 客户化开发语言 MODel（metaphase object definition language），定义功能、故障等概念对应的类结构，包括类、属性、关系及方法。

（2）定义界面。按照已定义的类结构，使用 MODeL 定义菜单、选项、对话框，属性列表等，并通过 DWE（dialog window editor）图示化编辑已定义的界面。

（3）编写方法。利用 C 语言调用 API 函数实现类结构中定义的方法（message）。

（4）编译对象字典。利用 MODel 编译命令将已编译的类结构更新到对象字典中。

（5）更新数据库。利用 TeamCenter 提供的映射命令 Updatedb 将新加入的对象自动更新到 Oracle 数据库。

利用上述步骤在 PLM 中建立图 7-8 所示的多视图模型框架中的各本体类，即可初步建立面向对象的多视图数据模型。在这里，本体的主要作用是充当领域知识的元模型，以便于多领域的设计工具调用知识或共享知识，如图 7-11 所示。图 7-11 采用了 Express-G 的表达法描述本体类及它们之间的关系。限于篇幅，本书未建立全部的本体类结构，仅给出了最具典型性的类结构。图 7-11（a）描述了参考本体的类结构及主要属性。图 7-11（b）描述了可靠性领域的主要概念，可以看到产品（Part）与故障被重用。利用故障逻辑单元与 Part 之间的映射关系建立参考本体与应用本体的联系，同时从可靠性领域知识共享角度对故障的概念进行了扩展，包括故障演变与故障扩展等概念。与之相似，图 7-11（c）描述了维修性与保障性领域的主要概念。在 TeamCenter 下部分实现效果如图 7-12 所示。

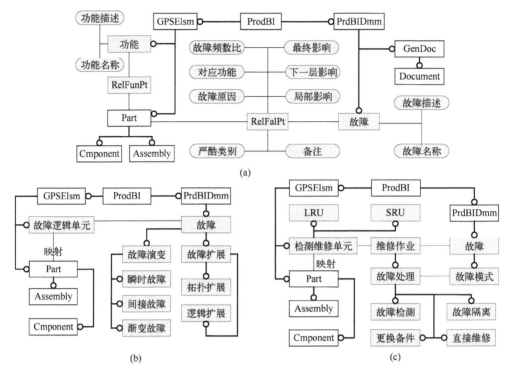

图 7-11 多视图模型本体框架的类结构

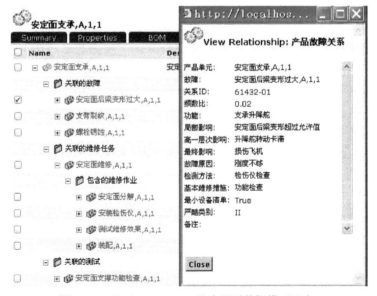

图 7-12 基于 TeamCenter 的多视图数据模型示意

目前已经将上述模型和方法应用在基于 PLM 的性能与六性综合设计平台原型中。该项目的目标是实现 39 个六性工具之间以及它们与性能领域 CAD 的信息集成与过程集成。目前已将可靠性预计、可靠性建模、维修性预计、修理级别分析等多个工具集成到 TeamCenter 平台下,实现了性能与六性数据知识的共享和交换,验证了上述模型和方法。

7.2.4 基于 PLM 的流程构建方法

1. 功能性能与六性综合设计流程实例化的实施方案

功能性能与六性综合设计流程的实现与管理必须依赖于一套综合设计流程管理系统,其实施过程如图 7-13 所示。在贯彻了综合设计思想之后,在设计层选择所用的建模方法,以及流程设计的元模型,最终实现设计流程模型的设计(定义),在运行层需要执行设计流程并完成信息交换,并且需要在控制层对执行的设计流程进行跟踪和分析。

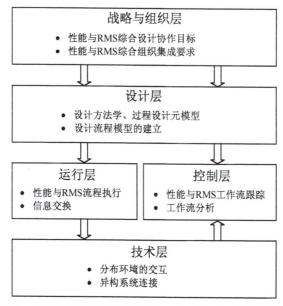

图 7-13 功能性能与六性综合设计工作流管理系统的实施层次

功能性能与六性综合设计流程是一个涉及大量人员、信息、资源的协同设计过程。其设计环境要求具有分布式特征,在熟悉和掌握现有流程集成技术的基础上,根据性能与六性综合设计流程的需求,采用基于 PLM 系统寿命周期管理(life cycle management,LCM)模块的流程集成方案。典型的 PLM 系统有 UGS 公司的 Team-Center、PTC 公司的 WinChill、达索公司的 ENOVIA LCA 等。这些产品中的 LCM 模块相对来说比较成熟,已经具备相当的流程建模与管理能力。

LCM 模块基本符合工作流管理联盟提出的参考模型,通过其提供的分布式任务列表以及分布式的调用应用,可以满足分布式的工作流用户与应用接口这一层次的需求。如果整个过程涉及的人员、资源较多,为了减轻系统的负担,提高系统运行的效率,应该考虑需要实现分布式工作流机。根据 PLM 系统本身具有的分布特性,依据分布式工作流机的基本模型,提出如图 7-14 所示的基于 LCM 模块的分布式工作流机的集成方案。PLM 系统的分布性体现在其服务器本身可以划分为全局服务器及本地服务器,同时各服务器上都可以挂服务及数据库,从而实现分布式数据库及分布式服务。

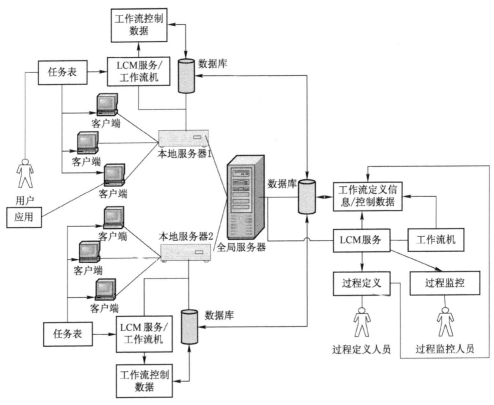

图 7-14 基于 LCM 模块的分布式工作流机的流程集成方案

在全局服务器使用 LCM 服务中的过程定义功能完成过程定义,然后在执行时由各本地服务器的多个 LCM 模块提供工作流机功能以驱动工作流的执行,从而完成分布式工作流机的实现。过程监控人员可以在全局服务器上监控整个过程的运行。本地服务器通过 LCM 模块中的工作流机功能直接与客户端打交道,可以通过任务表与用户交互,也可以直接调用客户端上的应用。由于采用同一 LCM 模块,各本地服务器之间以及与全局服务器之间的交互相对容易。

该方案的实施过程如图 7-15 所示。首先应该按照需求配置服务器与客户端；其次是配置多工作流机，由于 LCM 服务模块已将过程定义、实例化、执行、监控等封装，因此不会自动地去调用各个本地服务器上 LCM 模块中的工作流机的执行功能，因此需要利用 PDM 系统提供的二次研制功能去实现全局服务器的过程定义与本地服务器过程执行的自动化。在完成该步骤之后，再利用 PDM 提供的流程管理功能即可，即流程定义、模型实例化及流程执行等。

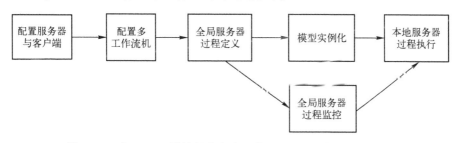

图 7-15　基于 LCM 模块的分布式工作流机的流程集成实施示意

该方案最大限度利用了现有的 PDM 系统的支持，与信息集成结合比较紧密。其流程管理的能力取决于 PDM 系统的能力，随着 PDM 系统能力的不断提高，其流程管理的能力就会更加成熟。

2. 功能性能与六性综合设计流程的实例化建模过程

下面将利用 PLM 系统提供的 LCM 模块对构建基于 PLM 的综合设计流管理系统的技术可行性进行验证。PLM 软件的权限管理通过一系列的配置和二次研制，可以定义出谁使用什么工具对具体设计工作的数据进行操作，完全能满足综合设计流的需求。建立基于 PLM 的综合设计流程管理系统需要应用 PLM 的以下几项管理功能：

（1）用户管理，管理所有的设计参与者的相应信息，主要定义哪些人参与设计工作，对应于元模型中活动的角色。

（2）消息管理，管理参与者转换为执行者时的赋权行为，主要目的是建立参与者与任务之间的关系对象——执行者，通过这个关系对象管理参与者的权限，也就是说通过消息的编写指定设计者对应的可执行程序。在活动关联了执行者这一关系对象之后，就可以建立"活动"与"角色""需要激活的应用程序"之间的引用关系。消息的编写需要进行二次研制，即客户化工作。

（3）条件管理，管理数据流动时的规则，对应于元模型中的转换条件。

（4）工作流管理，主要目的是创建各种工作流任务，定义工作流步骤节点，创建步骤间关系，关联任务及步骤，最终完成工作流的定义。

基于 PLM 的流程管理模块建立综合设计流的过程如图 7-16 所示。

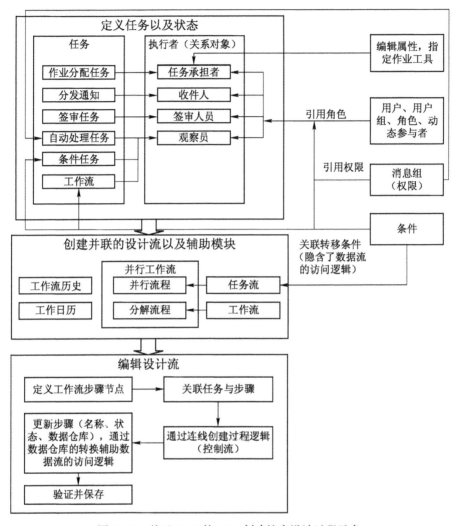

图 7-16 基于 PDM 的 LCM 创建综合设计过程示意

第一阶段是创建综合设计流的各种执行者与任务模块。PLM 中 LCM 模块的用户包含 4 种，分别是用户、用户组、角色、动态参与者。其中动态参与者是工作流管理模块所特有的一种用户。LCM 的任务模块共有 11 种，在第一阶段使用的任务模块包括作业分配任务、分发通知、签审任务、自动处理任务、条件任务以及工作流。包括工作流在内的这些任务模块本身均隐含了版本关系，通过这些任务模块将相应设计工作管理起来。作业分配任务是对应于设计工作最主要的任务模块，在作业分配任务中可以指定使用哪个工具进行作业；分发通知模块是向寿命周期内的相关人员发送通知；签审任务是用于某个设计对象改变状态时采取多人表决的方式决定时的模块;自动处理任务是通过在任务中向对象发送特定的消息来自动执行某个任务,任务执行的结构会被反馈到自动处理任务本身;条件任务通过条件对象来检查一个或多个对象的属性值,然后根据返回的布尔值(TRUE or FALSE)来为工作流程设置分支;此时即可以创建工作流了,工作流由两部分组成:工作流自身的属性和组成工作流的执行步骤。工作流能反映设计对象在设计全过程中一系列状态的变化。一般而言,设计对象总是从处理状态开始,然后会经过审签、正式发布、变更、过期等一系列状态变化,最后通过事先定义好的各类任务构建工作流。

定义完任务模块之后,需要通过编辑执行者对象,将用户与任务相关联。这一步骤会引用消息、消息组(规则对象)、条件等。其中执行者对象分为4类,分别是对应于作业分配任务的任务承担者、对应于分发通知的收件人、对应于签审任务的签审人员、对应于其他任务的观察员。这4类执行者对象均可与用户、用户组、角色、动态参与者相关联,通过在执行者对象中对"消息"的引用可以明确用户在寿命周期可执行的具体权限。

此时进入第二阶段,即创建各种与综合设计流程相关的任务模块,主要是创建并行工作流与一些辅助模块。完善工作流的描述能力有两种方式:分解流程和任务流管理。通过分解流程处理,同一对象的不同属性进行流程的不同分支,这个过程中允许数据的转移;通过任务流管理模块处理,单个对象进入不同任务分支,这个过程不允许数据的转移。

之后,进入第三阶段,即创建综合设计流图形化表示。它是将具体的性能与六性综合设计过程进行实例化的阶段。首先创建工作流模块中的步骤,然后把已经建立好的任务与步骤相关联,再创建步骤间的关系(成功、失败等),这一步骤应该按照性能与六性综合设计的过程逻辑进行关联,相当于控制流的创建。最后通过先前对条件的编写以及对工作流不同阶段所对应的数据仓库进行编辑,控制数据流的走向,这一过程应该按照综合设计具体的数据约束进行。至此完成了综合设计流的创建。在这一步骤中,工作流模块是可以多次嵌套使用的,可以满足层次性的需求。

综合设计流创建完之后要进行验证与保存。然后利用 TeamCenter®(TC)提供的流程试运行功能进行调试,若无任何问题后,则可转入正式运行状态。此时,可以利用 TC 提供的过程管理模块(如中止、冻结、重启、监控等模块)对综合设计流程的实例化模型进行监控与管理。整个过程是在工作流管理系统的基础上实施了性能与六性综合设计的理念,相当于构建了一个综合设计流管理系统。该方法主要是由 PDM 提供的 LCM 模块完成,在消息与条件的编写过程中相当于使用了其二次开发功能。

3. 功能性能与六性综合设计流程实例化及管理示意

下面以某研究院基于 TC 的综合设计平台为例,对综合设计流程进行说明。

1) 人员组织权限配置

在综合集成平台中创建人员组织结构,并分配了相应权限。共创建用户组 13 个(图 7-17),角色十余个(图 7-18)。按照图 7-19 所示方式,创建多个角色分配关联角色和用户组,其结果如表 7-1 所列。

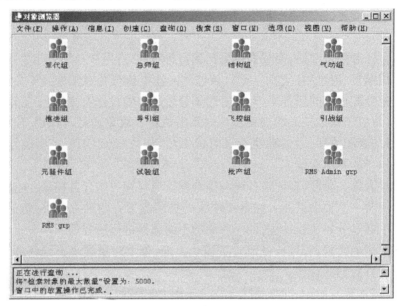

图 7-17　演示验证项目用户组

表 7-1　角色分配结果

角　　色	用户/用户组	项　　目
设计总师	总师组	PL-XX
军代表	军代组	PL-XX
可靠性设计师	六性组	PL-XX
引战设计师	引战组	PL-XX
导引设计师	导引组	PL-XX
推进设计师	推进组	PL-XX
气动设计师	气动组	PL-XX
质量总师	批产组	PL-XX
元器件中心管理人员	元器件组	PL-XX
试验数据管理工具一般用户	试验组	PL-XX
…	…	…

第 7 章　基于模型的可靠性系统工程综合设计平台

图 7-18　演示验证项目角色

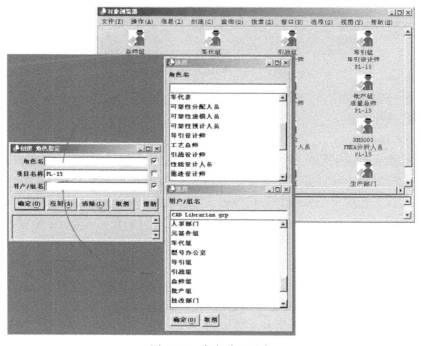

图 7-19　角色分配示意

针对不同的用户组和角色创建各类权限规则百余条,从而保证数据安全和应用验证用户的权限。

为了使权限配置更为柔性,在平台中用户的权限是通过为用户组和角色编写消息访问规则,然后将用户与用户组/角色关联,使用户获取其权限。

如针对可靠性设计人员设置权限,为了保证可靠性设计人员能够正常的获取/更新数据,共创建了 133 条消息访问规则,其中创建权限 17 条、更新权限 43 条、签入签出权限 55 条、删除权限 4 条、其他权限等 14 条。

例如允许六性组从 RMSVault 电子仓库中对任务阶段类对象做签出操作,则需要新建消息访问规则如图 7-20 所示。

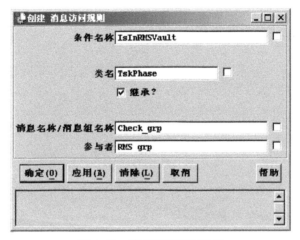

图 7-20 消息访问规则示例

此外还需要创建消息访问规则允许六性组对 RMSVault 电子仓库中的其他对象做签入签出操作。

2) 流程配置

六性综合集成平台是通过流程来驱动案例的按计划开展,所以流程就尤为重要。在实际工作中流程是十分复杂的,为了保证流程的准确性,需要对六性综合设计工作流程进行层次化分析与分解分析,并最终形成平台中的流程模型。该流程模型中共包含 39 个小流程,300 多个作业节点,近 40 个评审节点,50 多个并行流程。

以飞控系统初样阶段设计为例,其流程如图 7-21 所示。在集成平台中,需对分支中的对象进行分析以确定分支是并行流程还是分解流程,在分析之后开始创建作业流程、评审流程等作业节点,以及任务流、工作流等流程节点。

以飞控组件可靠性预计作业流程为例,这些节点的创建过程如图 7-22 所示,可以配置相关任务阶段以及使用的六性工具。

第 7 章 基于模型的可靠性系统工程综合设计平台

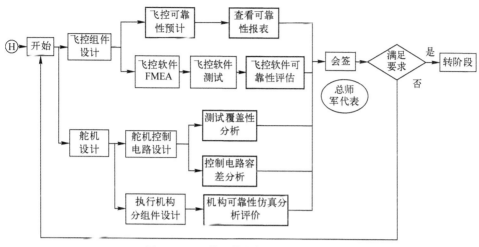

图 7-21 飞控系统初样阶段流程示意

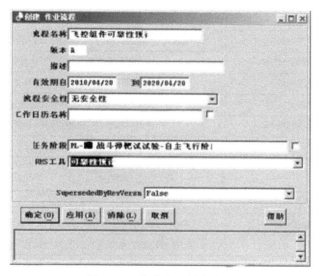

图 7-22 作业流程创建过程

为了实现图 7-21 所示流程,在集成平台中共创建作业节点 12 个,并行流程节点 3 个,任务流 6 个,工作流 6 个,评审节点 1 个,如表 7-2~表 7-5 所列。

表 7-2 作业流程说明

作业流程名称	说　明	涉及的六性工具
飞控组件设计	飞控部门设计飞控组件	
飞控可靠性预计	飞控部门对飞控组件进行可靠性预计	可靠性预计
查看可靠性报表	查看飞控组件可靠性数据	

217

续表

作业流程名称	说　　明	涉及的六性工具
飞控软件 FMEA	飞控嵌入式软件 FMEA 分析	嵌入式软件 FMEA
飞控软件测试	对飞控嵌入式软件进行测试	
飞控软件可靠性评估	对飞控嵌入式软件进行可靠性评估	软件可靠性评估
舵机设计	舵机部门设计舵机方案	
舵机控制电路设计	设计舵机中控制电路	
执行机构分组件设计	设计舵机中执行机构分组件	
测试覆盖分析	分析控制电路的测试覆盖情况	测试覆盖分析软件
控制电路	分析舵机控制电路容差	电路容差分析软件
执行机构可靠性仿真分析	利用分析软件对执行机构进行可靠性仿真	机械可靠性分析工具包

表 7-3　任务流说明

任务流名称	包含作业流程
TF_飞控软件分析	飞控软件 FMEA、飞控软件测试、飞控软件可靠性评估
TF_飞控可靠性分析	飞控可靠性预计、查看可靠性报表
TF_舵机电路分析	测试覆盖性分析、控制电路容差分析
TF_执行机构设计分析	执行机构分组件设计、执行机构可靠性仿真分析
TF_飞控组件设计分析	飞控组件设计、P_飞控可靠性分析(并行)
TF_舵机设计分析	舵机设计、P_舵机分组件设计分析(并行)

表 7-4　并行流程说明

并行流程名称	包含任务流
P_飞控可靠性分析	TF_飞控软件分析、TF_飞控可靠性分析
P_舵机分组件设计分析	TF_舵机电路分析、TF_执行机构设计分析
P_导弹分系统设计	TF_飞控组件设计分析、TF_舵机设计分析

表 7-5　工作流说明

工作流名称
初样阶段设计
LC_飞控设计分析
LC_舵机设计分析
LC_飞控软件分析
LC_舵机控制电路
LC_舵机执行机构

最终在集成平台中实现的综合设计流程示意如图 7-23 所示。

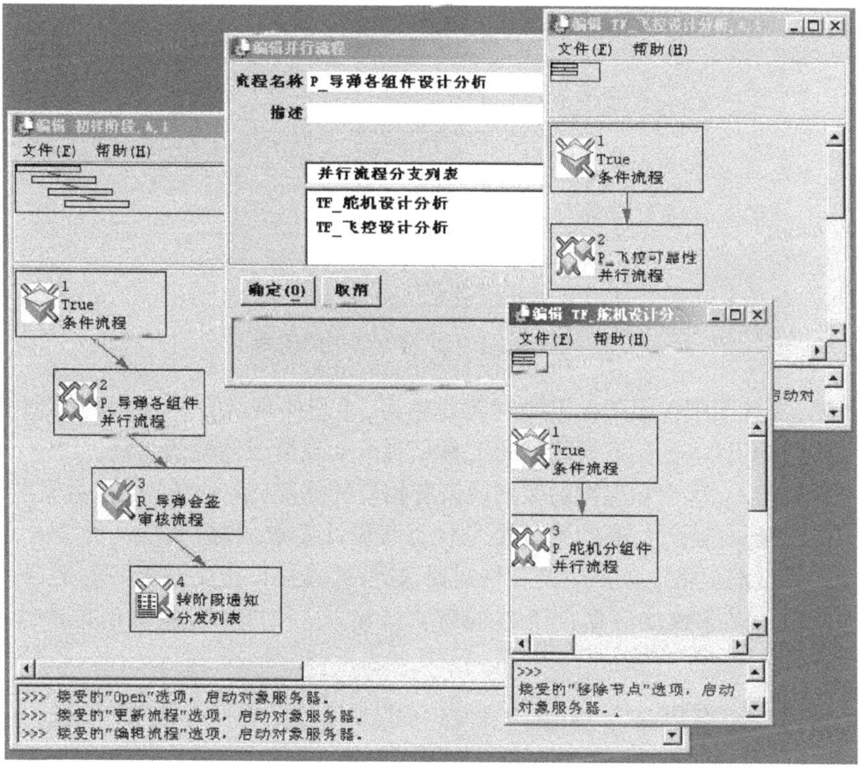

图 7-23 集成平台流程示意

7.3 MBRSE 综合设计工具集成

7.3.1 综合设计工具集成要求

工具处理的对象是特定技术状态配置的产品元集合。如图 7-24 所示,源产品元集合(包含设计要求信息和设计参数信息)进入工具,工具根据产品元的设计要求选择对应的辅助设计方法,并获取所需的支撑数据,应用工具完成设计分析工作。最后输出目标产品元集合(包含新的或更新的设计参数信息)。因此工具可以形象地比喻为产品元的"加工间"。

工具的设置粒度应该与国军标中规定的六性工作项目相对应,因为六性工作的计划、规划和考核等常常以工作项目为依据,以工作项目为单位设置工具,有利于在集成环境中通过工具驱动和控制工作项目的开展。根据第 4 章中的六性方法

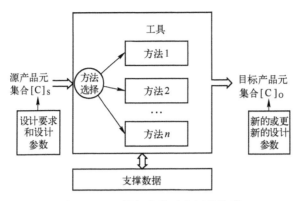

图 7-24　工具与产品元之间的关系

模型可知,工具不应仅限于标准中的工作项目,还应体现综合设计过程的完整性,如过程管理的工具、基础数据管理的工具和要求实现情况监控的工具。

　　工具对输入、输出和支撑的数据应该有相应的标准,输入的产品元数据应通过接口来自于统一的平台,有明确的技术状态和设计要求,数据有统一的格式,能够为各类工具识别。输出数据应符合格式要求,并通过接口提交到统一的平台,实现结果的共享。支撑数据应面向工具的需求设定统一的格式,并实现集中统一的管理。

7.3.2　综合设计工具集成模型

7.3.2.1　工具集成的基本原理

　　工具应基于共同的数据模型实现数据的共享,基于统一的流程模型,实现过程的驱动,其原理如图 7-25 所示,各工具通过调用统一的集成组件,实现与 PLM 之间的集成。在工具中需要实现的功能包括登录 PLM 到服务器、验证权限、获取工作任务、检索产品、读取/更新产品各类视图、参数属性和相关文档、提交设计分析结果和文档,更新数据版本等功能。

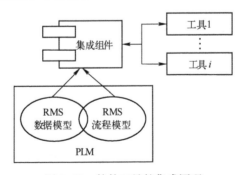

图 7-25　软件工具的集成原理

通过集成原理可见,工具集成的关键就是调用集成组件提供的各种接口,如图 7-26 所示,以实现工具与 PLM 中六性数据模型的交换。这样做一方面能够获取工具所需的产品结构、属性和文档等,另一方面能够将结果数据和文件置于 PLM 中适当的位置。

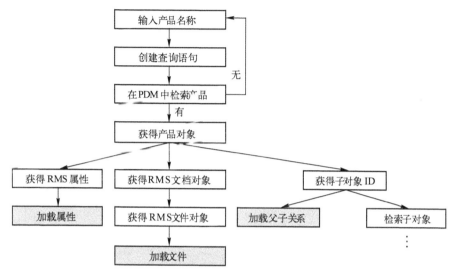

图 7-26　工具与 PLM 中六性数据模型的交换

开发基于 PLM 的六性工具集成接口,把握工具数据需求,利用面向服务架构(SOA),同时结合 XML 技术,将 PLM 的 API 封装为 Web 服务,供六性设计分析工具集成时调用。利用这种先进的架构可以实现跨平台、跨地域的基于广域网的松耦合集成。集成接口中包含了工具集成所需的主要函数,并给出了工具调用接口进行集成的流程示意,如图 7-27 所示。

7.3.2.2　工具集成接口

1. 工具集成接口的总体结构

综合集成接口组件模型开发为 3 层架构,如图 7-28 所示,分别是"PLM 服务层""业务实体层""接口服务层",其中工具的接口服务层和业务实体层间存在应用接口和业务逻辑两类接口,分别是"性能和六性产品数据管理应用接口"和"性能和六性产品数据管理业务逻辑接口"。其中业务逻辑接口把 PLM 所有相关的应用方法都建立成相应的接口服务,便于从较低的层次利用各种数据管理业务实体,实现工具需要获取的功能。而性能与六性产品数据管理应用接口主要针对六性间比较上层的模块间的调用,比如在可靠性建模中建立的可靠性框图及相关的数据,可以通过接口直接传递到 FMECA 中进行 CA 分析。

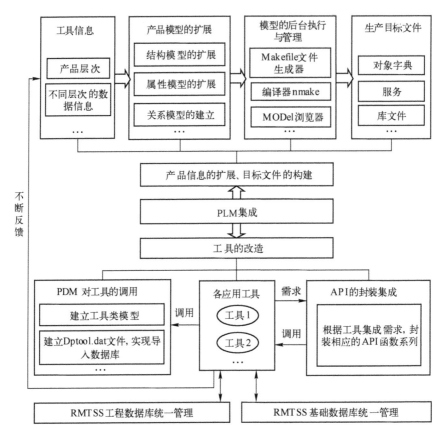

图 7-27 基于 PLM 的六性工具集成过程

在上面的 3 层接口中,只有底层的性能与六性产品数据管理业务逻辑底层接口与 PLM 平台进行连接。这样在跨平台移植的时候只需要改变这一层的接口即可,其他两层接口可以保持不变。从而将跨平台移植的工作量变少,较好地解决了性能与六性综合设计集成平台跨 PLM 环境的问题。

基于图 7-28 所示的接口组件架构,一个典型的接口组件调用过程(图 7-29)包括如下步骤:

(1) 程序调用应用层中的 PLM 登录功能,用户通过 Web 或 Windows 应用程序客户端登录 PLM,建立与 PLM 的连接。

(2) 获取工作任务和工作任务相关的产品树的 XML 文档对象。

(3) 客户端调用相关的函数获取 XML 文档对象,包括产品树及相关六性参数信息等。

(4) 将获取的 XML 文档对象解释为六性模型实体对象。

(5) 客户端应用程序按照六性数据模型来使用和维护相关的数据。

第 7 章 基于模型的可靠性系统工程综合设计平台

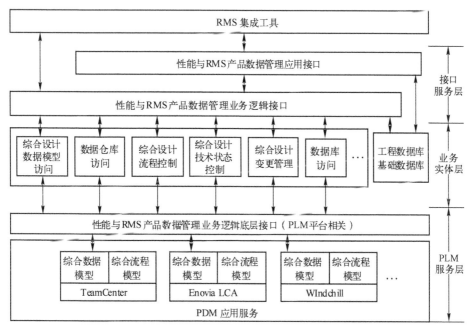

图 7-28 面向 PLM 集成的通用六性接口组件架构

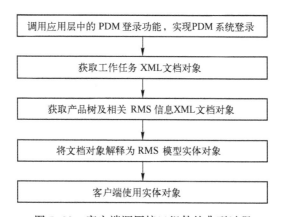

图 7-29 客户端调用接口组件的典型过程

因此六性接口组件向外提供的接口主要是以六性模型实体对象的方式提供的，图 7-30 描述了六性接口组件中的六性数据模型实体类及相关的关系，它是以产品树为核心，向外提供产品树及其相关任务剖面、任务阶段、六性参数和故障模式信息等，图 7-30 中灰色的部分暂时不做接口实现，根据需求可以逐步扩充。

基于面向服务的六性工具集成架构，能够很好地满足基于 PDM 的跨地域、跨平台的集成，利用 Web 服务的基于 Http 协议的特性和 XML 技术的天然优势，可以

223

实现基于广域网的集成;同时集成成本更低,既有的应用程序只要做很少的改动即可实现通过接口组件的集成;此外,3层架构可以保持良好的可扩展性、可维护性和可移植性。可扩展性表现在组件之间的交互基于 XML 技术,可以对 XML 文档对象中包含的信息进行扩展;可维护性表现在进行系统升级时,维护只需要在 Web 服务端的相关内容进行更新和维护即可,如果用户单位需要更换 PDM 平台,只需要更新服务端的部分内容,此时,重写部分 PDM 平台的 API 函数即可实现 PDM 平台的转换。

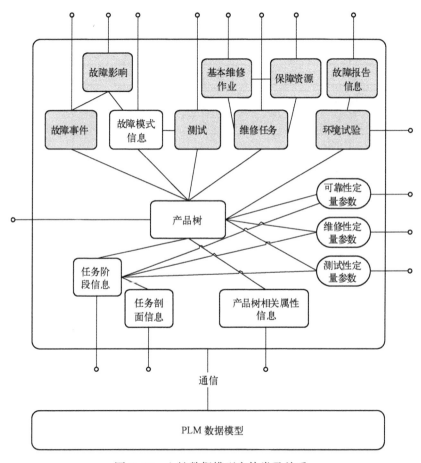

图 7-30 六性数据模型实体类及关系

图 7-31 为基于 TC 的六性设计分析工具集成的典型部署示意图。

上图按照"平台层""服务层"和"应用层"3 层的方式来描述基于 TC 的六性工具集成的部署过程,服务层的 Web 服务器与平台层的 PDM 服务器之间通过 Mux 建立通信连接,应用层的 Web 应用程序服务器和 Windows 应用程序通过调用 Web

服务的方式实现和 PDM 的数据交互。

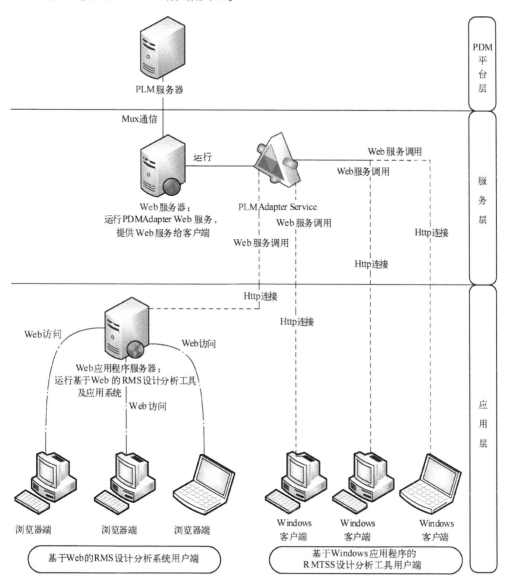

图 7-31 基于 TC 的六性工具集成典型部署过程

2. 工具集成接口的实现案例

工具集成接口使用 Visual Studio2005 C# 编写,建立的接口解决方案(ISynthesis)如图 7-32 所示,该解决方案包括 AdapterServiceLayer、EntityLayer 和 UILayer 3 层,分别对应图 7-28 中的"PLM 服务层""业务实体层""接口服务层"。

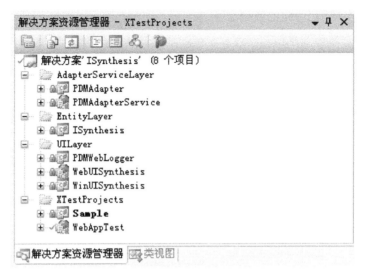

图 7-32　各层次项目的解决方案示意图

（1）PLM 服务层：PDMAdapter 项目，该项目中包含一个 Web 服务，用于处理和 PLM 进行数据交互的相关操作（图 7-33）。

图 7-33　PDMAdapter 服务

（2）业务实体层：ISynthesis 项目，该项目通过各个实体类以及各实体类相关的关系实现对产品数据模型的描述（图 7-34、图 7-35）。

图 7-34　业务实体类及相关的接口

（3）接口服务层：包括面向 Windows 应用程序登录的 WinUISynthesis 项目和面向 Web 应用程序登录的 WebUISynthesis 项目。

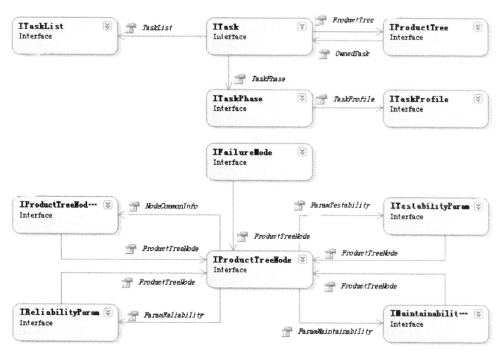

图 7-35　实体业务类接口关系图

① WinUISynthesis 项目(图 7-36)。

图 7-36　WinUISynthesis 项目类图

② WebUISynthesis 项目(图 7-37)。

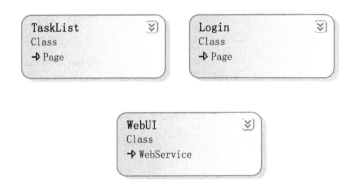

图 7-37 WebUISynthesis 项目类图

③ 工具集成实例。

以可靠性预计工具为例(图 7-38),通过集成接口,可靠性预计工具可以从 TC 产品对象模型中获得电路板的产品模型,包括组成的元器件及其型号和参数等信息。可靠性预计工具利用这些信息完成可靠性预计计算,并输出预计报告,然后可以再次利用集成接口将分析结果(MTBF)和预计报告(Word 格式)保存到 TC 中,供其他分析工具或评审使用。

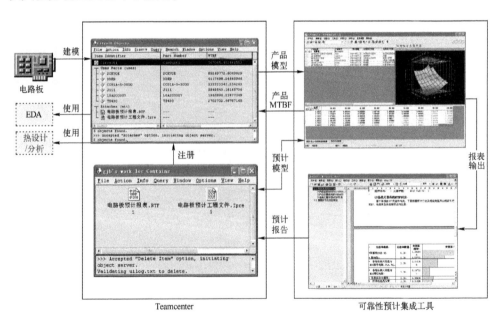

图 7-38 可靠性预计工具集成及其运行方式

第8章

基于模型的可靠性系统工程应用案例

本书以地面移动机器人平台(以下简称"移动平台")为对象,从需求分析出发,按照正向设计过程介绍 MBRSE 方法的应用过程。

8.1 需求分析

8.1.1 目标要求

移动平台是军民两用机器人的移动行驶载体,可通过加载不同的功能模块,执行侦察、运输、特殊作业等多种任务,应用于国家防务、反恐、灾害救助、战场、特种工业等军民领域。因此,要求该平台具有较强的机动性,较高的行驶速度和爬坡、越障、涉水能力;较强的环境适应能力,在草地、沙地、山地、公路道路和室内等地形均可以自如行动;能够承受较高的振动冲击载荷,能够适应-25~50℃的温度范围,及严酷的电磁环境;在操作方式上,以遥控为主,能够实现局部路径规划。

移动平台的关键技术指标如表 8-1 所列,其中 D 表示 Demand(必须达到),W 表示 Wish(期望达到)。

表 8-1 移动平台关键技术指标清单

序号	类 别	指标名称	指标要求	D/W
1	环境	自然环境	雨、雪、冰、盐雾	D
2		温度	-25~50℃	D
3		湿度	1~100	D
4		涉水	≥0.5m	W
5		地面环境	沙地、公路、草地、砂石	D

续表

序号	类别	指标名称	指标要求	D/W
6	性能	最大行驶速度	5km/h	D
7		最大爬坡角度	30°	D
8		最大爬梯高度	楼梯高度200mm/阶,角度30°	W
9		最高翻越垂直墙高度	200mm	D
10		最大越沟宽度	300mm	D
11		续航里程/时间	≥20km 或者 2h	D
12		充电时间	≤8h	D
13	结构	重量	≤50kg	D
14	功能	载重	≥50kg	D
15		通信距离(空旷条件下)	≥1.5km	D
16		定位距离(正常工作条件下)	≥3m	D
17		控制与感知	方向、速度、姿态	D
18	可靠性	平均故障间隔里程 MTBF	≥40km	D
19	保障性	电池更换时间	≤5min	D
		保障设备/工具通用率	≥50%	D
20	维修性	平均维修时间	≤20min	D
		故障隔离能力	模糊度3(LRU)	D
21	安全性	安全	防爆、无毒、无尖锐、无高压漏电	D

结合移动平台的适用需求,其总体设计要求如下:

1. 功能要求

(1)要求以遥控方式控制移动平台工作,且具有局部自主能力。

(2)要求通过驱动轮电机控制移动平台的运动,通过驱动推杆控制移动平台的姿态。

(3)要求能采集距离、图像等外部环境传感信息,采集方向、位置、速度等信息,能监测内部状态信息。

(4)要求具备远程数据通信通道能力,且可以同时传输指令、数据及视频图像。

(5)要求具有"即插即用"式载荷接口,载荷类型包括机械、电源及数据通信电气,且要求可以通过控制中心远程管理载荷模块。

2. 技术要求

(1)要求移动平台车体结构设计紧凑、简单、可靠,尽量使其小型化和轻量化;

要求采用履带式移动机构,具有多地形适应能力。

（2）要求移动平台具有一定的速度,能在各种气候和地形条件下执行任务,有一定的爬坡和越障能力,具有全方位转向的能力,同时要求具有优越的通过性、姿态的稳定性和很好的高速运动精度。

（3）要求驱动系统具有较高的传动效率,结构紧凑,重量轻,具有较高的动态响应特性,具有集成化的驱动控制电路。

（4）要求移动平台具有一定的外部环境感知能力,可实现目标探测;能够通过综合多源信息,达到对周边环境的全方位观测。

（5）要求主控系统能检测各功能模块的工作状态并及时处理,具有标准通用接口,可升级可扩展,体积小、重量轻、功耗低,能满足温度、力学和电磁兼容性能要求。

（6）要求移动平台具有导航功能,能实时为其提供任务区域内绝对与相对位置、速度和姿态等信息,并满足一定的精度要求。

（7）要求移动平台有应急电源,能进行电池充放电和用电管理,避免发生事故。

3. 通用特性要求

1）可靠性要求

应保证移动平台具有较高的可靠性,充分制定和贯彻可靠性设计准则,使移动平台具有较高的平均故障间隔里程 MTBF 和任务可靠度 R_M。

（1）MTBF:不小于 40km。

（2）要求重要分系统和组件具有余度。

2）安全性要求

移动平台应进行故障安全设计,保证移动平台在使用过程、设备故障或人为操作错误时不会造成人员伤亡、设备损坏、财产损失等意外事故和危险。

3）维修性要求

应保证移动平台出现问题时故障部位可估、可测、便于维修。

（1）平均修复时间(MTTR)应不大于 20min。

（2）要求维修口盖的连接应尽量采用快卸形式,口盖打开后应有可靠的系留或支撑。

（3）要求尽可能采用组合结构,做到模块化、标准化。

（4）要求组件具有互换性,关键组件具有防差错及识别标志等。

4）保障性要求

应保证移动平台具有较高的自我保障能力,所消耗的保障资源尽量少,能够较为方便地实施保障性相关工作。

（1）要求具备便携式保障工具箱。

(2) 要求保障工具具有通用性。

5) 测试性要求

(1) 要求对关键故障的性能输出进行监控,并提供报警功能。

(2) 要求监控的输出显示应符合人机工程要求。

(3) 要求故障提示信息准确,故障隔离模糊度不高于3。

6) 环境适应性要求

(1) 要求工作温度范围:-25~50℃。

(2) 要求贮存温度范围:-25~50℃。

(3) 要求能防水,且能适应野外振动、冲击和沙尘等环境。

8.1.2 需求分解

总体性需求是无法直接设计的,因此设计师还需进一步将总体性需求细化分解为可设计实现的子需求。结合上述对移动平台的总体需求描述,我们将移动平台的总体需求划分为6个一级子需求,其分解结构如图8-1所示。

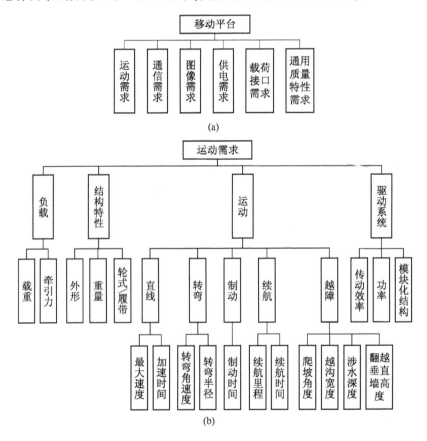

第8章 基于模型的可靠性系统工程应用案例

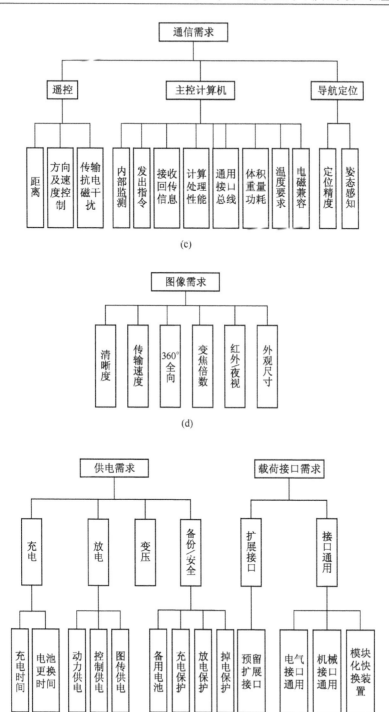

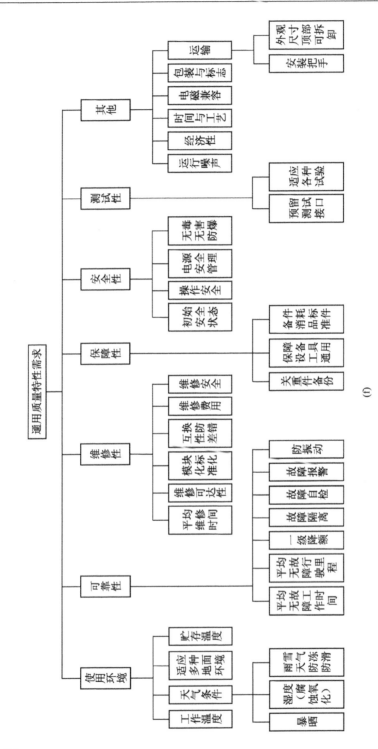

图 8-1 移动平台总体划分

(a) 移动平台需求分解——运动需求；(b) 移动平台需求分解——通信需求；(c) 移动平台需求分解——图像需求；(e) 移动平台需求分解——供电需求，载荷接口需求；(f) 移动平台通用质量特性需求。

通过需求分解可以有效进行需求到功能的映射,帮助进行功能分析和设计。

8.2 初步设计

8.2.1 功能设计

根据移动平台的需求,可对应设计其主要功能:移动平台具备良好的运动功能,具有一定的越障能力,并通过传感器采集距离、图像等外部环境传感信息与方向、位置、速度等监测内部状态信息;移动平台具有远程数据通讯通道,可以同时传输指令、数据及视频图像信息,接受控制中心的远程遥控;移动平台为载荷模块提供可靠的机械、电源及数据通信电气接口。其功能原理如图 8-2 所示。

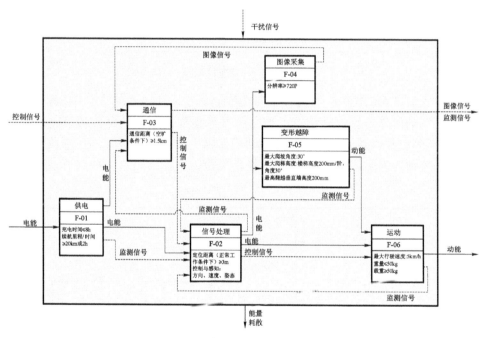

图 8-2 移动通用平台功能原理

根据初步的功能原理图进一步细化功能分析,得到移动平台主要部分的功能流程,包括信号处理模块(含电源管理)、通信模块(含图传)以及运动模块(含越障)。

(1)信号处理模块(含电源管理)主要把外部电能转化为可以直接提供给移动平台及其各子系统功能模块的能源,系统处理来自指挥中心的信息并组织发送至移动平台,同时负责实时监测移动平台各功能模块的工作状态,其功能流程如图 8-3 所示。

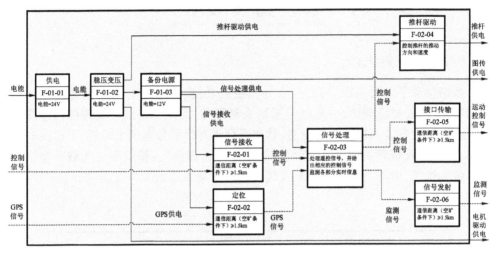

图 8-3　信号处理模块(含电源管理)功能流程

(2) 通信模块(含图传)主要是通过无线通信实现移动平台与控制指挥中心及操作员之间的信息传输。移动平台把在前方采集到的视频信息传到控制指挥中心,控制指挥中心根据传回的信息对移动平台发出控制指令;类似地,移动平台把在前方采集到的视频信息传给操作员,操作员根据传回的信息对移动平台发出控制指令。其功能流程如图 8-4 所示。

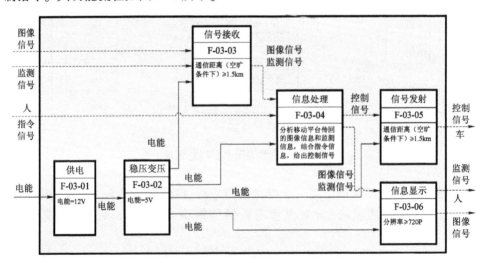

图 8-4　通信模块(含图传)功能流程

(3) 运动模块(含越障)主要是提供支撑。保证移动平台上承载的各系统之间具有弹性联系,能够传递载荷、缓和冲击、衰减震动以及调节平台行驶中的车体位置;同时把电能转化为机械能,控制移动平台的速度,使平台具有加速和制动能力、全方位转向能力及一定的爬坡和越障能力。其功能流程如图8-5所示。

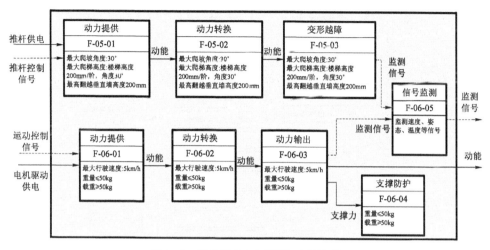

图 8-5 运动模块(含越障)功能流程

8.2.2 结构设计

根据各模块的功能流程分析,可以初步对应设计移动平台的物理结构,包括控制箱、遥控箱、动力箱、电源、车体、悬挂等,其功构映射如图8-6所示。

根据以上功能和结构的分析,可以得到移动平台的设计方案。各模块划分如图8-7所示。

各模块具体功能设计如下:

(1) 通信模块:联系遥控端与移动平台的桥梁(加 * 号的子功能模块均为可靠性保障的有效设计方法,下同)。

① 移动平台控制通信模块:移动平台受控和状态反馈的基础。

② 图像传输模块:保证摄像头数据实时稳定传输。

③ *备份传输模块:控制信号被干扰或者主通信模块瘫痪后的备份控制。

(2) 图像模块:移动平台周围图像及声音采集。

① 摄像头及镜头模块:负责移动平台远程监控视频采集。

② 云台模块:保证颠簸行进中图像增稳。

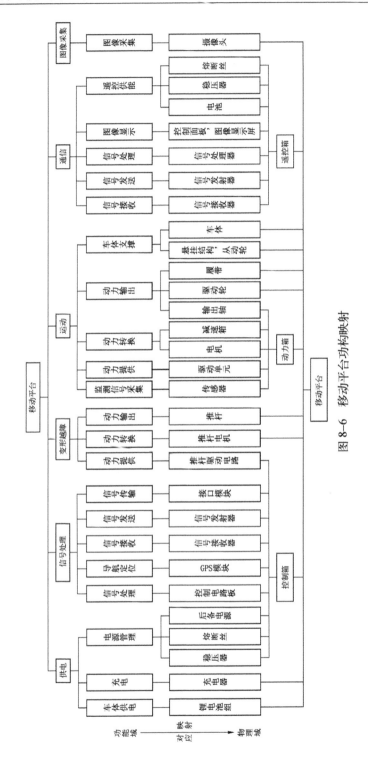

图 8-6 移动平台功构映射

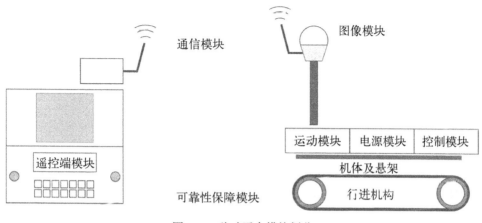

图 8-7 移动平台模块划分

③ 拾音器模块:负责声音采集。

(3) 运动模块:动力产生,负责动力输出驱动平台运动,包括行进机构和机体及悬架。

① 电机模块:功率及转速匹配是关键。

② 电机驱动模块:电机采用何种驱动形式。

③ 电机检测模块:电机实时转速检测。

(4) 电源模块:负责电能存储和供电。

① 动力电池模块:负责电机和其他执行机构的驱动。

② 分离电池模块:其他部分供电,必要时为驱动供电。

③ *电源管理模块:包括电池输出检测、电压检测、电池切换管理。

(5) 控制模块:负责信号处理和移动平台控制方法运行,并包括传感器、电路板及布线等。

① 信号传输模块:负责处理器信号到其他机构的可靠连接。

② 传感器模块:为了实现目标功能加入适当的传感器,如温度、浸水、电流检测等。

③ 控制方法模块:利用有效算法对移动平台的各种设备进行有效控制。

④ 数据处理模块:对传感器等各种信号进行有效处理。

⑤ *抗干扰模块:加入屏蔽层等方法防止各种电路上的干扰。

⑥ *软件可靠性模块:冗余和自检等软件设计。

(6) 遥控端模块:负责对移动平台的控制和监视。

① 控制台模块:摇杆键盘等运动控制和摄像头云台控制信号的采集及处理。

② 数据监视模块：对移动平台数据实时采集并显示。

③ 多平台模块：在 PC 端有同样的控制台功能设计。

（7）可靠性保障模块：

① ＊防水模块：各种材料、运动结构和电气接口设计防水功能，尽可能增大涉水深度。

② ＊自保护模块：利用传感器等数据保护自身不受致命伤害。

8.2.3 工作原理

基于功能设计与结构设计，可以得到移动平台的总体工作原理，如图 8-8 所示。系统输入为人的操纵信号、GPS 信号、电能等，输出为履带的运动摩擦力和各类信号，系统干扰主要为温度、电磁、湿度、雨水雷电、风阻、路况信号等。

完成移动平台的总体功能原理设计后，进一步展开第二层模块的内部设计。图 8-9 所示为控制箱（含电源管理单元）的功能原理设计及其内部能量和信号的传递关系。该子系统包含信号接收器、GPS 模块、核心底板、隔离稳压器、总熔断丝、熔断丝盒、后备电源、信号发射器、推杆驱动电路和光耦模块。其主要功能是接收各类控制信号和反馈信号，完成分析，对后续执行机构（动力箱、推杆）给出控制信号，以及给摄像头、图传和动力箱供电。类似地，可以得到其他模块的工作原理图，本书不予展开。

最终，根据功能结构设计得到移动平台的三维设计模型，如图 8-10～图 8-12 所示。

8.3 基于功能模型的故障系统化识别与消减

8.3.1 故障系统化识别

下面我们运用本书提出的故障系统化识别方法，对控制箱及其部分组件展开分析。表 8-2 结合功能故障线索，给出了控制箱部分组件的功能故障模式。

确定了控制箱关键组件的功能故障模式之后，需要结合其初步设计方案进一步分析导致故障模式发生的原因、故障后果及可能的改进措施，以便优化设计。

下面我们先结合移动平台的任务需求定义严酷度类别 S，见表 8-3。

第8章 基于模型的可靠性系统工程应用案例

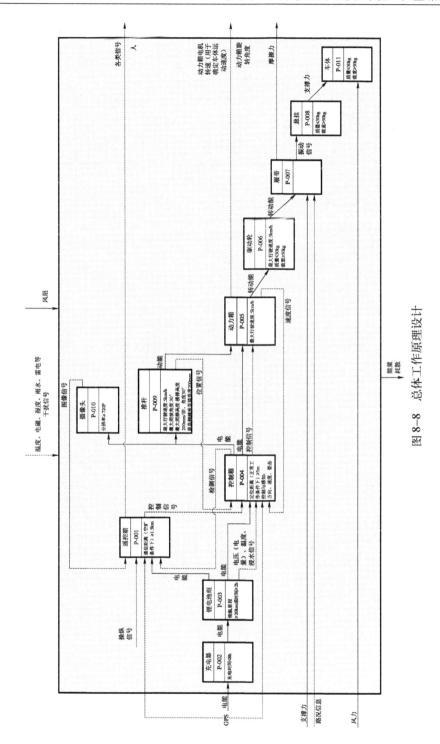

图 8-8 总体工作原理设计

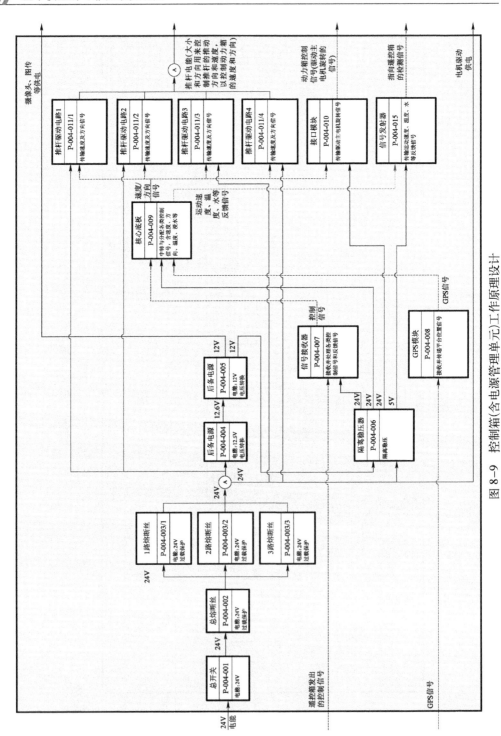

图8-9 控制箱(含电源管理单元)工作原理设计

第 8 章 基于模型的可靠性系统工程应用案例

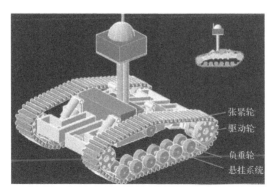

图 8-10 机械结构设计图

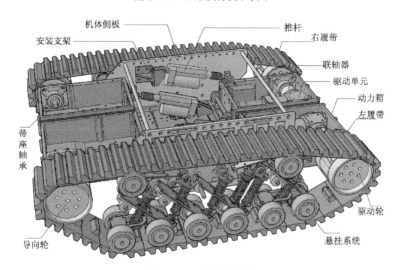

图 8-11 车体结构图

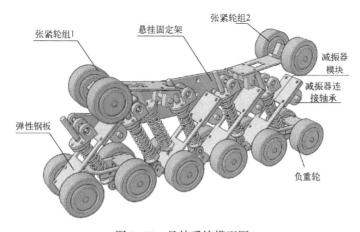

图 8-12 悬挂系统模型图

243

表 8-2　控制箱部分组件的功能故障模式

序号	产品名称	功　能	故障线索	功能故障模式
1	总开关(P-004-001)	接通或关闭电源	功能丧失	无法接通电源、无法关闭电源
			功能不连续	—
			功能不完整	—
			性能偏差	—
			功能时刻偏差	—
			不期望功能	—
2	熔断丝(P-004-003)	过载保护	功能丧失	过载时不能及时熔断
			功能不连续	—
			功能不完整	—
			性能偏差	—
			功能时刻偏差	—
			不期望功能	未过载时熔断
3	后备电源(P-004-004)	将24V电压转换为12.6V	功能丧失	未转换,输出电流电压为24V
			功能不连续	输出电压不稳或有寄生纹波
			功能不完整	—
			性能偏差	输出电压高于12.6V,输出电压低于12.6V
			功能时刻偏差	—
			不期望功能	—
4	信号接收器(P-004-007)	接收并处理各类控制信号和反馈信号,包括反馈的图像信号、操纵信号、锂电池组电压/温度/浸水信号	功能丧失	无输出信号
			功能不连续	输出信号不连续
			功能不完整	部分信号丧失
			性能偏差	输出信号畸变
			功能时刻偏差	信号接收延迟
			不期望功能	输出信号嘈杂

续表

序号	产品名称	功能	故障线索	功能故障模式
5	GPS模块（P-004-008）	接收并传递平台位置信号	功能丧失	无法接收GPS信号
			功能不连续	位置信号间歇性输出
			功能不完整	位置坐标不完整
			性能偏差	位置坐标不精确,偏移>10m
			功能时刻偏差	位置信号滞后
			不期望功能	—
6	核心底板（P-004-009）	信号中转与分配	功能丧失	不能传输信号
			功能不连续	中转信号输出不连续
			功能不完整	中转信号输出不完整
			性能偏差	中转信号输出产生畸变
			功能时刻偏差	—
			不期望功能	中转信号输出嘈杂
7	接口模块（P-004-010）	传输驱动主电机旋转的信号	功能丧失	不能传输信号
			功能不连续	—
			功能不完整	—
			性能偏差	信号输出产生畸变
			功能时刻偏差	—
			不期望功能	信号输出嘈杂

注:"—"表示不存在此种故障模式。

表8-3 移动平台严酷度类别定义

序号	严酷度类别（S）	描述
1	Ⅰ类（灾难的）	引起移动平台严重毁损导致平台报废
2	Ⅱ类（致命的）	引起重大经济损失、任务失败、平台严重损坏或严重环境损害
3	Ⅲ类（中等的）	引起中等程度经济损失、任务延迟或降级、中等程度环境损害
4	Ⅳ类（轻度的）	不足以引起经济损失、平台损坏及环境破坏,但会引起非计划性维修

详细故障分析清单见表8-4。

表 8-4 控制箱部分组件功能故障分析结果

序号	产品名称	功能	故障模式	故障原因	任务阶段	局部影响	高一层影响	最终影响	S	改进措施
1	总开关（P-004-001）	接通或关闭电源	无法接通电源	机械性卡死或触点氧化（多余物）	启动	无法接通电源	控制箱无法启动	移动平台无法启动	Ⅱ	选用无触点开关或者开关电路并联常开开关备用开关，防止主开关无效闭合电路
2				总断丝熔断						(1) 根据车载设备的电流安全阀值选用正确的熔断丝，如空气开关无法自行恢复能的熔断丝。(2) 熔断丝按规程正确安装
3				供电线路或电气接头断开						改进供电线路及电气接头设计，避免使用或者存在一段时间后发生接触不良情况
4				锂电池电量过低						增加电池电量检测报警装置
5			无法关闭电源	总开关机械性卡死	回收	无法切断电源	控制箱关闭	移动平台无法停止工作	Ⅲ	选用无触点开关或者开关电路并联常开开关备用开关，在主开关无效关闭时断开电路连接
6				开关内部无法断开						
7	熔断丝（P-004-003）	过载保护	过载时不能及时熔断	选用熔断丝熔断功率过大或熔断丝质量不达标	全阶段	过载保护功能失效	过载可能导致控制箱烧毁	移动平台损毁	Ⅱ	(1) 根据车载设备的电流安全阀值选用正确的熔断丝，如空气开关具有自行恢复能的熔断丝。(2) 熔断丝按规程正确安装
			未过载时熔断	接触不良	全阶段	电能无法传输	控制箱断电无法启动	移动平台无法工作	Ⅱ	
				瞬时脉冲						
				短路						

246

续表

序号	产品名称	功能	故障模式	故障原因	任务阶段	局部影响	高一层影响	最终影响	S	改进措施
8	后备电源(P-004-004)	将24V电压转换为12.6V	未转换,输出电流电压为24V	转换控制电路故障,DC-DC降压充电模块击穿	全阶段	转换功能失效,可能导致P-004-005后备电源烧毁	控制箱输出给摄像头、图传等设备供电,图像信号无法采集反馈	操作员无法远程控制移动平台,易造成任务失败	II	采用具有24V过压保护的后备电源,防止故障传播
			输出电压不稳或有寄生纹波	滤波失效,电路有效容量减小	全阶段	转换功能失效,易导致P-004-005后备电源输出电压不稳	控制箱输出电压不稳,导致摄像头、图传等设备不能稳定采集图像信号	操作员难以远程控制移动平台,严重情况下可能导致任务失败	III	选用电解电容替换
			输出电压高于12.6V	DC-DC降压电路参考电压升高或充电IC损坏	全阶段	转换功能失效,当输出过大时可能导致P-004-005后备电源烧毁	控制箱输出给摄像头、图传等设备供电,图像信号无法采集反馈	操作员无法远程控制移动平台,易造成任务失败	I	采用具有24V过压保护的后备电源,防止故障传播
			输出电压低于12.6V	DC-DC降压电路参考电压降低或充电IC损坏	全阶段	转换功能失效,P-004-005后备电源无法输出12V电压	控制箱输出电压低于12V,可能导致摄像头、图传等设备无法采集图像信号	操作员难以远程控制移动平台,严重情况下可能导致任务失败	III	采用具有输入电源过压保护的后备电源,防止故障传播

续表

序号	产品名称	功能	故障模式	故障原因	任务阶段	局部影响	高一层影响	最终影响	S	改进措施
9	信号接收器（P-004-007）	接收并处理各类控制信号和反馈信号，包括图像/模拟信号、锂电池组电压/温度/浸水信号	无输出信号	微处理器死机无法发出有效数据	全阶段（涉水、高温）	信号接收器无输出	控制箱无控制信号输出，控制功能失效	移动平台无法工作，涉水电池温度过高时，可能损坏	I	选用具有保护电路与自诊断功能的微处理器
				(1) 线缆同题导致微处理器信号无法到达发射模块。(2) 微处理器信号在传输过程中受到干扰，数据格式不能被无线模块识别						微处理器到通信模块线缆采用屏蔽线或者进行屏蔽处理，减少干扰
			输出信号不连续	(1) 从微处理器接收信号不连续。(2) 通信模块故障	全阶段	输出信号不稳定	控制箱控制指令不连续	移动平台降级工作	III	(1) 改进微处理器电路板到无线模块的线缆。(2) 改进通信模块
			部分信号丢失	传输信道受到干扰	全阶段（涉水、高温）	输出信号不完整	控制箱控制指令不完整	移动平台降级工作	III	采取多传输信道，在受到干扰时可切换
			输出信号畸变	传输信道受到干扰	全阶段	输出信号错误或者丢包	控制箱发出错误指令	移动平台无法完成预定任务，甚至损毁	I	采取多传输信道，在受到干扰时可切换
			信号接收延迟	数据传输速率过快，导致缓存数据过多	全阶段	输出信号滞后	控制箱指令发出滞后	移动平台任务被延迟	III	增加无线传输距离
			输出信号嘈杂	传输信道受到干扰	全阶段	输出信号有干扰	控制箱发出的指令可能偏差	移动平台可能无法完成预定任务	II	增加无线传输速率或减小到干扰时可切换

续表

序号	产品名称	功能	故障模式	故障原因	任务阶段	局部影响	高一层影响	最终影响	S	改进措施
10	GPS模块(P-004-008)	接收并传递平台位置信号	无法接收GPS信号	(1)处于信号屏蔽区。(2)GPS天线连接断开	全阶段	GPS定位功能失效	控制箱无法定位平台位置,进面无法对其进行控制	移动平台无法完成预定任务	II	(1)采用IMU进行惯性导航弥补GPS信号丢失导致无法定位问题。(2)加强GPS天线连接端子的紧固
			位置信号间歇性输出	GPS天线连接不稳定或卫星信号质量差	全阶段	GPS定位功能降级	同歇性信号可能导致控制指令不准确	移动平台降级完成预定任务	III	加强GPS天线连接线与走接端子的紧固
			位置坐标示不完整	信号传输过程中丢包	全阶段	GPS定位功能失效	控制箱无法定位平台位置,进面无法对其进行控制	移动平台无法完成预定任务	II	控制传输速率,采用屏蔽线或者进行屏蔽处理,减少干扰
			位置信号标不准确,偏移≥10m	(1)GPS接收有效接收卫星数量过少。(2)同周障碍物导致GPS信号解析出现较大误差。(3)GPS信号受到干扰或接收到伪GPS信号	全阶段	GPS定位功能降级	同歇性信号可能导致控制指令不准确	移动平台降级完成预定任务	III	(1)改用更有效的GPS接收天线。(2)采用差分定位等方法实现高精度定位。(3)无改进措施
			位置信号滞后	GPS模块解析速度或者有效输出数据速率过慢	全阶段	GPS定位功能降级	同歇性信号可能导致控制指令不准确	移动平台降级完成预定任务	III	增加GPS接收模块的数据解析和输出速率

续表

序号	产品名称	功能	故障模式	故障原因	任务阶段	局部影响	高一层影响	最终影响	S	改进措施
11	核心底板(P-004-009)	信号中转与分配	不能传输信号	PCB板损坏或者接线端子损坏导致信号不能正常传输	全阶段	信号无法中转分配	控制箱无法控制推杆的推动方向和速度	动力箱失效,移动平台无法完成预定任务	Ⅱ	(1) 紧固连接端子。(2) 增强PCB板抗振动能力
			中转信号输出不连续	接线端子连接松动导致信号不能正常传输	全阶段	信号间歇性输出,中转分配功能降级	控制箱只能间歇性控制推杆的推动方向和速度	动力箱功能降级,当任务为在爬坡、翻越障碍时极可能导致任务失败	Ⅱ	紧固连接端子
			中转信号输出不完整	接线端子连接松动导致信号不能正常传输	全阶段	信号输出不完整,中转分配功能降级	控制箱只能局部控制推杆的推动方向和速度	动力箱功能降级,当任务为在爬坡、翻越障碍时极可能导致任务失败	Ⅱ	紧固连接端子
			中转信号输出产生畸变	连接或PCB电路板存在电磁干扰	全阶段	输出错误信号	控制箱按照错误指令控制推杆的推动方向和速度	移动平台无法完成预定任务	Ⅱ	采用屏蔽线进行连接,对PCB的电磁干扰进行优化设计
			中转信号输出嘈杂	连接或PCB电路板存在电磁干扰	全阶段	输出信号带干扰	控制箱发出的指令可能有偏差	移动平台降级完成任务	Ⅲ	采用屏蔽线进行连接,对PCB的电磁干扰进行优化设计

续表

序号	产品名称	功能	故障模式	故障原因	任务阶段	局部影响	高一层影响	最终影响	S	改进措施
12	接口模块(P-004-010)	传输驱动主电机旋转的信号	不能传输信号	线缆问题导致微处理器信号无法到达电机驱动器	全阶段	速度/方向信号输出错误	控制箱无指令发出	电机不旋转，移动平台不工作	I	采用屏蔽线进行连接
			信号输出产生畸变	连接线或PCB电路板存在电磁干扰	全阶段	速度/方向信号输出错误	控制箱指令错误	移动平台无法完成预定任务	II	采用屏蔽线进行连接，对PCB的电磁干扰进行优化设计
			信号输出噪杂	连接线或PCB电路板存在电磁干扰	全阶段	速度/方向信号输出有干扰	控制箱指令可能存在偏差	移动平台降级完成任务	III	采用屏蔽线进行连接，对PCB的电磁干扰进行优化设计

8.3.2 典型故障传递链

结合上述故障分析结果，我们可以进一步通过故障链分析故障影响传播情况及影响程度，如控制箱中的后备电源转换控制电路故障导致电压未能按照预定功能转换，其影响传播非常广，极有可能导致操作员无法远程控制移动平台，造成最终任务失败。具体传递过程如图 8-13 所示。从后备电源(P-004-004)的故障影响传递链可以看出，如果后备电源(P-004-004)的电压转换控制电路故障或者 DC-DC 降压充电模块击穿，导致 24V 输入电压未转换而直接输出 24V 电压电流，则有可能导致后备电源(P-004-005)烧毁而无电压输出或者输出电流的电压高于 12V，前者可能导致控制箱无法给摄像头、图传等设备供电，图像信号无法采集反馈，进而操作员无法远程控制移动平台，最终造成任务失败；后者可能导致隔离稳压器(P-004-006)无法输出 5V 电压，进而信号发射器(P-004-015)无法输出指向遥控箱的速度、温度、浸水等信号，也无法反馈给控制箱速度、温度、浸水等检测信号，使得遥控箱无法输出控制信号，最终造成移动平台无法完成预定任务。因此，后备电源(P-004-004)的可靠性将严重影响移动平台系统可靠性，需要对其加强可靠性设计。

类似地，可以建立其他关键故障的故障影响传递链，识别关键组件及关键故障，如熔断丝、接口模块等，本书不再详细展开。

8.3.3 典型故障闭环消减控制过程

针对影响移动平台任务成功性的关键组件及关键故障，必须采取改进措施，优化设计，提高其可靠性。针对上述例子分析得到后备电源(P-004-004)，其主要故障模式是：未转换直接输出电流电压为 24V、输出电压不稳或有寄生纹波、输出电压高于 12.6V、输出电压低于 12.6V。而导致这些故障模式发生的主要原因有电压转换控制电路故障、DC-DC 降压充电模块击穿、滤波失效、电路有效容量减小、DC-DC 降压充电电路参考电压升高或降低、充电 IC 损坏等。综合考虑所有的故障原因，我们在设计中采取了两项措施加以改进：

(1) 采用具有 24V 过压或电压过低保护的后备电源，防止故障传播。
(2) 选用电解电容进行滤波。

在研制过程中，为了确保设计改进措施得以有效落实，还需结合故障闭环消减过程控制模型对消减过程加以控制。针对上述例子中后备电源(P-004-004)的改进落实跟踪情况可见图 8-14。

此外，除了后备电源(P-004-004)，对于控制箱中的关键组件：熔断丝(P-004-003)、接口模块(P-004-010)，我们也根据故障分析结果采取了改进措施。其中，熔断丝(P-004-003)则根据车载设备的电流安全阈值选用了空气开关；接口模块(P-004-010)则改选了光耦模块。改进后的控制箱工作原理模型如图 8-15 所示。

第8章 基于模型的可靠性系统工程应用案例

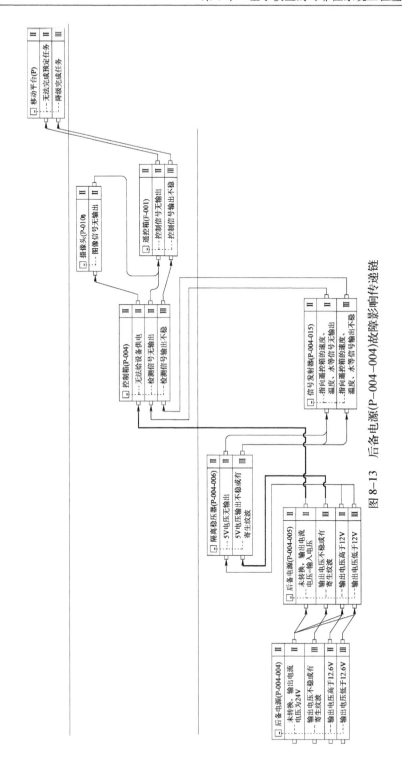

图 8-13 后备电源(P-004-004)故障影响传递链

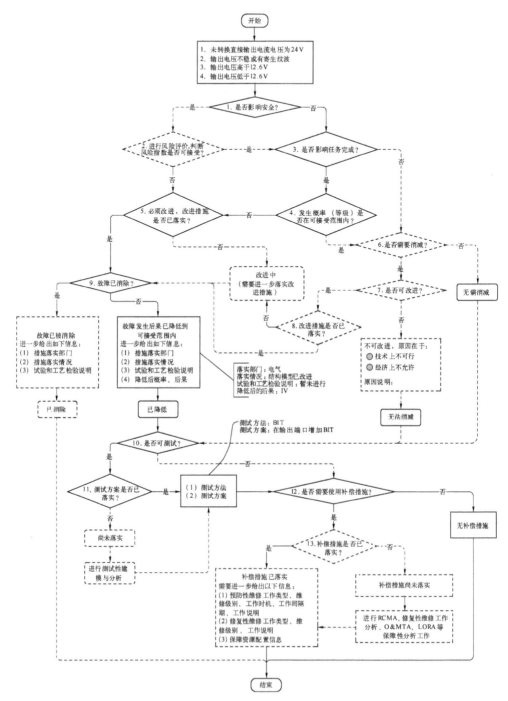

图 8-14 后备电源(P-004-004)故障闭环消减过程

第8章 基于模型的可靠性系统工程应用案例

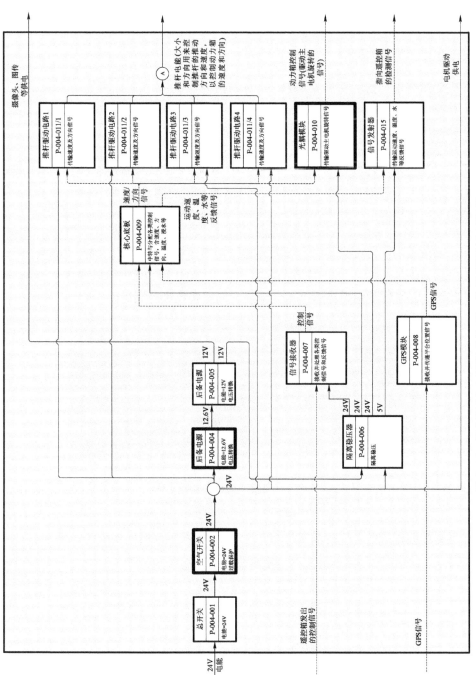

图 8-15 控制箱(含电源管理单元)工作原理设计(改进后)

8.4 单元故障识别与控制

8.4.1 对象描述

应变测试仪是指利用应变传感器,对构件表面的应力进行测量的一种设备。由于其使用方便、操作简单、环境适应性强,能在复杂的环境下实现应变测量,因此被广泛应用于公路桥梁建筑的检测、大型工程结构的应力测试等。

应变测试仪的组成包括电源、测量电桥、信号放大、低通滤波、A/D 转换、信号输出等,它可将较弱的应变电信号进行放大、调理,继而为分析设备提供可以利用的电压信号。本节案例产品选取某型双通道静态应变测试仪,图 8-16(a)给出了该型应变测试仪的整体外观实物图。应变测试板卡可提供双通道共 6 路的电阻应变测试信号,经外接信号分析处理终端可得到被测部件的应变值,图 8-16(b)为该型应变测试板卡的外观实物图。该应变测试板卡工作时所处的温湿度环境条件良好。电路板周围使用环境的最高和最低温度为 50℃ 和 10℃,相对湿度在 20%~80% 之间。电路板采用螺栓通过 4 个角点上的安装孔进行固定。

图 8-16 应变测试仪及其板卡外观
(a) 应变测试仪整体;(b) 应变测试仪板卡。

本案例的应变测试仪样品主要包括 4 个模块,其结构组成如表 8-5 所列。

表 8-5 案例样品结构组成

模 块 名 称	数 量
上盖外壳(含开关)	1
底座外壳(含接口)	1
应变测试板卡	1
接口电路板(无器件)	1

其中，应变测试板卡按功能可划分为 7 个子模块，分别为信号输入、信号一级放大、信号二级放大、电源稳压、低通滤波、共模抑制、电压输出模块。

8.4.2 数字样机建模

建模前需对样品设计相关信息进行收集，包括外壳、PCB 板以及所有 147 个元器件的型号、封装、重量、尺寸等各类相关数据。根据样品设计文件，经过适当简化建立的样品 CAD 数字样机如图 8-17 所示。

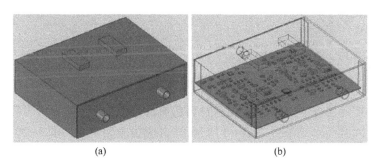

图 8-17 案例样品 CAD 模型
(a) 外壳图；(b) 内部透视图。

8.4.3 载荷-响应分析

结合样品的 CAD 数字样机，并根据样品的热设计信息建立 CFD 样机，对样品 CFD 数字样机进行分析计算，得到如图 8-18 所示应变测试板卡及电子元器件的温度场分布结果。由此可知，在样品所处环境温度为 50℃条件下，样品壳体表面最高温度为 73.3℃，应变测试板卡上的最高温度为 117℃，最高温度位置为功耗最大的器件 LM340 所处位置。

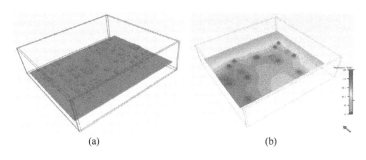

图 8-18 案例样品 CFD 模型和热分析结果
(a) CFD 模型；(b) 热分析结果。

结合样品 CAD 数字样机,并根据耐振动设计信息建立 FEA 数字样机如图 8-19 所示。

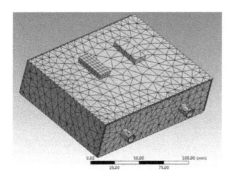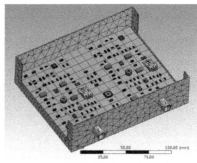

图 8-19　案例样品 FEA 模型

分别设定元器件、电路板、外壳等材料的有关参数,经计算分析可得到样品模态分析的前六阶频率结果,如表 8-6 所列,其对应的振型结果如图 8-20 所示,上述结果基本满足产品的耐振动设计要求。

表 8-6　案例样品谐振频率及位置

阶　　数	谐振频率(Hz)	局部模态位置
一阶	59.1	应变测试板卡
二阶	160.9	应变测试板卡
三阶	225.7	应变测试板卡
四阶	244.2	应变测试板卡
五阶	335.8	应变测试板卡
六阶	413.5	应变测试板卡

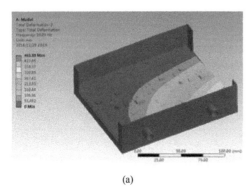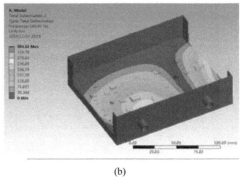

(a)　　　　　　　　　　　　　　(b)

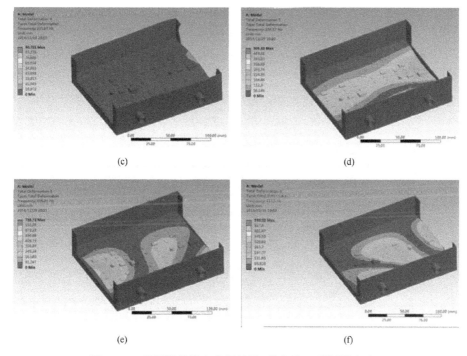

图 8-20　案例样品模态分析结果(前六阶)(彩图见书末)

(a) 一阶模态；(b) 二阶模态；(c) 三阶模态；(d) 四阶模态；(e) 五阶模态；(f) 六阶模态。

8.4.4　故障预计模型

进一步地,根据收集到的包括元器件信息在内的样品设计信息,可建立案例样品的故障预计(分析)模型,如图 8-21 所示。

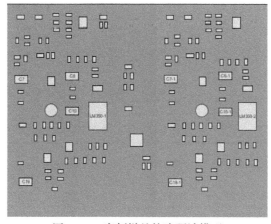

图 8-21　案例样品故障预计模型

采用故障物理分析软件开展案例样品的故障预计,存在故障点模块的故障预计信息如下所示:应变测试板卡的潜在故障点位置如图 8-22 所示(集成电路 LM79L05A1 和 LM79L05A2 位置),故障预计分析结果如图 8-23 所示,主要故障信息矩阵如表 8-7 所列。

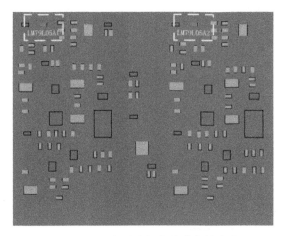

图 8-22　应变测试板卡的潜在故障点

SNo.	Site	#Eval	Prime Failure Model	Damage Criteria	
1.0	LM79L05-A-1-solder...	1.0	1ST_TF_GULL	4.12 years (DR:1.33)	View
2.0	LM79L05-A-2-solder...	1.0	1ST_TF_GULL	4.46 years (DR:1.23)	View
3.0	C19-solder-open	1.0	1ST_TF_LL	> 30 years (DR:0.01)	View
4.0	C7-solder-open	1.0	1ST_TF_LL	> 30 years (DR:0.01)	View
5.0	C19-1-solder-open	1.0	1ST_TF_LL	> 30 years (DR:0.01)	View
6.0	C7-1-solder-open	1.0	1ST_TF_LL	> 30 years (DR:0.01)	View
7.0	C6-1-solder-open	1.0	1ST_TF_LL	> 30 years (DR:0.01)	View
8.0	C6-solder-open	1.0	1ST_TF_LL	> 30 years (DR:0.01)	View
9.0	C10-1-solder-open	1.0	1ST_TF_LL	> 30 years (DR:0.01)	View
10.0	C10-solder-open	1.0	1ST_TF_LL	> 30 years (DR:0.01)	View
11.0	D1-1-solder-open	1.0	1ST_TF_LL	> 30 years (DR:0.00)	View
12.0	R7-1-solder-open	1.0	1ST_TF_LL	> 30 years (DR:0.00)	View
13.0	R31-1-solder-open	1.0	1ST_TF_LL	> 30 years (DR:0.00)	View
14.0	R3-1-solder-open	1.0	1ST_TF_LL	> 30 years (DR:0.00)	View
15.0	R3-2-solder-open	1.0	1ST_TF_LL	> 30 years (DR:0.00)	View
16.0	D3-1-solder-open	1.0	1ST_TF_LL	> 30 years (DR:0.00)	View
17.0	D4-1-solder-open	1.0	1ST_TF_LL	> 30 years (DR:0.00)	View

图 8-23　应变测试板卡故障预计分析结果

表 8-7　应变测试板卡主要故障信息矩阵

故障位置	故障模式	主要故障机理	预计故障时间/h		
			均值	最小值	最大值
LM79L05A1	焊点开裂	热疲劳	1 391.92	750.45	1 968.20
LM79L05A2	焊点开裂	热疲劳	1 557.24	1 068.67	2 055.02

8.4.5 可靠性仿真评估

进一步地,利用 Matlab 软件根据故障预计所输出的各个潜在故障点(对应于不同的故障机理)的故障时间、仿真计算数据,可得到案例样品测试板卡整体的可靠性仿真评估结果如表 8-8 所列。

表 8-8 可靠性仿真评估结果

模 块	分布类型	分布参数			平均首发故障时间/h
		形状参数	尺度参数	位置参数	
应变测试板卡	威布尔分布	4.481 7	10 908.9	11 874.6	31 657.5

根据上述可靠性仿真分析,可以确定该案例样品的可靠性薄弱环节主要有两个方面,一方面是通过热分析发现的存在局部高温器件(LM340)接近器件本身的额定工作温度上限;另一方面,通过故障预计发现有两个集成电路(LM79L05A1 和 LM79L05A2)存在由于热疲劳导致的焊点开裂潜在故障模式。进一步地,为了提高该产品的固有可靠性,预防上述可靠性问题在实际使用中发生,应考虑采取相应的设计改进措施。

8.4.6 优化设计与故障控制

如图 8-18 所示,与其他器件相比,局部高温器件(LM340)本身会产生较高的热量,容易引起焊点的热疲劳失效。如果表面贴装器件靠近高温区域,也会受到高温的影响从而引发热疲劳失效,使其具有低于设计值的预期寿命。通过故障预计可以发现集成电路(LM79L05A1 和 LM79L05A2)将会发生由于热疲劳导致的焊点开裂故障。因此,需要对上述问题进行优化设计与故障控制。

针对上述故障问题,可采用 3 种改进措施:
(1)选择其他具有更好散热性能的器件,如金属封装器件。
(2)修改器件布局。
(3)引入其他强制冷却措施,如空气或液体冷却。

在本例中,为了实现更好的散热,提高产品的可靠性,可以选择空气冷却措施。如果受到经济条件或产品重量设计要求的限制,也可以修改当前器件布局,避免高温器件聚集形成高温聚集区域,同时,也可将高温器件布局于电路板靠近冷板位置,从而更快地将产生的热量传递出去,降低器件因高温而引起的热疲劳失效。

第9章

基于模型的可靠性系统工程未来展望

9.1 MBRSE 的技术发展趋势

通过对国外 MBRSE 相关技术的发展现状分析,可以看出在研究对象上不断向微观和宏观化发展,一方面越来越涉及微观的故障机理,另一方面开始解决由多装备构成的系统甚至更大的装备体系的可靠性、维修性和测试性问题。在技术方法上,一方面,人工智能、大数据等新技术在可靠性、维修性、保障性技术中应用越来越广泛;另一方面,可靠性、维修性、测试性技术正在逐渐走向融合,不断向综合性一体化技术发展。在对象尺度方面,从装备向装备系统拓展;在基础理论方面,从概率统计学向微观机理延伸,并在机理层面实现可靠性、维修性和测试性的一体化设计;在工作模式方面,从以文档为中心,以数据共享为主体的 RMS 一体化设计向全域模型化、数字化、智能化发展,近年来更提出了 RMS 数字孪生的概念,能够实现装备 RMS 特性的实时个性化监控;在工具手段方面,紧密结合装备数字工程技术的发展,建模、分析和仿真的能力更强,分析精度和效率更高。具体来看,各个重点方向存在以下发展趋势:

(1) 装备系统的 MBRSE 技术。面向未来十年的技术发展,美国国防部立项工程弹性系统(engineered resilient system,ERS)作为科技优先项目,目标是设计制造具有弹性的装备系统,即要求装备系统具备击退/抵抗/吸收破坏的能力。弹性为装备系统提供了一种新的 RMS 特性综合度量方式,它与作战适用性、作战效能既有区别,又有联系。在技术手段上,美军提出未来建立装备系统的数字孪生,基于单一装备的数字孪生包含各类保障设备,面向装备系统的使用和维护建立数字孪生集群,实时掌握装备系统的整体状态,为高效能使用和集约化保障提供支撑。

(2) 系统级的 MBRSE 技术。面向新型装备轻重量、高载荷、极端环境、长时保障的需求,传统基于统计分布、物理试验等的验证方法已不再适用,美国空军研究实验室和 NASA 联合提出开展数字主线/数字孪生计划,即分别在 F-15 战斗机和小型关键非冗余组件 MEMS 中进行实验。与此同时,美国国防部系统工程办公室在 2013 年的国防部采办指南中给出了一系列数字系统模型(digital system model, DSM)的描述原则,也明确指出企业需随产品交付 DSM 或数字孪生模型,以便在使用维护过程中了解系统故障和准备情况并确定服务和维护需求。目前为止市场上尚未推出数字孪生设计平台,但这是后续发展的必然。此外,随着基于大数据和人工智能装备设计技术不断取得突破,RMS 全域数字化和智能化设计将成为趋势,未来将实现六性数据和设计经验的自动积累,可基于大数据和智能化规则,替代人工可重复性的六性工作,但六性的创新性设计仍以设计师为主体开展。

(3)设备级的 MBRSE 技术。该技术强调可靠性、维修性和测试性在物理层面的深度融合。当前可靠性、维修性和测试性工程分析流程、建模、分析和评价都是在各领域独立进行,得到各种设计模型,这些分析缺乏基于物理特性模型的数据,且瀑布式分析会导致研制周期变长、返工可能性增大。未来,将通过高效的工作流管理、多专业系统模型和工具以及公共、联合数据库,执行多物理量(力、热、电、结构、信号处理、控制等)联合仿真分析,形成用于可靠性、维修性和测试性紧密耦合的逻辑分析模型、物理特性分析模型、三维图纸、数字化数据和元数据,以及单一真相源,执行基于模型的综合设计与分析,并且可以通过数字协同环境持续而深入地了解与监督系统工程流程,通过与单一真相源交互,实现多学科优化。近年来,数字孪生概念的提出以及相关技术的发展将为设备级产品性能与 RMT 一体化设计提供新的发展方向和关键使能技术。如美国 NASA 将物理系统与其等效的虚拟系统相结合,研究了基于数字孪生的复杂设备故障预测与消除方法,并在相关设备级产品中开展了应用验证。数字孪生技术的发展将为性能与 RMT 一体化设计提供增强的现场数据支持,为设备级一体化技术的精细化、增强化以及智能化发展提供新的可能途径。

9.2 面向可靠性的数字孪生技术

9.2.1 数字孪生的发展现状

20 世纪中后期,计算机、仿真工具、互联网和无线网等技术使在平行的虚拟空间对物理实体进行可视化成为可能,同时能够高效组织物资设备,实现远程协作。而如今,随着新一代信息技术的发展,如云计算、物联网、大数据和人工智能,虚拟空间的角色变得愈发重要,物理空间与虚拟空间的交互变得空前活跃。因此,这两个空间的无缝集成和融合已经成为了不可阻挡的趋势,这会创造新的发展潜力,改善设计、制造、服务业等领域的现状,促进技术进步。

数字孪生(Digital Twin)的概念最早出现于 2003 年,由 Grieves 教授在美国密歇根大学的产品全生命周期管理(product lifecycle management,PLM)课程上提出。在课程上首次提出了"与物理产品等价的虚拟数字化表达"的概念,并给出定义:一个或一组特定装置的数字复制品,能够抽象表达真实装置并可以此为基础进行真实条件或模拟条件下的测试。该概念源于更清晰地表达装置的信息和数据的期望,希望能够将所有的信息放在一起进行更高层次的分析。虽然这个概念在当时并没有被称为数字孪生体[在 2003—2005 年被称为"镜像的空间模型(mirrored spaced model)",2006—2010 年被称为"信息镜像模型(information mirroring model)"],但是其概念模型却具备数字孪生体的所有组成要素,即物理空间、虚拟空间以及两者之间的关联或接口,因此可以被认为是数字孪生体的雏形。2011 年,Michael Grieves 教授在"*Virtually perfect*:*Driving innovative and lean products through product lifecycle management*"(《几乎完美:通过 PLM 驱动创新和精益产品》)一书中引用了其合作作者 John Vickers 描述该模型的名词——数字孪生体,并一直沿用至今。

后来,美国国防部将数字孪生的概念引入航天飞行器的健康维护等问题,并将其定义为一个集成了多物理量、多尺度、多概率的仿真过程,基于飞行器的物理模型构建其完整映射的虚拟模型,利用历史数据以及传感器实时更新的数据,刻画和反映物理对象的全生命周期过程。他们计划在 2025 年交付一个新型号的空间飞行器以及该物理产品相对应的数字模型即数字孪生体,其在两方面具有超写实性:①包含所有的几何数据,如加工时的误差;②包含所有的材料数据,如材料微观结构数据。

2012 年,美国空军研究实验室提出了"机体数字孪生体"的概念:机体数字孪生体作为正在制造和维护的机体超写实模型,是可以用来对机体是否满足任务条件进行模拟和判断的,由许多子模型组成的集成模型,如图 9-1 所示。

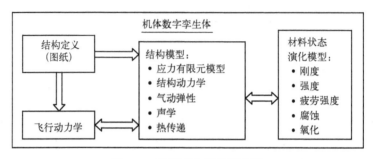

图 9-1　数字孪生机体概念图

面对未来飞行器轻质量、高负载以及在更加极端环境下具有更长服役时间的需求,NASA 和美国空军研究实验室合作并共同提出了未来飞行器的数字孪生体范例。他们针对飞行器、飞行系统或运载火箭等,将数字孪生体定义为:一个面向飞行器或系统的、集成的多物理、多尺度、概率仿真模型,它利用当前最好的可用物理模型、更新的传感器数据和历史数据等来反映与该模型对应的飞行实体的状态。同时,NASA 发布的"Modeling,simulation,information technology & processing road map(建模、仿真、信息技术和加工路线图)"中,数字孪生体被正式带入公众的视野。该定义可以认为是美国空军实验室和 NASA 对其之前研究成果的一个阶段性总结,着重突出了数字孪生体的集成性、多物理性、多尺度性、概率性等特征,主要功能是能够实时反映与其对应的飞行产品的状态(延续了早期阿波罗项目"孪生体"的功能),使用的数据包括当前最好的可用产品物理模型、更新的传感器数据以及产品组的历史数据等。

2014 年,数字孪生白皮书的发布让数字孪生"物理空间、数字空间和相互连接"的三维架构被大众熟知并广为接受。随后,数字孪生这一概念被引入除了航空航天以外的其他领域,如汽车、油气、医疗保健等领域。

数字孪生被洛克希德·马丁公司列为未来国防工业六大顶尖技术之首,全球最权威的 IT 研究与顾问咨询公司 Gartner 连续两年(2017—2018 年)将数字孪生列为十大战略科技发展趋势。数字孪生概念和技术的发展时间线路如图 9-2 所示。

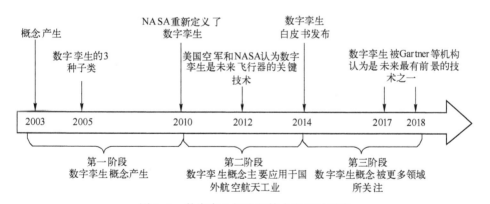

图 9-2 数字孪生概念和技术发展时间线

当前数字孪生的理念已在部分领域得到了应用和验证。具有代表性的如 Grieves 等将物理系统与其等效的虚拟系统相结合,研究了基于数字孪生的复杂系统故障预测与消除方法,并在 NASA 相关系统中开展应用验证。此外,PTC 公司致力于在虚拟世界与现实世界间建立一个实时连接,基于数字孪生为客户提供高效的产品售后服务与支持。西门子公司提出了"数字孪生"的概念,致力于帮助制造企业在信息空间构建整合制造流程的生产系统模型,实现物理空间从产品设计到制造执行的全过程数字化。

大量研究及讨论表明,数字孪生技术是实现物理与信息融合的一种有效手段,而这种融合是实现工业 4.0、中国制造 2025、工业互联网以及基于 CPS 制造的瓶颈之一。数字孪生技术具有以下特点:①对物理对象的各类数据进行集成,是物理对象的忠实映射;②存在于物理对象的全生命周期,与其共同进化,并不断积累相关知识和数据;③不仅能够对物理现象进行描述,而且能够基于模型优化物理对象。

Tuegel 等人提出了一种描述数字孪生如何用于飞机结构寿命预测和结构完整性保证的概念模型,比较了传统寿命预测与数字孪生寿命预测(见图 9-3)。他们指出,数字孪生技术能够对飞机在服役周期内进行更好的管理,工程师对于飞机的实时状态能够获取更多信息,这也能促进更及时、高效的维修保障决策的制定。

Seshadri 等人利用数字孪生的概念对受损飞机结构进行结构健康管理,提出了利用多传感器估计波传播响应进行损伤表征的方法,研究表明该方法能够有效预测损伤位置、大小和方向。Li 等人利用动态贝叶斯的概念,建立了一个故障预测与诊断的多功能概率模型,实现了数字孪生的概念,并通过一个飞机机翼疲劳裂纹拓展的实例说明了该方法的有效性。

国内有研究团队首次提出了数字孪生五维模型(见图 9-4),该模型的表达式为

$$M_{DT} = (PE, VE, Ss, DD, CN)$$

式中:PE 表示物理实体;VE 表示虚拟实体;Ss 表示服务;DD 表示孪生数据;CN 表示各组成部分间的连接。

国内有研究团队还针对复杂装备提出了基于数字孪生的故障预测与健康管理(digital twin driven prognostic and health management, DT-PHM)方法,并提出了 DT-PHM 方法的框架和工作流程(见图 9-5),并用齿轮箱的案例说明 DT 方法能够提升故障诊断的精度。

该团队指出,由于 DT 方法的运行成本和复杂性,其对于高价值和主要设备有重要作用,并且必须有充足的数据用于 DT 建模。DT 技术应用的主要挑战有:构建高保真的数据模型;处理大量的 DT 数据;平衡 DT 的成本与收益。

第 9 章 基于模型的可靠性系统工程未来展望

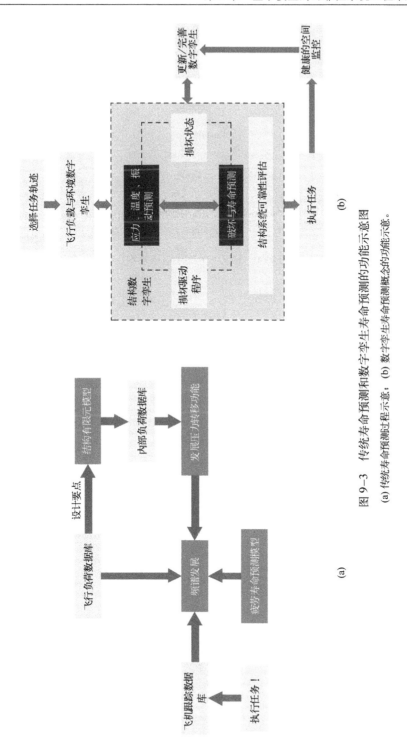

图 9-3 传统寿命预测和数字孪生寿命预测的功能示意图
(a) 传统寿命预测过程示意；(b) 数字孪生寿命预测概念的功能示意。

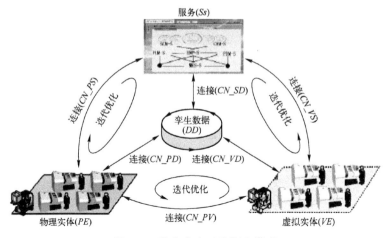

图 9-4　数字孪生五维概念模型

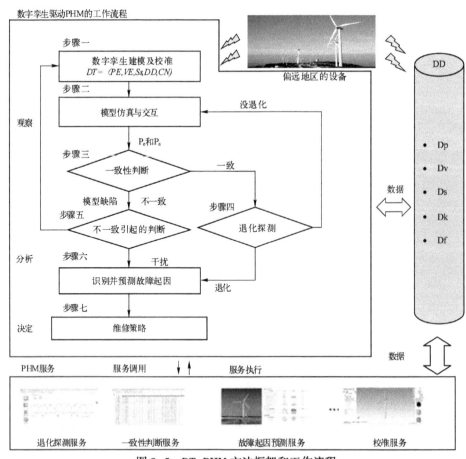

图 9-5　DT-PHM 方法框架和工作流程

9.2.2 可靠性系统工程数字孪生

1. 概念和内涵

不同领域的学者分别给出了不同的数字孪生定义。如"数字孪生是充分利用物理模型、传感器更新、运行历史等数据,集成多学科、多物理量、多尺度、多概率的仿真过程,在数字空间中完成映射,从而反映相对应的实体装备的全生命周期过程"。再如"数字孪生是数字模型共有特性和物理实体独有个性实时融合的全生命周期统一体"。目前,对于数字孪生的定义尚没有统一表述,但对其本质内涵和技术特征的理解基本上是一致的。

数字孪生是一个系统的虚拟表示,它是数据和模型的组合,这些数据和模型将在系统的整个生命周期中不断更新。数字孪生模型是数字孪生研究的核心方向之一。数字孪生模型主要可以分为通用模型和专用模型。通用模型的研究对象不针对某一具体项目,而是研究如何将模型受控元素表示为一组通用的对象以及这些对象之间的关系,从而在不同的环境之间为受控元素的管理和通信提供一种一致的方法。专用模型则是对某一具体项目使用数字孪生方法进行建模。专用模型仍是当前的研究热点,研究人员开始研究和构建不同专业领域的数字孪生,如强度、电子、飞控、发动机等,它们可以统称为"性能数字孪生"。

当前对装备的可靠性分析和评估是基于"平均"的概念,主要的参数指标也具有鲜明的统计特征,未来技术的发展,对可靠性的设计与使用过程的监控,更具有"个性"的特征,可靠性系统工程数字孪生恰好具备这样的特征。基于数字孪生本身的技术特点和装备可靠性理论,初步对可靠性系统工程数字孪生做如下定义:装备可靠性系统工程数字孪生是全生命周期内物理—数字双空间内实体和数字模型与可靠性、维修性、保证性、测试性、安全性和环境适应性共有特性实时融合并进化的模型,该模型能够对装备的健康状态进行实时感知并预测装备的通用质量特性信息。

如图9-6所示,可靠性系统工程数字孪生与其他空间模型具有明显的交互关系,需研究确定可靠性系统工程数字孪生中的数据处理特点和模型范畴。可靠性系统工程数字孪生中的数据具有多源、异构的特点,来自物理实体、物理孪生体和数字模型的数据,也有连续型数据、离散数据、统计类数据等。可靠性系统工程数字孪生主要关注装备的故障特性,包括故障的特征、故障的诊断、故障的预测、监控的状态、故障的预防和修复等,同时与其他的通用质量特性也有交互关系。

对于一个产品或装备来说,其特性包括两方面:通用质量特性和专用质量特性,它们分别对应通用质量特性和专用性能指标。而对于装备的数字孪生体来说,也分为两个部分:性能数字孪生和可靠性系统工程数字孪生,这两个模型一个对装

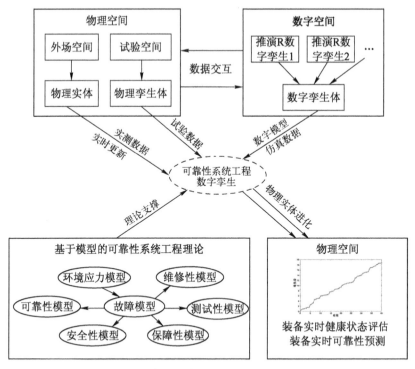

图 9-6 可靠性系统工程数字孪生与其他空间的交互关系

备的性能特征进行实时表征,另一个对装备的健康状态和可靠性特征进行实时感知和表征。

本书对可靠性系统工程数字孪生和性能数字孪生之间的边界进行了初步界定,给出了二者的联系和区别。如图 9-7 所示,可靠性系统工程数字孪生和性能数字孪生在数字空间内共享部分信息和数据,都属于数字孪生的范畴,是数字孪生的两个方面,但其输入和输出方面有区别。性能数字孪生主要关注的是物理实体实时映射的性能参数和载荷数据,并结合这些数据对数字模型进行仿真分析,在数字空间内实时映射出物理实体内部的性能状态,输出的是装备专用特性相关信息;而可靠性数字孪生不仅关注装备性能参数的实时仿真结果,还关注装备的状态参数、性能参数和运行维护过程中产生的数据,对装备综合的健康状态进行感知,实时预测装备的可靠度和剩余寿命。

2. 未来的发展趋势

无论是传统的基于统计的方法,还是基于故障物理的方法以及现代的故障预测与健康管理技术,都是将装备本身复杂多变的可靠性本质用相对精简的模型进行表征,其描述的维度相对于产品的真实情况是有欠缺的。未来面向数字孪生的可靠性技术应该是能够全面利用装备的多维度数据,包括产品本身的模型数据、故

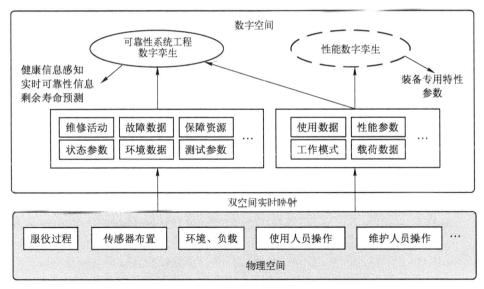

图 9-7 可靠性系统工程数字孪生与性能数字孪生概念区分

障事件的统计数据、实时运行的状态数据、历史累计的环境和载荷数据等,对这些数据进行分类和综合处理,综合评价产品的实时健康状态并预测未来一段时间内的可靠性情况。同时,未来面向数字孪生的可靠性模型不是一成不变的,针对同类设备所经历的不同环境条件、任务剖面和载荷历史,可靠性模型需要与产品的状态保持更新与进化,保障其能够更加准确地预测装备的可靠性情况。

可靠性系统工程数字孪生目前仅仅建立了基本概念,如何从装备设计阶段就开始构建可靠性数字孪生模型,如何让可靠性数字孪生体覆盖装备的全特性,如何让可靠性数字孪生模型表征装备全系统的可靠性特征,还没有成熟的研究成果对以上问题予以解决,需要一套完整的技术框架来支撑。目前针对可靠性系统工程的研究和数字孪生的研究是分别独立的,需要对融合二者特点的技术框架进行进一步研究。

参 考 文 献

[1] GEIA-STD-0009,Reliability Program Standard for Systems Design,Development,and Manufacturing. ITAA,2008.

[2] 任羿. 系统性能与 RMS 综合设计统一建模方法研究[D]. 北京:北京航空航天大学,2012.

[3] TILAK C,SHARMA. New Aircraft Technologies-Challenges for Dependability[C]. Proceedings,Annual R&M Symoposium,1992.

[4] M H AWTRY. Logistics Engineering Workstation for Concurrent Engineering Applications[R]. IEEE,1991.

[5] 阮镰,章文晋. 飞行器研制系统工程[M]. 北京:北京航空航天大学出版社,2008.

[6] DENNIS R,HOFFMAN. An Overview of Concurrent Engineering[C]. Proceeding of Reliability and Maintainability Symposium,1998:1-7.

[7] 熊光楞,徐文胜,张和明. 并行工程的理论与实践[M]. 北京:清华大学出版社,2001.

[8] 洛克希德导弹和空间公司. 系统工程管理指南[M]. 王若松,郁士光,张锡纯,译. 北京:航空工业出版社,1988.

[9] YANG WEINMIN, RUANLIAN, TU QINGCI. Reliability System Engineering - Theory and Practice[C]. ICRMS,1994.

[10] JEFF A. ESTEFAN. Survey of Model-Based Systems Engineering (MBSE) Methodologies [EB/OL]. INCOSE,2008.

[11] 林文进,江志斌,李娜. 服务型制造理论研究综述 [J]. 工业工程与管理,14(6):1-6,2009.

[12] 曾声奎. 系统可靠性与性能一体化设计方法研究[D]. 北京:北京航空航天大学,2009.

[13] 陈云霞. 性能与可靠性一体化建模和分析方法研究[D]. 北京:北京航空航天大学,2004.

[14] 赵广燕. 系统故障行为建模方法研究[D]. 北京:北京航空航天大学,2006.

[15] ZENG SHENGKUI,SUN BO,TONG CHUAN. A MODIFIED MODEL OF ELECTRONIC DEVICE RELIABILITY PREDICTION[J]. EKSPLOATACJA I NIEZAWODNOSC - MAINTENANCE AND RELIABILITY,2009,4:4-9.

[16] 宫綦. 基于退化过程的多模式时变可靠性设计分析方法[D]. 北京:北京航空航天大学,2012.

[17] 徐永成,李岳,陈循. 基于耦合建模和知识流的 RMS 一体化设计[J]. 系统工程与电子技

术,2013,35(7):1564-1570.

[18] 肖天. LPG 加注系统性能与可靠性一体化设计[D]. 南京:南京理工大学,2012.

[19] 丁鼎. 基于模型的系统工程在民机领域的应用[J]. 沈阳航空航天大学学报,2012,29(4):47-50.

[20] KENNEDY SPACE CENTER. The Boeing Company Kennedy Space Center Technical Services[EB/OL]. 2011.

[21] HENRIC ANDERSSON, ERIK HERZOG, GERT JOHANSSON, et al. Experience from Introducing UnifiedModeling Language/Systems ModelingLanguage at Saab Aerosystems[J]. Wileyonlinelibrary. 2009. DOI 10.1002/sys.20156.

[22] INGELA LIND, HENRIC ANDERSSON. Model Based Systems Engineering for Aircraft Systems-How doesModelica Based Tools Fit?[J]. Germany:the proceedings 8th Modelica Conference, Dresden,2011,856-864.

[23] HOWELLS A, BUSHELL S. Experiences of using model based systems engineering[EB/OL]. United Kingdom:IBM software,2010.

[24] KARBAN R., HAUBER R., WEILKIENS T.. MBSE in Telescope Modeling[J]. INCOSE, 2009.

[25] SPANGELO SARA C, KASLOW DAVID, DE P CHRISTOPHER L. Applying model based systems engineering (MBSE) to a standard CubeSat[J]. IEEE Aerospace conference, 2012. DOI:10.1109/AERO.2012.6187339.

[26] RAO M, RAMAKRICHNAN S, DAGLI C. Modeling and simulation of net centric system of systems using modeling language and colored petri-nets:a demonstration using the global earth observation system of systems[J]. Systems Engineering,2008,11:203-220.

[27] BUTTERFIELD M, PEARLMAN J, VICKROY S. A systems-of systems engineering GEOSS:architectural approach[J]. IEEE systems,2009,2(3):321-332.

[28] SANDA MANDUTIANU. Modeling pilot for early design space missions[J]. Loughborough University,the 7th Annual Conference on Systems Engineering Research 2009.

[29] ADA541194 Exploring the Use of Model-Based Systems Engineering (MBSE) to Develop Systems Architectures in Naval Ship Design.

[30] CORDOVAL, KOVICHC, SARGUSINGHM. An MBSE approach to space suit development[Z]. EVA SE&I Submission,2012.

[31] PHILIP SIMPKINS, ADAM KLEINHOLZ, JOE MALEY. A practical application of MBSE - the automated parking system[J]. The proceedings of the 3rd Asia-Pacific Conference on Systems Engineering(APCOSE),Singapore,2009.

[32] MSSE PROGRAM. Application of Model-based Systems Engineering Methods to Development of Combat System Architectures[R]. Naval Surface Warfare Center,2009.

[33] HOWELLS A, BUSHELL S. Experiences of using model based systems engineering[EB/OL].

United Kingdom:IBM software,2010.

[34] PEAK R S,BURKHART R M,FRIEDENTHAL S A,et al. Simulation–based design using SysML—part 1:a parametrics primer[C]//INCOSE intl. symposium,San Diego. 2007.

[35] PEAK R S,BURKHART R M,FRIEDENTHAL S A,et al. Simulation–based design using SysML Part 2:Celebrating diversity by example[C]//INCOSE intl. symposium, San Diego. 2007.

[36] PEAK R,PAREDIS C,MCGINNIS L,et al. Integrating System Design with Simulation and Analysis Using SysML[J]. Special Issue:Model–Based Systems Engineering:The New Paradigm,INCOSE Insight,2009,12(4).

[37] CRESSENT R,DAVID P,IDASIAK V,et al. Increasing reliability of embedded systems in a SysML centered MBSE process:Application to LEA project[J]. M–BED 2010 Proceedings,2010.

[38] CRESSENT R,DAVID P,IDASIAK V,et al. Designing the database for a reliability aware Model–Based System Engineering process[J]. Reliability Engineering & System Safety,2013, 111:171–182.

[39] DAVID P,IDASIAK V,KRATZ F. Towards a better interaction between design and dependability analysis:FMEA derived from UML/SysML models[C]//Proceedings of ESREL 2008 and 17th SRA–EUROPE annual conference. 2008.

[40] CRESSENT R,DAVID P,IDASIAK V,et al. Dependability analysis activities merged with system engineering,a realcase study feedback[J]. Advances in Safety,Reliability and Risk Management:ESREL 2011.

[41] BRADFORD SMITH. IGES:A Key to CAD/CAM Systems Integration[J]. IEEE computer graphics,1983,3(8):78–83.

[42] MANGESH P. BHANDARKAR A,BLAIR DOWNIE B,MARTIN HARDWICK,et al. Migrating from IGES to STEP:one to one translation of IGES drawing to STEP drafting data[J]. Computers in Industry,2000,41:261–277.

[43] VLADI NOSENZO,STEFANO TORNINCASA,ELVIO BONISOLI,et al. Open questions on Product Lifecycle Management (PLM) with CAD /CAE integration[J]. Int J Interact Des Manuf,2014,8:91–107.

[44] MICHAEL J. PRATT. Introduction to ISO 10303—the STEPStandard for Product DataExchange[J]. Journal of Computing and Information Science in Engineering,2001,1: 102–103.

[45] ISO 10303–239. Industrial automation systems and integration — Product data representation and exchangePart 239:Application protocol:Product life cycle support[S]. 2005.

[46] 曾军财. 基于AP239的产品配置管理研究[D]. 哈尔滨:哈尔滨工程大学,2007.

[47] 杨立春. 产品知识管理系统研究[D]. 大连:大连理工大学,2004.

[48] 赵晖,席平. 基于知识集成模型的产品快速设计[J]. 北京航空航天大学学报,2007,1(33):123-12.

[49] 阮志斌,倪益华. 基于本体面向制造企业的知识集成平台构建[J]. 精密制造与自动化,2006,1:45-48.

[50] NAM PSUH. The Principles of Design[M]. London:OXFORD University Press,1990.

[51] CHAPMANCB,PINFOLDM. Design engineering - a need to rethink the solution using knowledge based engineering[J]. Knowledge-based system,1999,12:257-267.

[52] GLA ROCCA,MJLVAN TOOREN. Enabling distributed multidisciplinary design of complex products:a Knowledge Based Engineering approach[J]. IntJDesign Research,2007,3(5):333-352.

[53] 潘云鹤. 智能 CAD 方法与建模[M]. 北京:科学出版社,1997.

[54] 罗仕鉴,朱上上,孙守迁,潘云鹤. 基于集成化知识的产品概念设计技术研究[J]. 计算机辅助设计与图形学学报,2004,16(3):261-266.

[55] STEVENS,TIM. INTEGRATED PRODUCT DEVELOPMENT[J]. Industry Week,2002,251(5):1-19.

[56] NEEA.Y.C.,ONG,S.K.. Philosophies for integrated product development[J]. International Journal of Technology Management,2003,21:221-239.

[57] AIR FORCE INSTRUCTION 63-101. ACQUISITION AND SUSTAINMENT LIFE CYCLE MANAGEMENT[S]. SECRETARY OF THE AIR FORCE,2011.

[58] JOHN DUNFORD. PLCS-what have 10 years taught us?[EB/OL]. http://www.pdteurope.com/media/4305/8._plcs_-_what_have_10_years_taught_us.pdf.

[59] None. 产品寿命周期保障标准综述[EB/OL].

[60] SANFORD FRIEDENTHAL,ALAN MOORE,RICK STEINER. APracticalGuidetoSysML—TheSystemsModelingLanguage[M]. Burlington:Morgan Kaufmann OMG Press,2008.

[61] TIM WEILKIENS. Systems Engineeringwith SysML/UML[M]. Burlington:MorganKaufmann OMG Press,2008.

[62] DAVID LONG. ZANE SCOTT. A primer for model-based systems engineering[M]. 2nd Edition,Vitech Corporation,2011.

[63] AMENDOLA A,REINA G. Event sequences and consequence spectrum:a methodology for probabilistic transient analysis[J]. Nuclear Scienceand Engineering,1981,77:297.

[64] AMENDOLA A,REINA G. Dylam-1A software package for eventsequence and consequence spectrum methodology[J]. EUR9224 EN,Commission of European Communities,1984.

[65] AMENDOLA A. The DYLAM approach to systems safety and reliabilityassessment[J]. EUR 11361,Commission of European Communities,December,1987.

[66] CUI LIRONG,XU YU,ZHAO XIAN. Developments and Applications of the Finite Markov Chain Imbedding approach in Reliability[J]. IEEE TRANSACTIONS ON RELIABILITY,

2010,59(4):685-690.

[67] ARUN VEERAMANY, MAHESH D. PANDEY. Reliability analysis of nuclear piping system using semi-Markov process model[J]. ANNALS OF NUCLEAR ENERGY,2011,38(5):1133-1139.

[68] LISNIANSKI ANATOLY, ELMAKIAS DAVID, LAREDO DAVID, et al. A multi-state Markov model for a short term reliability analysis of a power generating unit[J]. Reliability Engineering & System Safety,2012,98(1):1-6.

[69] JOSEPH R. LARACY. A Systems Theoretic Accident Model Applied to Biodefense[J]. Defense & Security Ananlysis,2006,22(3):301-310.

[70] YAO SONG. Applying System-Theoretic Accident Model and Processes (STAMP) to Hazard Analysis[D]. Canada Ontario:McMaster University, Master of Applied Science,2012.

[71] 阳小华,刘杰,刘朝晖等. STAMP 模型及其在核电厂 DCS 安全分析中的应用展望[J]. 核安全,2013,12(3):42-47.

[72] ERIK HOLLNAGEL. Barriers and accident prevention[M]. Sweden:ARRB Group Limited,2004.

[73] 张晓全,吴贵锋. 功能共振事故模型在可控飞行撞地事故分析中的应用[J]. 中国安全生产科学技术,2011,7(4):65-70.

[74] 甘旭升,崔浩林,吴亚荣. 基于功能共振事故模型的航空事故分析[J]. 中国安全科学学报,2013,23(7):67-73.

[75] HONG XU; DUGAN,J. B., Combining dynamic fault trees and event trees for probabilistic risk assessment[J]. Proceedings of Reliability and Maintainability,2004,26-29.

[76] WIJAYARATHNA,P. G. ; MAEKAWA,M. ,Extending fault trees with an AND-THEN gate [J]. Proceedings of Software Reliability Engineering,2000,8-11.

[77] 罗航. 故障树分析的若干关键问题研究[D]. 成都:电子科技大学,2011.

[78] 张晓洁,赵海涛,苗强,张伟,黄洪钟. 基于动态故障树的卫星系统可靠性分析[J]. 宇航学报,2009,30(3):1249-1255.

[79] HURA,G. S. ; ATWOOD,J. W. ,The use of Petri nets to analyze coherent fault trees[J]. IEEE Transactions on Reliability,1988,37:469-474.

[80] BUCHACKER, K. , Modeling with extended fault trees, High Assurance Systems Engineering [J]. Proceedings of fifth IEEE International Symposium,2000,238-246.

[81] NYVLT ONDREJ, RAUSAND MARVIN. Dependencies in event trees analyzed by Petri nets [J]. RELIABILITY ENGINEERING & SYSTEM SAFETY,2012,104:45-57.

[82] 李熙. 城市轨道交通车辆走行部安全评估方法研究[D]. 北京:北京交通大学,2011.

[83] AHMAD W. Al-Dabbagh, Lu Lixuan. Reliability modeling of networked control systems using dynamic flowgraph methodology[J]. RELIABILITY ENGINEERING & SYSTEM SAFETY,2010,95(11):1202-1209.

[84] AHMAD W. AL-DABBAGH, LU LIXUAN. Dynamic flowgraph modeling of process and control

systems of a nuclear-based hydrogen production plant[J]. INTERNATIONAL JOURNAL OF HYDROGEN ENERGY,2010,35(18),SI:9569-9580.

[85] VERLINDEN STEVEN, DECONINCK GEERT, COUPE BERNARD. Hybrid reliability model for nuclear reactor safety system[J]. RELIABILITY ENGINEERING & SYSTEM SAFETY, 2012,101:35-47.

[86] DISTEFANO SALVATORE, PULIAFITO ANTONIO. Reliability and availability analysis of dependent-dynamic systems with DRBDs[J]. RELIABILITY ENGINEERING & SYSTEM SAFETY,2009,94(9):1381-1393.

[87] DISTEFANO SALVATORE, PULIAFITO ANTONIO. Dependability Evaluation with Dynamic Reliability Block Diagrams and Dynamic Fault Trees[J]. IEEE TRANSACTIONS ON DEPENDABLE AND SECURE COMPUTING,2009,6(1):4-17.

[88] MICHAEL WACHTER, ROLF HAENNI. Representing Boolean Functions with Propositional Directed Acyclic Graphs[Z].

[89] 陈咏. GO法建模系统及其在直升机燃油系统中的应用[D]. 北京:北京航空航天大学,2012.

[90] 沈祖培,黄祥瑞. GO法原理及应用[M]. 北京:清华大学出版社,2004.

[91] 胡佳鹏. 基于GO法的路网可靠性分析[D]. 天津:天津大学,2009.

[92] 郑坤. 基于GO法的复杂配电系统可靠性研究[D]. 陕西:西安理工大学,2007.

[93] 龚剑波. 基于GO法的计及分布式电源的配电系统可靠性研究[D]. 杭州:浙江大学,2012.

[94] 尹宗润,慕晓冬. 基于GO法的航空电子设备可靠性评估[J] 计算机工程,2009,35(15):272-274.

[95] 张根保,王国强. GO法在汽车可靠性研究中的应用[J]. 汽车工程,2009,31(9):887-893.

[96] 段志薇,谢光青. GO法在引信可靠性分析中的应用[J]. 机械工程与自动化,2010,159(1):131-133.

[97] CHEN HUI. TIKKALA VESA-MATTI, ZAKHAROV ALEXEY, et al. Application of the Enhanced Dynamic Causal Digraph Method on a Three-Layer Board Machine[J]. IEEE TRANSACTIONS ON CONTROL SYSTEMS TECHNOLOGY,2011,19(3):644-655.

[98] 陈侃,李昌禧. 故障传播有向图的故障定位研究[J]. 自动化仪表,2011,32(4):14-16.

[99] YANG FAN, SHAH SIRISH L., XIAO DEYUN. Signeddirected graph based modeling and its validationfrom process knowledge and process data[J]. NTERNATIONAL JOURNAL OF APPLIED MATHEMATICS AND COMPUTER SCIENCE,2012,22(1):41-53.

[100] 宋其江. 基于有向图模型的故障诊断方法研究及其在航天中的应用[D]. 哈尔滨:哈尔滨工业大学,2010.

[101] SHARMA RAJIV KUMAR. KUMAR DINESH, KUMAR PRADEEP. Modeling system behavior

[102] 朱作龙. 基于随机 Petri 网的星载展开天线故障传播分析研究[D]. 西安:西安电子科技大学,2011.

[103] ZHA XF. An object-oriented knowledge based Petri nets approach to intelligent integration of design and assembly planning [J]. Artificial intelligence in engineering, 2000, 14(1): 83-112.

[104] 王嘉家. 大规模模拟电路故障传播特性研究[D]. 长沙:湖南大学,2010.

[105] 何伟. SRAM 型 FPGA 单粒子故障传播特性与测试方法研究[D]. 长沙:国防科学技术大学,2011.

[106] 吴继梅. 基于元胞自动机的电路故障传播建模与应用研究[D]. 上海:东华大学,2008.

[107] 冯强,曾声奎,康锐. 基于多主体的舰载机综合保障过程建模方法[J]. 系统工程与电子技术,2010,32(1):211-216.

[108] GREGORIADES ANDREAS,SUTCLIFFE ALISTAIR. Workload prediction for improved design and reliability of complex systems[J]. RELIABILITY ENGINEERING & SYSTEM SAFETY, 2008,93(4):530-549.

[109] KAEGI M., MOCK R., KROEGER W.. Analyzing maintenance strategies by agent-based simulations: A feasibility study[J]. RELIABILITY ENGINEERING & SYSTEM SAFETY, 2008,94(9):1416-1421.

[110] FENG QIANG,LI SONGJIE,SUN BO. A multi-agent based intelligent configuration method for aircraft fleet maintenance personnel[J]. CHINESE JOURNAL OF AERONAUTICS,2014, 27(2):280-290.

[111] 康锐,王自力. 可靠性系统工程的理论与技术框架[J]. 航空学报,2005,26(5): 633-636.

[112] 程玉强. 可重复使用液体火箭发动机关键部件损伤动力学与减损控制方法研究[D]. 长沙:国防科技大学,2009.

[113] 张明明,李绍斌,侯平安,等. 叶轮机械叶片颤振研究的进展与评述[J]. 力学进展, 2011,41(1):26-38.

[114] CHIMPALTHRADI R. ASHOKKUMAR,B. Dattaguru,N. G. R. Iyengar. Adaptive Control for Structural Damage Mitigation[J]. GLOBAL JOURNAL OF RESEARCHESAEROSPACE ENGINEERING,2011,11(5):13-19.

[115] 孙丽萍,王昊,丁娇娇. 风力发电机叶片的气动弹性及颤振研究综述[J]. 液压与气动, 2012,10:1-6.

[116] HOLMES M,RAY A. Fuzzy damage-mitigating control of a fossil power plant[J]. IEEE TRANSACTIONS ON CONTROL SYSTEMS TECHNOLOGY,2011,9(1):140-147.

[117] 罗剑波. 亚声速近空间无人机机翼颤振主动抑制技术研究[D]. 南京:南京航空航天大

学,2009.

[118] NAYFEHA H,HAMMAD,HAMMADB K,HAJJM R. Discretization effects on flutter aspects and control of wing/store configurations[J]. JOURNAL OF VIBRATION AND CONTROL, 2012,18(7):1043-1055.

[119] MAZITA MOHD TAHIR,PRODYOT K. BASU,JOHN R. VEILLETTE. Adaptive Control of Aircraft Wing Flutter by Stress-Induced Stiffness Modification[J]. JOURNAL OF AEROSPACE ENGINEERING,2011,24(4):445-453.

[120] 宋兆泓. 航空发动机可靠性与故障抑制工程[M]. 北京航空航天大学出版社,2002.

[121] 周亚东,董萼良,吴邵庆等. 惯性导航平台角振动抑制技术[J]. 东南大学学报(自然科学版),2013,43(1):60-64.

[122] LAI JIZHOU, LIU JIANYE, JUNG BIN. Noncommutativity Error Analysis of Strapdown Inertial Navigation System under the Vibration in UAVs[J]. INTERNATIONAL JOURNAL OF ADVANCED ROBOTIC SYSTEMS,2012,9.

[123] LI QIAN,BEN YUEYANG,ZHU ZHONGJUN,et al. A Ground Fine Alignment of Strapdown INS under a Vibrating Base[J]. JOURNAL OF NAVIGATION,2013,66(1):49-63.

[124] 孙莉. 卫星导航简化分布式矢量天线抗干扰和多径抑制技术研究[D]. 长沙:国防科学技术大学,2011.

[125] CHANG C L. Multiplexing scheme for anti-jamming global navigation satellite system receivers[J]. IET RADAR SONAR AND NAVIGATION,2012,6(6):443-457.

[126] DEOK-BAE PARK,DONG-HO SHIN,SANG-HEON OH,et al. Velocity Aiding-Based Anti-Jamming Method for GPS Adaptor Kits[J]. TRANSACTIONS OF THE JAPAN SOCIETY FOR AERONAUTICAL AND SPACE SCIENCES,2011,54(184):130-136.

[127] BHUIYAN MZH,JIE ZHANG,ELENA SIMONA LOHAN,et al. Analysis of Multipath Mitigation Techniques with Land Mobile Satellite Channel Model[J]. RADIOENGINEERING, 2012,21(4).

[128] JEONK,HWANCH,CHOIS,et al. DEVELOPMENT OF A FAIL-SAFE CONTROL STRATEGY BASED ON EVALUATION SCENARIOS FOR AN FCEV ELECTRONIC BRAKE SYSTEM[J]. INTERNATIONAL JOURNAL OF AUTOMOTIVE TECHNOLOGY,2012,13(7):1067-1075.

[129] GI-HEON KIM, KANDLER SMITH, JOHN IRELAND et al. Fail-safe design for large capacity lithium-ion battery systems[J]. JOURNAL OF POWER SOURCES,2012,210: 243-253.

[130] BENJAMIN S BLANCHARD,WOLTER J FABRYCKY. System engineering and analysis[M]. 3rd,影印版. 北京:清华大学出版社,2002.

[131] 苗东升. 系统科学精要[M]. 3版. 北京:中国人民大学出版社,2010.

[132] 石世印. 中国军事百科全书(第二版)学科分册——军事技术总论[M]. 北京:中国大

百科全书出版社,2007.

[133] 成都飞机集团电子科技公司. ×××信号处理器外场故障分析报告[R]. 2011.

[134] 成都飞机集团电子科技公司. ××信号处理器技术方案[R]. 2011.

[135] PAHLG, BEITZW, FELDHUSENJ, et al. Engineering design-a systematic approach[M]. 3rd, Springer-Verlag London Limited, 2007.

[136] NAM PYO SUH. Axiomatic design advances and applications [M]. New York: Oxford university press, 2001.

[137] NAM PYO SUH. Design and operation of large systems[J]. Journal of Manufacturing Systems, 1995, 14(3): 203-213.

[138] HRISHIKESH V. DEO, NAM PYO SUH. Axiomatic design of Customizable Automotive Suspension [J]. Proceedings of ICAD2004: 1-8.

[139] JEFF THIELMAN, PING GE, QIAO WU, et al. Evaluation and optimization of General Atomics' GT-MHR reactor cavity cooling system using an axiomatic design approach[J]. 2005.

[140] JEFF THIELMAN, PING GE. Applying axiomatic design theory to the evaluation and optimization of large-scale engineering systems [J] Journal of Engineering Design, 2006, 17(1): 1-16.

[141] GYUNYOUNG HEO, SONG KYU LEE. Design evaluation of emergency core cooling systems using Axiomatic Design[J]. Nuclear Engineering and Design, 2007, 237: 38-46.

[142] MARTIN G HELANDER. Using design equations to identify sources of complexity in human-machine interaction[J] Theoretical Issues in Ergonomics Science, 2007, 8(2): 123-146.

[143] SHUAN LO, MARTIN G. Helander: Use of axiomatic design principles for analysing the complexity of human-machine systems [J], Theoretical Issues in Ergonomics Science, 2007, 8 (2): 147-169.

[144] 周辅疆,朱小冬,张柳. 基于公理设计理论装备保障系统级别设计研究[J]. 军械工程学院学报, 2010, 22(6): 11-15.

[145] LARS LINDKVIST, RIKARD SODERBERG. Computer-aided tolerance chain and stability analysis[J]. Journal of Engineering Design, 2003, 14(1): 17-39.

[146] CHEN KE-ZHANG, FENG XIN-AN. CAD modeling for the components made of multi heterogeneous materials and smart materials[J]. Computer-Aided Design, 2004, 36(1): 51-63.

[147] SHEAU-FARN MAX LIANG, CHIEN-TSEN LIN. Axiomatic Design for Biometric Icons [J]. Human-Computer Interaction, 2011, Part I: 98-106.

[148] DAVID S COCHRAN, WALTER EVERSHEIM, GERD KUBIN, et al. The application of axiomatic design and lean management principles in the scope of production system segmentation [J]. International Journal of Production Research, 2000, 38(6): 1159-1173.

[149] KULAKO, DURMUSOGLUM B, TUFEKCIS. A complete cellular manufacturing system design methodology based on axiomatic design principles[J]. Computers and Industrial Engineering,

2005,48(4):765-787.

[150] MAHOOUD HOUSHMAND, BIZHAN JAMSHIDNEZHAD. An extended model of design process of lean production systems bymeans of process variables[J]. Robotics and Computer-Integrated Manufacturing,2006,22:1-16.

[151] NAKAOM,KOBAYASHIN,HAMADAK,et al. Decouplingexecutions in navigating manufacturing processes for shortening lead time andits implementation to an unmanned machine shop[J]. CIRP Annals-Manufacturing Technology,2007,56(1):171-174.

[152] CELIK M. A hybrid design methodology for structuring an integratedenvironmental management system (IEMS) for shipping business[J]. Journal of Environmental Management, 2009, 90 (3):1469-1475.

[153] CELIK M. Establishing an integrated process management system (IPMS) inship management companies[J]. Expert Systems with Applications,2009,36(4):8152-8171.

[154] CELIK M. Designing of integrated quality and safety management system(IQSMS) for shipping operations[J]. Safety Science,2009,47(5):569-577.

[155] 朱龙英. 公理化设计理论及其应用研究[D]. 南京航空航天大学,2004.

[156] COELHO A M G, MOURāO ANTONIO J F. Axiomatic design as support for decision-makingin a design for manufacturing context: A case study[J]. International Journal of Production Economics,2007,109:81-89.

[157] CENGIZ KAHRAMAN,SELÇUK ÇEB. A new multi-attribute decision making method: Hierarchical fuzzy axiomatic design[J]. Expert Systems with Applications,2009,36:4848-4861.

[158] METIN CELIK,SELCUK CEBI,CENGIZ KAHRAMAN,et al. Application of axiomatic design and TOPSIS methodologies under fuzzyenvironment for proposing competitive strategies on Turkish container portsin maritime transportation network[J]. Expert Systems with Applications,2009,36:4541-4557.

[159] CELIK M ,CEBI S,KAHRAMAN C,et al. An integrated fuzzy QFD modelproposal on routing of shipping investment decisions in crude oil tankermarket[J]. Expert Systems with Applications,2009,36(3):6227-6235.

[160] CELIK M, KAHRAMAN C, CEBI S, et al. Fuzzy axiomatic design-basedperformance evaluation model for docking facilities in shipbuilding industry: The case of Turkish shipyards [J]. Expert Systems with Applications,2009,36(1):599-615.

[161] WENG FENG-TSAI,JENQ SHIEN-MING. Application integrating axiomatic design and agile manufacturing unit in product evaluation[J]. International Journal of Advanced Manufacturing Technology,2012,1-9.

[162] 王晓勇,唐敦兵,楼佩煌. 基于设计公理的多属性决策方法[J]. 西南交通大学学报, 2008,43(3):392-397.

[163] GUNASEKERAJ S,ALIAF. A three-step approach to designing a metal-forming process[J].

JOM-Journal of the Minerals Metals and Materials Society,1995,47(6):22-25.

[164] ZAKG,SELAM N,YEVKOV,et al. Layered-manufacturing of fiber-reinforced composites [J]. Journal of Manufacturing Science and Engineering,Transactions of the ASME'1999, 1999,121(3):448-456.

[165] GJB 451A 可靠性维修性保障性术语[S]. 中国人民解放军总装备部,2005.

[166] GJB 299C 电子设备可靠性预计手册[S]. 中国人民解放军总装备部,2006.

[167] 陈圣斌. 直升机系统级的故障模式及影响分析的研究[A]. 中国航空学会可靠性工程专业委员会第十一届学术年会论文集,2007.

[168] GB/T 4888 故障树名词术语和符号[S]. 中国国家质量监督检验检疫总局/中国国家标准化管理委员会,2009.

[169] KAI OLIVER ARRAS. An Introduction To Error Propagation:Derivation,Meaning and Examplesof Equation[R]. Swiss Federal Institute of Technology Lausanne (EPFL),1998.

[170] 汪小帆,李翔,陈关荣. 网络科学导论[M]. 北京:高等教育出版社,2012.

[171] RAO NSV. On parallel algorithms for single-fault diagnosis in fault propagation graph systems [J]. IEEE Transactions on Parallel and Distributed Systems,1996,7(12):1271-1223.

[172] 塔尔斯基. 逻辑与演绎科学方法论导论[M]. 周礼全,吴允曾,晏成书,译. 北京:商务印书馆,1963.

[173] 曾声奎. 可靠性设计与分析[M]. 北京:国防工业出版社,2011.

[174] 章文晋. 计算机辅助可靠性维修性保障性要求制定方法研究[D]. 北京:北京航空航天大学,1999.

[175] 董威. 粗糙集理论及其数据挖掘应用[M]. 沈阳:东北大学出版社,2009.

内 容 简 介

本书提出了一种新的可靠性系统工程方法论——基于模型的可靠性系统工程(MBRSE),给出了 MBRSE 的概念内涵、基本理论与技术、综合设计平台框架和工程应用案例。MBRSE 以统一模型为中心,建立了基于模型全域设计演化和故障闭环消减的功能与六性(可靠性、维修性、保障性、测试性、安全性和环境适应性)一体化设计理论,将各特性技术方法综合集成,并有机融入产品研制主流程,为解决装备研制六性工作不全面、不系统、不规范、不深入和"两张皮"等问题提供了完整的技术方法。

本书可供从事可靠性系统工程理论技术研究、工程项目管理和工程设计应用的科技人员阅读参考,也可作为高等院校可靠性工程和系统工程专业方向教师、高年级本科生和研究生的参考书。

This book introduce a new methodology of reliability system engineering, that is model based reliability systems engineering(MBRSE). It covers the concept connotation, basic theory and technologies, framework of integrated design platform and engineering application cases of MBRSE. Different from traditional document centric one, MBRSE is model centric, with which the design for hexability (means "reliability, maintainability, testability, supportability, environmental adaptability and safety") is performed by the revolution of united models of total R&D fields and the process of closed-loop failure mitigation. This method can integrate all techniques and approaches of reliability system engineering into the main process of R&D, so it can provide a complete solution for life-cycle hexability engineering.

The main objective of the book is to provide the readers who engaged in theoretical and technical research, project management and engineering design application of reliability system engineering, as well as for teachers, senior undergraduates and postgraduates of reliability engineering and system engineering in colleges and universities.

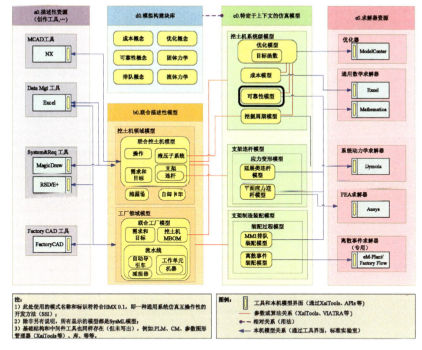

图 1-1 基于 MBSE 方法的系统工程过程（挖土机示例）

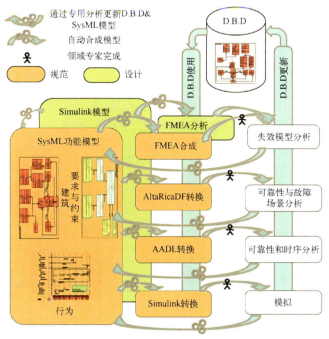

图 1-2 法国 PRISME 研究所系统工程技术框架 MeDISIS

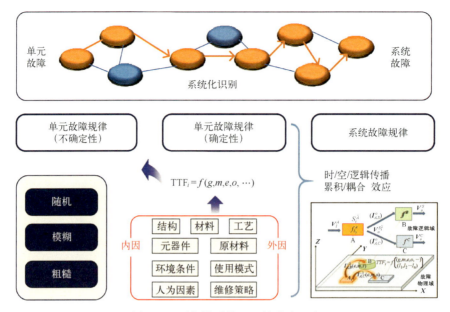

图 1-9 可靠性系统工程的基础理论

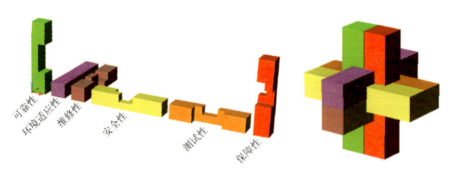

图 2-1 六性模型的有机集成

图 5-5 常见腐蚀的外观图片

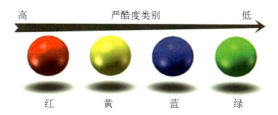

图 5-9　严酷度类别的可视化图形

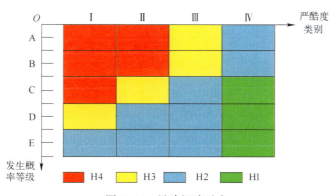

图 5-13　风险矩阵示意

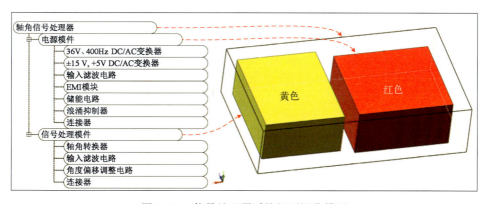

图 5-14　信号处理器系统级可视化模型

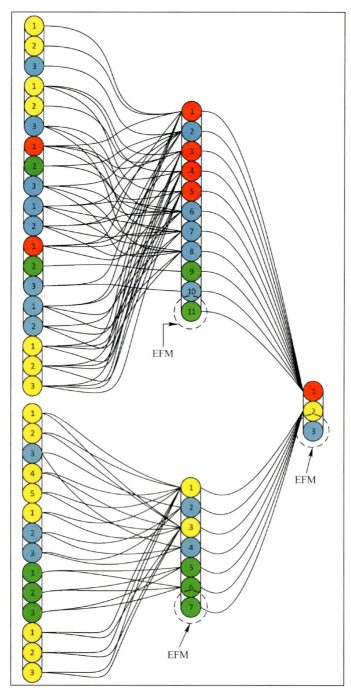

图 5-15 信号处理器的层级关系网

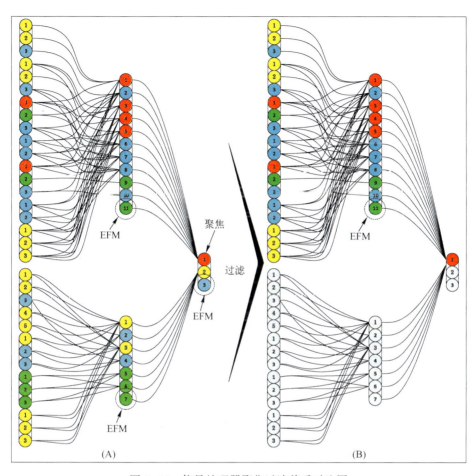

图 5-16 信号处理器聚焦过滤前后对比图

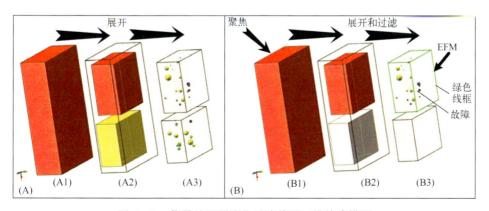

图 5-17 信号处理器聚焦过滤前后三维故障模型

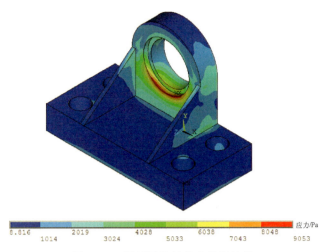

图 5-22 机械零件的静力分析结果

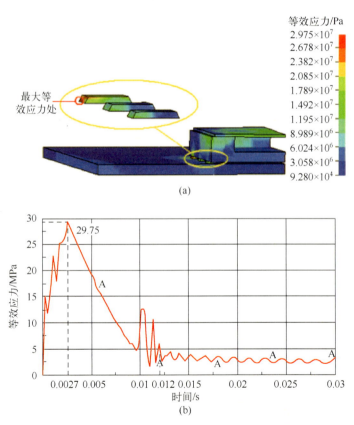

图 5-23 产品封装的动力分析结果
(a) 等效应力分布图；(b) 等效应力动态响应过程。

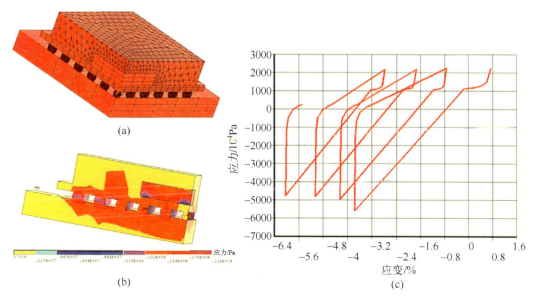

图 5-24 产品封装焊点的热应力分析结果
（a）封装焊点有限元模型；（b）等效应力分布云图；（c）应力-应变循环图。

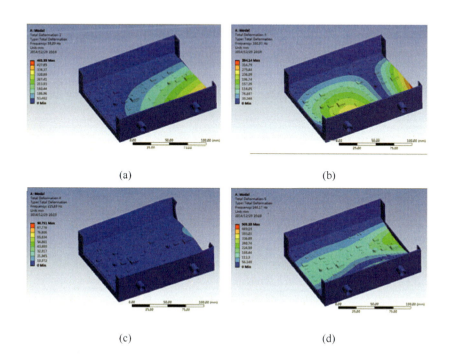

(a)　　　　　　　　　　　(b)

(c)　　　　　　　　　　　(d)

7

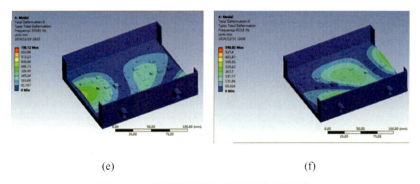

(e) (f)

图 8-20 案例样品模态分析结果(前六阶)

(a) 一阶模态;(b) 二阶模态;(c) 三阶模态;(d) 四阶模态;(e) 五阶模态;(f) 六阶模态。